建筑施工技术与项目管理

王　雷　张校园　江　伟　编著

中国石化出版社
·北京·

图书在版编目(CIP)数据

建筑施工技术与项目管理 / 王雷，张校园，江伟编著. — 北京 ：中国石化出版社，2025. 6. — ISBN 978-7-5114-8030-9

Ⅰ. TU712. 1

中国国家版本馆 CIP 数据核字第 2025T8M510 号

中国石化出版社出版发行

地址:北京市东城区安定门外大街 58 号

邮编:100011　电话:(010)57512500

发行部电话:(010)57512575

http://www. sinopec-press. com

E-mail:press@ sinopec. com

北京捷迅佳彩印刷有限公司印刷

全国各地新华书店经销

*

787 毫米×1092 毫米 16 开本 14. 25 印张 344 千字

2025 年 8 月第 1 版　2025 年 8 月第 1 次印刷

定价:98. 00 元

《建筑施工技术与项目管理》编委会

主　编　王　雷　中铁置业集团北京有限公司

张校园　南昌交通学院

江　伟　重庆广阳岛绿色发展有限责任公司

副主编　叶　维　汝城县建设工程质量安全监督站

周　剑　中铁建华南建设有限公司

编　委　王　莹　中冶地勘岩土工程有限责任公司

宋　阳　中国中元国际工程有限公司

PREFACE 前言

进入21世纪以来，全球建筑业持续发挥着推动城市化进程与改善人居环境的基石作用。作为国民经济的支柱产业，建筑业既承载着传统工艺的积淀，又面临着工程规模扩大化与施工复杂度提升的双重挑战。从民生住宅的精细化建造到公共建筑的功能性实现，从基础设施的迭代升级到历史建筑的修缮保护，每一类工程都需要施工技术与项目管理的协同支撑。

施工技术是工程品质的根基。地基处理与基坑支护技术保障建筑稳定性，钢筋混凝土结构的标准化施工流程铸就主体安全，装配式构件的精准安装技术提升建造效率。这些经过长期实践验证的基础技术，构成了建筑项目顺利实施的核心保障。

项目管理则是工程效率的保障。从施工总进度计划的编制到分部分项工程的衔接控制，从人工、材料、机械的统筹调配到质量、安全、隐患的闭环管理，从合同预算的规范执行到变更签证的风险把控，项目管理始终贯穿于工程的全生命周期。其本质是通过科学化、制度化的手段，确保工程在安全可控的前提下实现质量、成本与工期的动态平衡。

本书立足建筑业一线实践需求，系统梳理了基础施工技术要点与项目管理核心流程。全书共八章，具体包括土方工程施工、地基处理与基础工程施工、现浇混凝土工程施工、装配式混凝土结构施工、建筑工程项目进度管理、建筑工程项目成本管理、建筑工程项目质量管理、建筑工程项目安全管理等内容，其中部分内容源于主编张校园（南昌交通学院）提供的江西省教育厅科学技术研究项目（项目编号：GJJ2403012），得到“基于人工智能的深基坑工程变形监测管理预警模型构建”课题研究成果的支持。主编王雷（中铁置业集团北京有限公司）负责本书第 4~6 章、第 8 章等的编写，累计完成字数在 11.9 万字；主编张校园（南昌交通学院）负责本书第 1 章、第 2.2~2.3 章、第 3.1 章、第 7.2~7.3 章、第 7.5 章等的编写，累计完成字数在 12.9 万字；主编江伟（重庆广阳岛绿色发展有限责任公司）负责第 2.1 章、第 3.2~3.4 章等的编写，累计完成字数在 6.7 万字；副主编叶维（汝城县建设工程质量安全监督站）完成第 7.1 章、第 7.4 章等的编写，累计完成字数在 1.3 万字。感谢副主编周剑以及编委王莹、宋阳为编写本书做了大量数据、资料的搜集整理工作。

本书立足建筑业一线实践需求，系统梳理了基础施工技术要点与项目管理核心流程。全书共八章，具体包括土方工程施工、地基处理与基础工程施工、现浇混凝土工程施工、装配式混凝土结构施工、建筑工程项目进度管理、建筑工程项目成本管理、建筑工程项目质量管理、建筑工程项目安全管理等内容。

在编写过程中，本书参阅了国内外同行大量相关教材与著作，在此向作者们表示衷心的感谢。由于本书涉及内容较多，加之编者学识和经验有限，难免存在疏漏或不妥之处，敬请读者与同行批评指正。

CONTENTS 目录

第 1 章　土方工程施工

1.1　基坑开挖

建筑基坑是为进行建筑物(包括构筑物)基础与地下室的施工所开挖的地面以下空间，其本质是通过人工开挖形成临时性地下结构，为建筑主体工程奠定根基，同时承载着施工期间土体压力、地下水渗透及周边环境荷载的复杂作用。

1.1.1　基坑开挖准备工作

1.1.1.1　土方工程基础计算

(1) 土的可松性。自然状态下的土，经开挖后，其体积因松散而增加，以后虽经回填压实，仍不能恢复成原来的体积，土的这种性质称为土的可松性。土的可松性程度一般以可松性系数表示，即式(1.1)和式(1.2)。

$$K_p = \frac{V_2}{V_1} \tag{1.1}$$

$$K'_p = \frac{V_3}{V_1} \tag{1.2}$$

式中，K_p为土的最初可松性系数；K'_p为土的最终可松性系数；V_1为开挖前土的自然体积；V_2为开挖后土的松散体积；V_3为运至填方处压实后的体积。

土的可松性是挖填土方时，计算土方机械生产率、回填土方量、运输机具数量、进行场地平整规划竖向设计、土方平衡调配的重要参数。各种土的可松性参考数值，详见表 1.1。

表 1.1　各种土的可松性参考数值

土的类别	体积增加百分比/%		可松性系数	
	最初	最终	K_p	K'_p
一类(松软土)：植物性土、泥炭除外	8~17	1~2.5	1.08~1.17	1.01~1.03
一类(松软土)：植物性土、泥炭	20~30	3~4	1.20~1.30	1.03~1.04
二类(普通土)	14~28	1.5~5	1.14~1.28	1.02~1.05
三类(坚土)	24~30	4~7	1.24~1.30	1.04~1.07
四类(砂砾坚土)：泥灰岩、蛋白石除外	26~32	6~9	1.26~1.32	1.06~1.09
四类(砂砾坚土)：泥灰岩、蛋白石	33~37	11~15	1.33~1.37	1.11~1.15
五~七类(软石、次坚石、坚石)	30~45	10~20	1.30~1.45	1.10~1.20
八类(特坚石)	45~50	20~30	1.45~1.50	1.20~1.30

注：最初体积增加百分比计算公式为式(1.3)；最终体积增加百分比计算公式为式(1.4)。

$$\frac{V_2-V_1}{V_1}\times 100\% \tag{1.3}$$

$$\frac{V_3-V_1}{V_1}\times 100\% \tag{1.4}$$

式中，符号意义同前。

(2) 基坑与基槽土方量计算。基坑土方量 V 可按立体几何中拟柱体(由两个平行的平面作底的一种多面体)体积公式计算(见图 1.1)，即式(1.5)。

$$V=\frac{H}{6}(A_1+4A_0+A_2) \tag{1.5}$$

式中，H 为基坑深度，m；A_1、A_2 为基坑上、下底的面积，m^2；A_0 为基坑中截面的面积，m^2。

基槽土方量可沿长度方向分段计算(见图 1.2)，即式(1.6)。

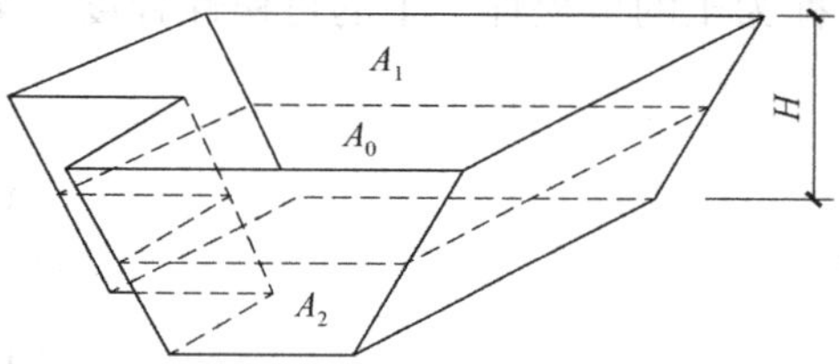

图 1.1　基坑土方量计算

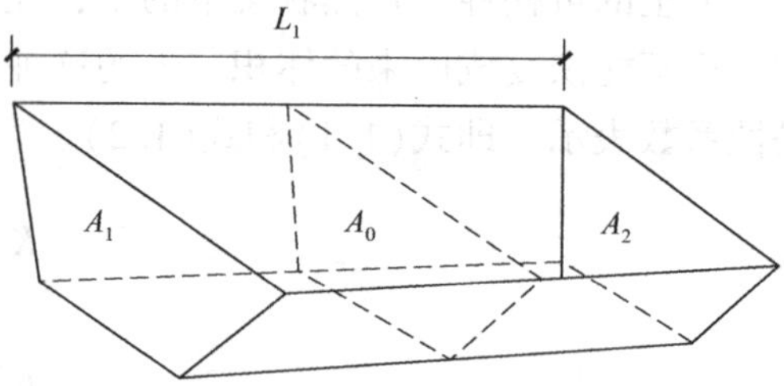

图 1.2　基槽土方量计算

$$V_1=\frac{L_1}{6}(A_1+4A_0+A_2) \tag{1.6}$$

式中，V_1 为第一段的土方量，m^3；L_1 为第一段的长度，m。其余符号意义同前。

将各段土方量相加即得总土方量 V，见式(1.7)。

$$V=V_1+V_2+V_3+\cdots+V_n \tag{1.7}$$

式中，V_2 为第二段的土方量，m^3；V_3 为第三段的土方量，m^3；V_n 为第 n 段的土方量，m^3。其余符号意义同前。

1.1.1.2　技术准备

(1) 收集有关工程资料。

① 地下管线资料。根据《建设工程施工合同(示范文本)》(GF-2017-0201)规定：建设单位应向承包人提供资料，对资料的真实准确性负责；施工单位做好施工场地地下管线和邻近建筑物、构筑物(包括文物保护建筑)、古树名木的保护工作。

② 岩土工程勘察报告。仔细阅读《岩土工程勘察报告》，尤其是各层土的分布情况以及土的特性。

③ 图纸和图集。进一步熟悉设计施工图纸，尤其是图纸设计说明和基础施工图；收集与工程有关的图集资料。

④ 技术规范。准备与工程有关的技术规范、施工质量验收规范和有关技术资料。

a.《建筑工程施工质量验收统一标准》(GB 50300—2013)；

b.《土方与爆破工程施工及验收规范》(GB 50201—2012)；

c.《建筑地基基础工程施工质量验收标准》(GB 50202—2018)。

(2) 对建设单位提供的坐标点、水准点进行闭合复测。

(3) 确定机械行驶坡道。分层开挖时应根据现场大小、地形、运输车辆的出口位置确定合理的机械行驶坡道。坡道有三种位置及形式：外坡道、内坡道、内外坡道。

(4) 土方工程量计算。

① 基坑开挖前应进行挖、填土方工程量计算。

② 综合考虑预留回填土、弃土外运最短运距和运输车辆调配工作。

(5) 编制专项施工方案。住房和城乡建设部建质〔2009〕87号文《危险性较大的分部分项工程安全管理办法》规定，“开挖深度超过3m(含3m)的土方开挖工程”需编制专项施工方案，“开挖深度超过5m(含5m)的基坑专项施工方案”应由施工单位组织专家进行论证。

专项施工方案应当包括以下内容。

① 工程概况：包括危险性较大的分部分项工程概况、施工平面布置、施工要求和技术保证条件。

② 编制依据：包括相关法律、法规、规范性文件、标准、规范及图纸(国标图集)、施工组织设计等。

③ 施工计划：包括施工进度计划、材料与设备计划。

④ 施工工艺技术：包括技术参数、工艺流程、施工方法、检查验收等。

⑤ 施工安全保证措施：包括组织保障、技术措施、应急预案、监测监控等。

⑥ 劳动力计划：包括专职安全生产管理人员、特种作业人员等。

⑦ 计算书及相关图纸。

(6) 填写开工报告并报送监理或建设单位批准，确定开工日期。

1.1.1.3　物资准备

(1) 定位用木桩、龙门板、线绳、20#铅丝、白灰等。

(2) 基坑(槽)作简单支护时所用材料。

(3) 雨期施工时应准备塑料布或其他防雨材料。

(4) 冬期施工时应准备基底保温覆盖材料。

1.1.1.4　人员劳力准备

(1) 管理人员、技术人员、操作手已到施工现场，操作人员和机械配置合理。

(2) 班组生产效率可参考人力土方工程综合施工定额，见表1.2。

表 1.2 人力土方工程综合施工定额

	项目	单位	时间定额			每工产量			备注
人工挖基槽	基槽上口宽(m 以内)		0.8	1.5	3	0.8	1.5	3	1. 班组最小劳动组合：12人。2. 基槽开挖深度在1.5m以内。3. 工作内容：挖土、抛土或装土、修底边，保持基槽两侧1m内不得有弃土
	一类土	m^3	0.167	0.144	0.133	6	6.94	7.52	
	二类土	m^3	0.238	0.205	0.192	4.2	4.88	5.21	
	三类土	m^3	0.417	0.357	0.338	2.4	2.8	2.96	
	四类土	m^3	0.629	0.538	0.5	1.59	1.86	2	
人工挖基坑	基坑上口面积(m^2 以内)		6	12	20	6	12	20	
	一类土	m^3	0.168	0.164	0.16	5.95	6.1	6.25	
	二类土	m^3	0.24	0.234	0.225	4.17	4.24	4.44	
	三类土	m^3	0.42	0.41	0.398	2.38	2.44	2.51	
	四类土	m^3	0.628	0.613	0.595	1.59	1.63	1.68	
机挖人工修整底边	平均厚度		10cm 以内						1. 修整底边按面积计算。2. 平均厚度超过10cm，相应项目乘以1.25。3. 工作内容：准备工具、清理杂物、修整底边、找平，将余土装入盛土器。4. 施工方法：使用一般工具，人工操作
	一类土	$10m^2$	0.148			6.7			
	二类土	$10m^2$	0.213			4.6			
	三类土	$10m^2$	0.376			2.6			
	四类土	$10m^2$	0.55			1.8			
地基钎探	钎探深度		1.5m 以内	2.1m 以内		1.5m 以内	2.1m 以内		1. 班组最小劳动组合：3人。2. 工作内容：定点、打钎、拔钎、灌砂、记录等全部操作过程
	基槽	10 眼	0.333	0.5		3	2		
	基坑	10 眼	0.4	0.667		2.5	1.5		

1.1.1.5 机械设备

(1) 测量设备。基坑开挖测量设备包括全站仪、水准仪、塔尺、钢卷尺、坡度尺等。

(2) 挖土机械。根据工程规模大小、难易程度、运距、工期、质量等要求配足施工所需的挖土机械、运输车辆。

① 基坑开挖土方机械包括反铲挖掘机、自卸汽车等。

② 基坑开挖常用的工具包括铁锹(尖、平头两种)、手推车、小白线或20#铅丝、钎探设施等。

1.1.1.6 确定边坡坡度

(1) 边坡直立开挖不加支护。当土质为天然湿度、构造均匀、水文地质条件良好，且无地下水时，开挖基坑也可不必放坡，采取直立开挖不加支护，但挖方深度应符合表 1.3 的规定。

表 1.3　基坑(槽)和管沟不加支撑时的容许深度

项次	土的种类	容许深度/m
1	密实、中密的砂子和碎石类土(充填物为砂土)	1.00
2	硬塑、可塑的粉质黏土及粉土	1.25
3	硬塑、可塑的黏土和碎石类土(充填物为黏性土)	1.50
4	坚硬的黏土	2.00

(2) 按规范规定放坡。按照《土方与爆破工程施工及验收规范》(GB 50201—2012)的规定，在坡体整体稳定的情况下，如地质条件良好、土(岩)质较均匀，高度在 3m 以内的临时性挖方边坡坡度宜符合表 1.4 的规定。放坡后基坑上口宽度由基坑底面宽度及边坡坡度来决定，一般工作面留 15~30cm(基础外边线到基坑底边的距离)，以便施工操作。

表 1.4　临时性挖方边坡坡度值

土的类别		边坡坡度(高：宽)
砂土	不包括细砂、粉砂	1：1.25~1：1.50
一般性黏土	坚硬	1：0.75~1：1.00
	硬塑	1：1.00~1：1.25
碎石类土	密实、中密	1：0.50~1：1.00
	稍密	1：1.00~1：1.50

1.1.2　人工挖土施工工艺

人工挖土施工工艺适用于一般建筑工程、构筑物的基坑和管沟人工挖土施工。

1.1.2.1　工艺流程

人工挖土施工工艺流程，如图 1.3 所示。

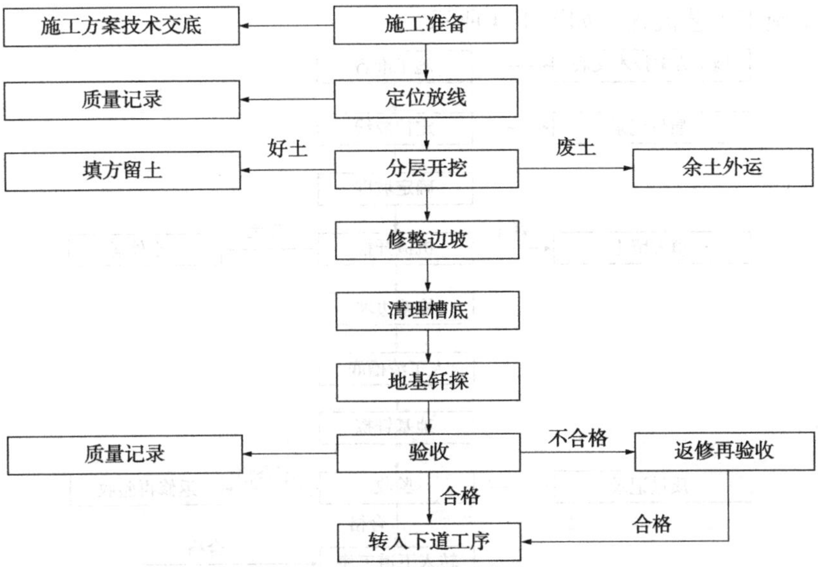

图 1.3　人工挖土施工工艺流程

1.1.2.2 操作要求

(1) 人工挖土。

① 根据土质情况和现场存土、运土条件，合理确定开挖顺序，然后再分段分层开挖。

② 开挖时应沿灰线切出基槽轮廓线，每层深度以600mm为宜，每层应清底，然后逐步挖掘。

③ 开挖大面积浅基坑，可沿坑三面同时开挖，挖出的土方装入手推车或翻斗车，由未开挖的一面运至弃土地点。

④ 在有存土条件的场地，一定留足需要的回填土，多余土方运至弃土地点，避免二次搬运。

⑤ 在槽边堆放土时，应保证边坡稳定。一般地，土方距槽边缘不小于1.0m，高度不宜超过1.5m。

(2) 修整边坡。开挖放坡的坑(槽)时，先按施工方案规定的坡度粗略开挖，再分层按坡度要求每隔3m左右做出一条坡度线，边坡应随挖随修整。待挖至设计标高，由两端轴线引桩拉通线，检查距槽边尺寸，据此再统一修整一次边坡。

(3) 清理槽底。在挖至坑槽底设计标高50cm以内时，测量放线人员配合抄出距槽底50cm水平线。自槽端部20cm处每隔2~3m，在基槽侧壁上钉水平小木橛，以小木橛上平面为基准，用拉线尺量法校核槽底标高。

1.1.3 机械挖土施工工艺

机械挖土施工工艺适用于工业与民用建筑物、构筑物的大型基坑、管沟以及大面积平整场地等机械挖土。

1.1.3.1 工艺流程

机械挖土施工工艺流程，如图1.4所示。

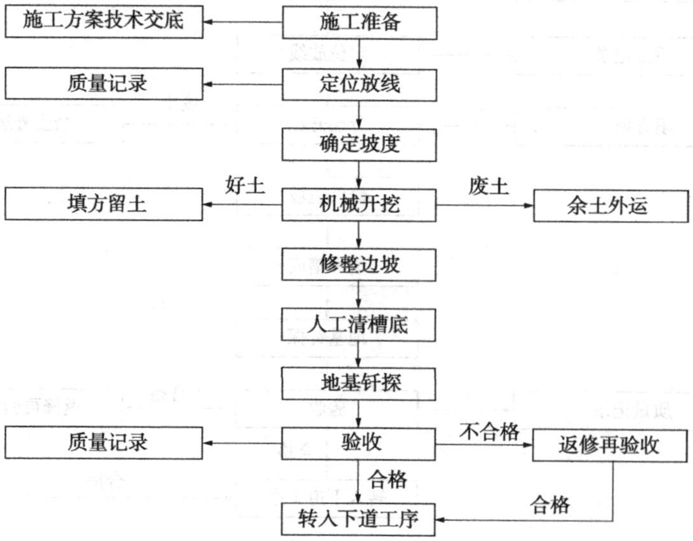

图1.4 机械挖土施工工艺流程

1.1.3.2 操作要求

(1) 开挖原则。机械挖土最常用的机械是反铲挖掘机，其特点是：“后退向下，强制切土。”土方开挖顺序应遵循“开槽支撑，先撑后挖，分层开挖，不得超挖”的原则。

(2) 开挖方式。根据挖掘机的开挖方式与运输汽车的相对位置不同，一般有以下两种方式：

① 沟端开挖。反铲停于沟端，后退挖土，同时往沟一侧弃土或装汽车运走。

② 沟侧开挖。反铲停于沟侧，沿沟边开挖，汽车停在机旁装土或往沟一侧卸土。

(3) 分层厚度。土方开挖宜分层分段依次进行，分层原则宜上层薄下层厚，分层厚度不超过机械一次挖掘深度，但分层厚度不宜相差太大，否则影响运输车辆重载爬坡效能。挖掘机沿挖方边缘移动时，机械距离边坡上缘的宽度不得小于基坑深度的1/2。

(4) 开挖路线。开挖路线宜采用纵向由里向外、先两侧后中间的方式开挖。

(5) 严禁超挖。开挖基坑不得挖至设计标高以下。当不能准确地挖至设计基底标高时，可在设计标高以上暂留一层土不挖，以便在抄平后，由人工清理。

预留土层：一般铲运机、推土机挖土时，为15~20cm；挖土机用反铲、正铲和拉铲挖土时，以20~30cm为宜。

(6) 场地存土。在有存土条件的场地，一定留足需要的回填土，多余土方运至弃土地点，避免二次搬运。在槽边堆放土时，应保证边坡稳定。一般来说，土方距槽边缘不小于1.0m，高度不宜超过1.5m。

(7) 修整边坡。

① 边坡检查。开挖过程中应经常检查开挖的边坡坡度，随时校核。常用的检查方法是用按设计边坡坡度制作的三角靠尺检查。

② 边坡修整。施工中应随挖随修整。待挖至设计标高，由两端轴线引桩拉通线，检查距槽边尺寸，据此再统一修整一次槽边。

(8) 清理槽底。机械挖土时，为不扰动基底土的结构，在基底标高上预留20~30cm厚土由人工配合清理至基底标高。在挖至坑槽底设计标高50cm以内时，测量放线人员配合抄出距槽底50cm水平线，钉上小木橛，用水准仪抄平，人工清走余土。

1.1.4 地基钎探与验槽

1.1.4.1 地基钎探

地基钎探是指在基坑土方开挖之后，用重锤自由落体方式将钎探工具打入基坑底下一定深度的土层内，通过锤击次数探查判断地下有无异常情况或不良地基的一种方法。

(1) 钎探目的。钎探是施工单位在开挖完基坑土方之后，必须进行的一项施工工序，其主要目的是：

① 查明基坑底是否有局部枯井、墓穴、防空洞等地下埋藏物。

② 探测基底土质是否有松土坑、局部软弱或显著不均匀现象以及平面范围及深度。

③ 查明地下是否有局部坚硬物。

④ 校核基坑底土质是否与勘察设计资料相一致。

⑤ 是否为进行地基处理提供依据。

(2) 钎探工具。在华北地区，钎探工具普遍采用轻便触探器，也叫穿心锤钎探器。轻便触探器由尖锥头、触探杆、穿心锤三部分组成。其主要技术参数见表 1.5。

表 1.5 轻便触探器主要技术参数

名称	参数	名称	参数
锤重	(10±10)g	贯入锥度	60°
落距	(500±1)mm	贯入锥直径	ϕ40
最大贯入深度	2100mm		

(3) 钎探工艺流程。

放钎探点线→撒白灰点标志→就位打钎(分级记录锤击数)→拔钎→检查孔深→钎孔保护→移位打下一个钎探点→验槽后钎孔灌砂。

(4) 钎探方法。

① 绘制钎探平面布置图。一般按 1∶100 的比例绘制钎探平面布置图，确定钎探点的位置及顺序编号。钎探点间距及检验深度按《建筑地基基础工程施工质量验收标准》(GB 50202—2018)附录 A 的规定执行，见表 1.6。

表 1.6 轻型动力触探检验深度及间距表 m

排列方式	基槽宽度	检验深度	检验间距
中心一排	<0.8	1.2	1.0~1.5m，视地层复杂情况定
两排错开	0.8~2.0	1.5	
梅花型	>2.0	2.1	

② 在钎探过程中，钎探杆每打入 30cm 记录一次锤击数，一直到规定深度为止。

③ 将钎探锤击数及时填入地基钎探记录。

④ 将各分级记录锤击数进行合计。

⑤ 在钎探点平面图上，注明过硬或过软的探点位置，并用彩色笔分开，以便勘察设计人员验槽时分析处理。

(5) 钎探的注意事项。钎探深度和布孔间距必须符合规定要求，否则视为不合格钎探。锤击数记录必须准确，数据真实可靠，不得弄虚作假。钎探点的位置应基本准确，钎探孔不得遗漏。

1.1.4.2 地基验槽

《建筑地基基础工程施工质量验收标准》(GB 50202—2018)规定：所有建(构)筑物均应进行施工验槽。基坑挖完后，由建设单位组织施工、设计、勘察、监理、质检等部门的项目技术负责人对地基土进行联合检查验收。地基验槽属于建筑工程隐蔽验收的重要内容之一。

(1) 验槽的目的。

① 检验地质勘查报告结论、建议是否正确，与实际情况是否一致。

② 可以及时发现问题及存在的隐患，解决勘察报告中未解决的遗留问题，防患未然。

(2) 验槽的内容。基坑的验槽工作主要是认真仔细地观察，并以地基钎探、钻探取样和原位测试等手段配合，其主要内容包括：

① 核对基坑的位置、平面尺寸、坑底标高。

② 核对基坑土质和地下水情况。

③ 空穴、古墓、古井、防空掩体及地下埋设物的位置、深度、性状。

(3) 地基验槽记录。经检查验收合格后，填写《地基验槽记录》和《基坑(槽)隐蔽验收记录》，各方签字盖章，并及时办理相关验收手续。如验收不合格，待处理和整改合格后，重新验收确认。

(4) 验槽的注意事项。

① 天然地基验槽前必须完成钎探，并有详细的钎探记录。不合格的钎探不能作为验槽的依据。必要时对钎探孔深及间距进行抽样检查，核实其真实性。

② 基坑土方开挖完后，应立即组织验槽。

③ 在特殊情况下，如雨期要做好排水措施，避免被雨水浸泡；冬期要及时用保温材料覆盖，防止基底土受冻。

④ 验槽时要认真仔细查看土质及其分布情况，是否有杂物、碎砖、瓦砾等杂填土，是否已挖到老土等，从而判断是否需要做地基处理。

1.2 土方回填与压实

1.2.1 填土压实的影响因素

影响填土压实质量的因素有很多，其中主要影响因素有压实功、含水量和铺土厚度。

1.2.1.1 压实功的影响

当压(夯)实机具性能一定时，压实遍数越多，机具对回填土所施加的功就越多。试验数据表明，土的密度与压实功的关系，如图 1.5 所示。从图 1.5 中可看出二者的关系：当土的含水量一定时，在开始压实时，土的密度急剧增加，直到接近土的最大密度时，压实功虽然增加许多，但土的密度几乎没有变化。由此可知，当达到土的最大密度时，若对填土再进行多次压实，则无实际意义。土方回填压实遍数对重要工程均应做现场试验后确定，或由设计提供。如无试验依据，应符合表 1.7 的规定。

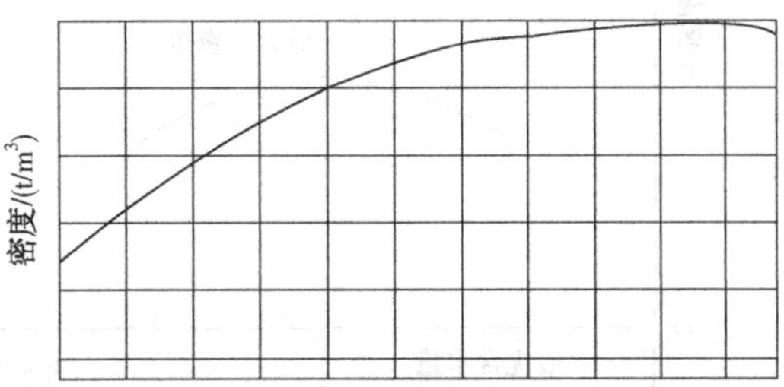

图 1.5 土的密度与压实功的关系

表 1.7 填土施工时的分层厚度及压实遍数

压实机具	分层厚度/mm	每层压实遍数
平碾	250~300	6~8
振动压实机	250~350	3~4
蛙式打夯机、柴油打夯机	200~250	3~4
人工打夯	<200	3~4

1.2.1.2 含水量的影响

填土土料含水量的大小，直接影响到夯实(碾压)质量，如图 1.6 所示。含水量过小，夯压(碾压)不实；含水量过大，则易成橡皮土。在同样压实功的条件下，当达到最大干土密度 $\rho_{d,max}$ 时，所对应的含水量称为最优含水量，用 ω_{op} 表示。最优含水量是通过标准的击实方法确定的。各种土的最优含水量和最大干密度参考数值见表 1.8。

表 1.8 土的最优含水量和最大干密度参考数值

项次	土的种类	变动范围	
		最优含水量(质量比)/%	最大干密度/(t/m³)
1	砂土	8~12	1.80~1.88
2	黏土	19~23	1.58~1.70
3	粉质黏土	12~15	1.85~1.95
4	粉土	16~22	1.61~1.80

注：1. 表中土的最大干密度应以现场实际达到的数字为准；2. 一般性的回填，可不作此项测定。

现场检查土料含水量一般以“手握成团，落地开花”为宜。当土的含水量过大时，可采取翻松、晾晒、换土回填、掺入干土或其他吸水材料等措施；如遇回填土的含水量偏低，则应预先洒水润湿。

1.2.1.3 铺土厚度的影响

土在压实功的作用下，其应力随深度增加而逐渐减少，但超过一定深度后，虽然仍反复碾压，土的密实度增加却很小，如图 1.7 所示。因此，填土厚度过大，只增加机械的夯实遍数。虽然夯压很多遍，可能还是出现“表实底疏”的情况。

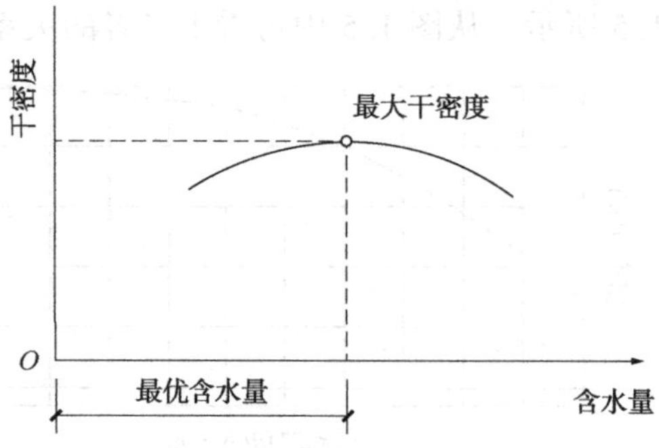

图 1.6 土的干密度与含水量的关系

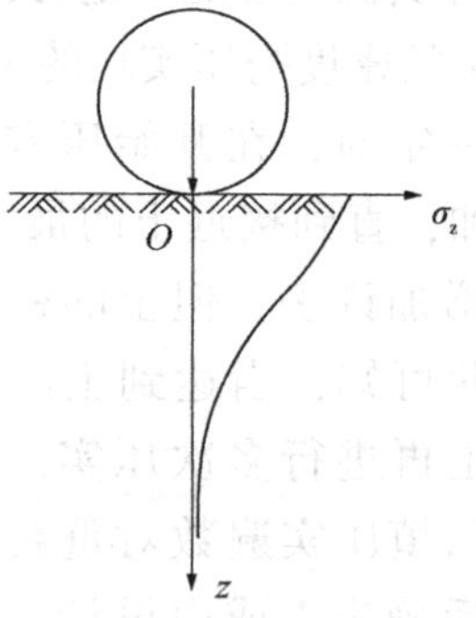

图 1.7 压实作用沿深度的变化

注：σ_z为竖向自重应力；z为深度。

填土每层铺土厚度与压(夯)实机具性能有关，一般应进行现场碾(夯)压试验确定。如无试验数据，可参考表1.7确定。

1.2.2 回填土施工工艺

回填土施工工艺适用于工业与民用建筑工程、一般构筑物的基坑、房心和管沟等回填土施工。

1.2.2.1 施工准备

(1) 技术准备。

① 施工前应根据工程特点、填料土质、设计要求的压实系数、施工条件，进行必要的压实试验，确定填料含水量控制范围、铺土厚度、夯实遍数等参数，根据现场条件确定施工方法。

② 向施工人员进行技术、质量、环保、文明施工交底。

(2) 材料准备。土方填料宜优先选用基槽(坑)中挖出的原土，并清除其中的有机杂质。使用前应过筛，其粒径不大于50mm。不同土类应分别经过击实试验测定填料的最大干密度和最优含水量，填料含水量与最优含水量的偏差控制在±2%范围内。

(3) 人员劳力。

① 管理人员、技术人员、操作手已到施工现场，操作人员和机械配置合理。

② 班组生产效率可参考回填土综合施工定额，见表1.9。

表1.9 回填土综合施工定额

项目		单位	时间定额		每工产量		备注
素土	施工方法		机械	人工	机械	人工	1. 班组最小劳动组合：12人。 2. 素土回填：包括碎土、平土、找平、泼水、打夯。 3. 灰土回填：包括焖灰、筛灰、过斗、拌和、泼水、找平、打夯
	素土回填	m^3	0.116	0.289	8.59	3.46	
灰土	施工方法		机械	人工	机械	人工	
	基础	m^3	0.5	1.1	2	0.91	
	地坪	m^3	0.4	0.883	2.5	1.2	
原土打夯	施工方法		机械	人工	机械	人工	
	基础	$10m^2$	0.0813	0.143	12.3	7	
	地坪	$10m^2$	0.0667	0.118	15	8.5	

(4) 施工机具准备。

① 施工机械。土方回填机械有：蛙式打夯机、柴油打夯机、翻斗车等。

常用的有蛙式打夯机、柴油打夯机、振动打夯机等，其技术性能见表1.10，适用于黏性较低的土(砂土、粉土、粉质黏土)基坑(槽)、管沟及各种零星边角部位回填夯实，以及配合压路机对边角碾压不到之处的夯实。

② 工具用具。如木夯、手推车、筛子、木耙、铁锹、喷壶、小线等。

③ 检测设备。如水准仪、钢尺、2m靠尺等定位测量设备；取土环刀、小铲、烘箱、天平等现场土工试验设备。

表 1.10 蛙式打夯机、柴油打夯机、振动打夯机技术性能与规格

项目	型号				
	蛙式打夯机 HW-70	蛙式打夯机 HW-201	振动打夯机 Hz-280	振动打夯机 Hz-400	柴油打夯机 ZH_7-120
夯板面积/cm^2	—	450	2800	2800	550
夯击次数/(次/min)	140~165	140~150	1100~1200	1100~1200	60~70
行走速度/(m/min)	—	8	10~16	10~16	—
夯实起落高度/mm	—	145	300(影响深度)	300(影响深度)	300~500
生产率/(m^3/h)	5~10	12.5	33.6	336(m^2/min)	18~27
外形尺寸(长×宽×高)/mm	1180×450×905	1006×500×900	1300×560×700	1205×566×889	434×265×1180
质量/kg	140	125	400	400	120

(5) 作业条件准备。

① 施工前应根据工程特点、填料种类、设计对压实系数的要求、施工机具设备条件等，通过试验确定土料含水量控制范围、每层铺土厚度及打夯遍数等施工参数。

② 回填前应清除基底上的草皮、杂物、树根和淤泥，排出积水，并在四周设排水沟或截水沟，防止地面水流入填方区或基槽(坑)，浸泡地基。

③ 施工完地面以下基础、地下防水、保护层等，应填写好隐蔽工程验收记录，并经质量检查验收。

1.2.2.2 工艺流程

回填土施工工艺流程，如图 1.8 所示。

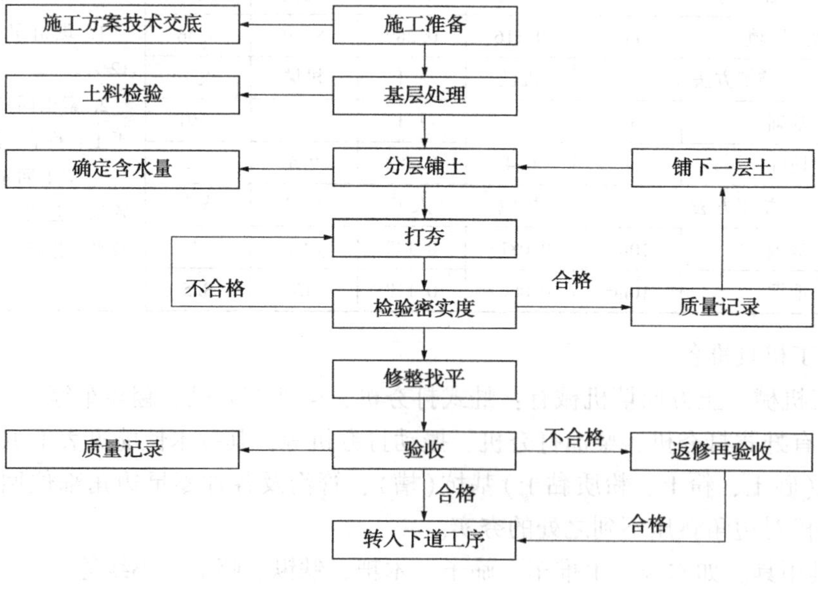

图 1.8 回填土施工工艺流程

1.2.2.3 操作要求

(1) 清理基层。土方回填前应清除基底的垃圾、树根等杂物，抽除坑穴积水、淤泥，验收基底标高。

(2) 分层铺回填土。每层铺土厚度根据土质和使用的夯(压)实机具性能而定。一般铺土厚度应小于压实机械压实的作用深度，应能使土方压实而机械的功耗最少。

(3) 夯打密实。

① 打夯前应将填土初步整平，打夯机由四周向中间依次夯打，一夯压半夯，夯夯相接，行行相连，两遍纵横交叉，分层夯打。

② 深浅两基坑相连时，应先填夯深基础；与浅基坑标高填平时，再一起填夯。

③ 回填房心回填土时，应在基础墙体两侧同时进行回填与夯实。回填高差不可相差太多，以免将墙挤歪。

④ 回填管沟时，应用人工先在管道周围填土夯实，并应从管道两边同时进行，待填至管顶 0.5m 以上，方可采用打夯机夯实。

⑤ 非同时进行的回填段之间的搭接处，不得形成陡坎，应将夯实层留成阶梯状，阶梯的高宽比一般为 1∶2。上下层错缝距离不小于 1.0m。

(4) 修整找平。填土全部完成后，应进行表面拉线找平，凡超过标准高程的地方，及时依线铲平；凡低于标准高程的地方，应补土夯实。经检查合格，填写地基验收、隐蔽工程记录，及时办理交接手续。经检查质量不符合要求时应进行返修，并重新验收。

1.2.2.4 检验密实度

土方回填应填筑压实，且压实系数应满足设计要求。当采用分层回填时，下层的压实系数经试验合格后，才能进行上层施工。在施工现场一般采用环刀取样检测回填土的干密度，常用取土环刀规格见表 1.11。

表 1.11 常用取土环刀规格

品名	规格/mm	容积/cm^3
取土环刀	ϕ50.46×50	100
取土环刀	ϕ64×20	64.4
取土环刀	ϕ70×52	200
取土环刀	ϕ79.8×20	100
取土环刀	ϕ61.8×40	120
取土环刀	ϕ40×39.9	50
取土环刀	ϕ61.8×20	50

(1) 环刀取样规则。

① 基槽或管沟回填每层按长度 20~50m 取样 1 组，每层不少于 1 组。

② 柱基回填每层抽样为柱基总数的 10%，且不少于 5 组。

③ 基坑和室内回填每层按 100~500m^2取样 1 组，每层不少于 1 组。

④ 场地平整回填每层按 400~900m^2取样 1 组，每层不少于 1 组。

⑤ 取样部位应在每层压实后的下半部。

(2) 合格标准。填土压实后的干密度应有90%以上符合设计要求，其余10%的最低值与设计值之差不得大于0.08g/cm^3，且不应集中。

1.3 基坑支护施工

1.3.1 基坑支护概述

1.3.1.1 基坑支护的定义

当基础设计埋得较深或多层高层建筑需要做地下室时，地下室的施工需要开挖深坑，相应地要用人工的方法对新形成的土壁进行支撑、防护，还要解决如何降低深坑内的地下水位以方便施工的问题。

1.3.1.2 基坑支护的目的

(1) 利用支护结构来挡土和阻水，承受周边的土、水压力。

(2) 围护坑周边土体的稳定，限制坑周土体变形(滑移或破坏)，保护基坑内施工的安全，保护基坑外土体的稳定，也就是保护基坑外侧的管线和邻近建筑物的安全。

(3) 阻止地下水渗入坑内，使坑内保持干燥，让坑内土方的开挖、基础和地下室的施工能够顺利进行。

1.3.1.3 基坑支护的特点

(1) 基坑开挖与支护的施工对象是岩土，岩土是大自然的产物，组成多样，性质复杂，具有地区性特点，影响因素多，不确定的因素也多，而现阶段人们对它的认识和了解还很有限。

(2) 基坑工程要顾及基坑本身在整个施工和使用期间的安全，坑周边环境的安全，后续工程施工活动的安全。这三个方面安全的实现，有赖于勘察、设计、施工、监理、监测等单位相互协作，密切配合，共同监督与管理。

(3) 基坑工程的对象是岩土，包括岩土力学、地下水与支护结构的共同作用，属于结构设计的一部分，由设计院负责施工图设计，施工单位按图施工。目前基坑工程的计算理论还很不完善，不可能事先考虑整个体系的所有复杂因素，既需要相关力学的基本理论，更强调工程实践，强调概念设计，强调各方的密切配合，凭经验把握住它的大方向，才能确保基坑的安全。

1.3.1.4 基坑支护结构的要求

(1) 基坑边坡和支护结构在整个施工和使用期间应达到稳定，不发生倾覆、滑移和局部失稳；坑底不发生隆起、管涌；锚杆不失效；支撑系统不失稳。

(2) 支护结构构件受荷后不发生强度破坏。

(3) 降低地下水位引起的地基沉降不得影响邻近建筑物或重要管线的正常使用。

(4) 止水措施应能控制渗漏不致因引起水土流失而造成地面下陷。

(5) 支护结构的变形不致影响周边环境和设施的正常使用。

1.3.2　常用几种支护结构的形式和使用条件

本部分内容以广东地区为例进行介绍，常用的几种支护结构的形式和适用条件见表1.12。

表1.12　广东常用几种支护结构的综合表

结构形式		适用条件	不宜使用的条件
人工放坡		(1)基坑周边开阔能满足放坡的条件 (2)允许坑边土体有较大的水平位移 (3)开挖面以上一定范围内无地下水或已经降水处理 (4)可独立或与其他结构组合使用	(1)淤泥和流塑土层 (2)地下水位高于开挖面且未经降水处理
土钉墙		(1)允许土体有较大的位移 (2)岩土条件较好 (3)地下水位以上为黏土、粉质黏土、粉土、沙土 (4)已经降水或经止水处理的岩土 (5)开挖深度不宜大于12m	(1)土体为富含地下水的岩土层、含水的沙土层，且未经降水、止水处理的 (2)膨胀土等特殊性土层 (3)基坑周边有需要严格控制土体位移的建(构)筑物和地下管线
水泥土墙		(1)开挖深度不宜大于7m，允许坑边土体有较大的位移 (2)填土、可塑到流塑的黏性土、粉土、粉细沙及松散的中粗沙 (3)墙顶超载不大于20kPa	(1)周边无足够的施工场地 (2)周边建筑物、地下管线要求严格控制基坑位移变形 (3)墙深范围内存在富含有机质的淤泥
排桩	悬臂	开挖深度不宜大于8m	周边环境不允许基坑土体有较大的水平位移
	桩锚	(1)场地狭小且需深开挖 (2)周边环境对基坑土体的水平位移控制要求严格	(1)基坑周边不允许锚杆施工 (2)锚杆锚固段只能设在淤泥或土质较差的软土层
	内撑	(1)场地狭小且需深开挖 (2)周边环境对基坑土体的水平位移控制要求更严格 (3)基坑周边不允许锚杆施工	—
地下连续墙		适用于所有止水要求严格以及各类复杂土层的支护工程；适用于任何复杂周边环境的基坑支护工程	悬臂或与锚杆联合使用的地下连续墙不宜使用，条件与排桩相同

1.3.3　常用几种支护结构的施工

1.3.3.1　人工放坡施工

(1) 填方或挖方人工放坡的坡度，应根据场地土层的物理力学性质、填方或挖方的深度、形成的方法和要求保持的时间预先进行设计计算。

(2) 人工放坡在开挖时，应采用相应的坡面、坡顶和坡脚排水、降水措施。当基坑开挖至地下水位以下且土层中可能发生流沙、流土现象时，应采取降水措施；如土质较好，也可采用明沟或集水井排水。

(3) 基坑顶部周边不宜堆积土方或其他材料、设备等，若必需堆放，须考虑地面超载对边坡的不利影响。

(4) 人工放坡宜对坡面采取保护措施，如水泥砂浆抹面、浆砌片石护面、堆砌土袋护面、挂网喷浆等。

1.3.3.2 土钉墙施工

(1) 土钉墙支护的原理。土体的抗剪强度较低。几乎不能承受拉力，但土体有一定的结构整体性。如果在土体内人为地放置有一定长度和密集分布的钢筋或钢管(称为土钉)，与土体共同作用，形成复合体，当土体发生微小位移时，土钉受拉而土体受压，使土体保持稳定，土钉对坡面起了防护的作用。土钉墙支护是保障土体边坡稳定的一项新技术。

(2) 土钉墙的结构和构造。最常用的土钉墙是在分层分段挖土的条件下，分层分段地做土钉(钻孔，内置螺纹钢筋，往孔内压注水泥浆)和配有钢筋网的喷射混凝土面层，挖土与土钉交叉作业，并保证每一施工阶段基坑的稳定。土钉的水平和竖向距离一般为1~2m，通过斜向的土钉对基坑边坡土体的加固，来满足边坡稳定要求。土钉墙适用于允许有一定放坡、深度在10m内稳定土层的边坡支护，如图1.9所示。

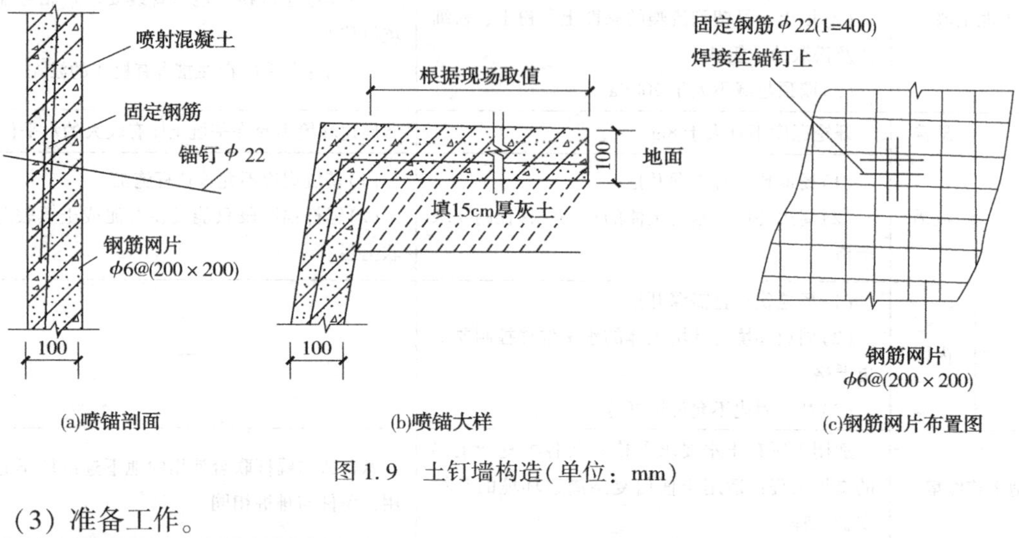

图1.9 土钉墙构造(单位：mm)

(3) 准备工作。

① 确定基坑开挖线、轴线定位点、水准基点、变形观测点。

② 土钉钢筋除锈。

③ 水泥、沙、速凝剂准备。

④ 施工机具(成孔机、注浆泵、混凝土喷射机、空压机)准备。

(4) 施工顺序。

① 按设计要求开挖工作面，修整边坡，埋设喷射混凝土的控制标志。

② 喷射第一层混凝土。

③ 安装土钉(钻孔、插筋、注浆)。

④ 绑扎、固定钢筋网，设置加强筋。

⑤ 喷射第二层混凝土至设计厚度。

⑥ 坡顶、坡面和坡脚的排水处理。

(5) 注意事项。

① 基坑开挖应按设计要求自上而下分段分层进行，及时支护，严禁超挖；上层土钉砂浆和喷射混凝土须达到设计强度的 70%，才能开挖下层土方和进行下层土层锚杆的施工。

② 钢筋网的铺设应位置正确、安装绑扎牢固；钢筋网与土钉和加强筋应连接牢固，喷混凝土时钢筋网不得晃动。

③ 分段分片依次进行喷射混凝土作业，同一段内自下而上进行；喷射时应控制好水灰比，保持混凝土表面平整、湿润光泽、无干斑及滑移流淌的现象。

1.3.3.3 排桩施工

(1) 排桩的作用和类型。基坑开挖之前，先在准备形成坑壁的周边施工排桩，利用嵌固在土中一定深度的悬臂排桩，来承受坑壁周边土体和地下水对排桩的水平作用力，从而保护坑内土方的开挖和基础的施工。排桩的类型有多种多样，如图 1. 10 所示。

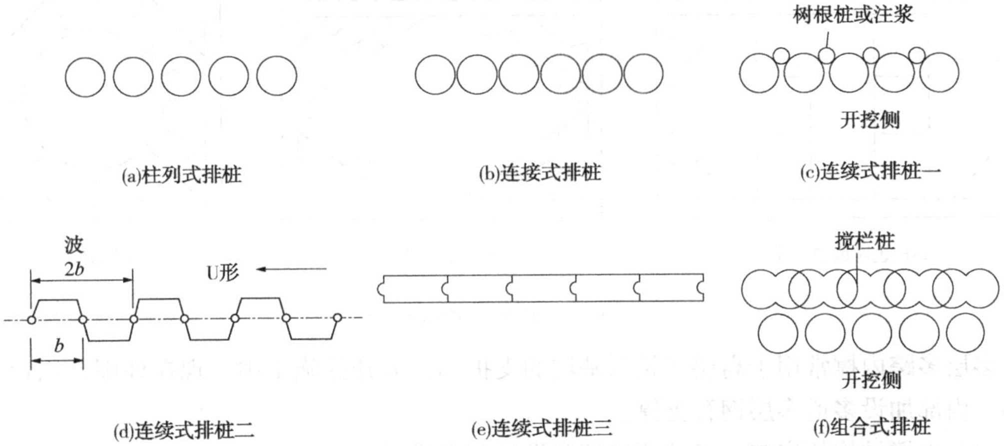

图 1. 10 排桩支护的类型

注：b 为桩宽。

(2) 为了形成排状的冲、钻孔灌注桩，应采用隔桩施工；每一根桩的施工与普通工程桩的要求相似，在相邻桩的混凝土达到设计强度的 70%后方可进行成孔施工。

(3) 用于支护结构的人工挖孔桩排桩的施工方法和要求与工程桩相同。

(4) 将排桩分成相间隔的两批桩跳挖；第一批桩施工完成，桩芯混凝土达到设计强度的 70%后再开挖第二批桩；当桩身穿过透水性大的富含水层时，应先做止水结构，并在基坑内降水后再行施工。

(5) 对于非均匀配筋的桩，钢筋笼的吊放方向应与设计方向一致。

1.3.3.4 内撑结构施工

(1) 内撑的作用和结构。内撑就是在排桩或地下连续墙对基坑进行支护的基础上，在坑内增加对支护体的支撑，以增强基坑壁支护体的强度和稳定性。通常单跨多用于深度不大的坑槽支护(钢板桩加工具式内撑)，多跨用于深基坑的支护(结构形式多样)。具体应根据基坑的大小和深度、土质情况、施工条件综合考虑。

单跨内撑常用在埋深不大的室外各种管线坑槽开挖施工，用钢板桩加内撑，如图 1.11 所示。一般的单斗反铲挖掘机可完成打桩、支撑、土方开挖、回填、支撑拆除等的全部工作。

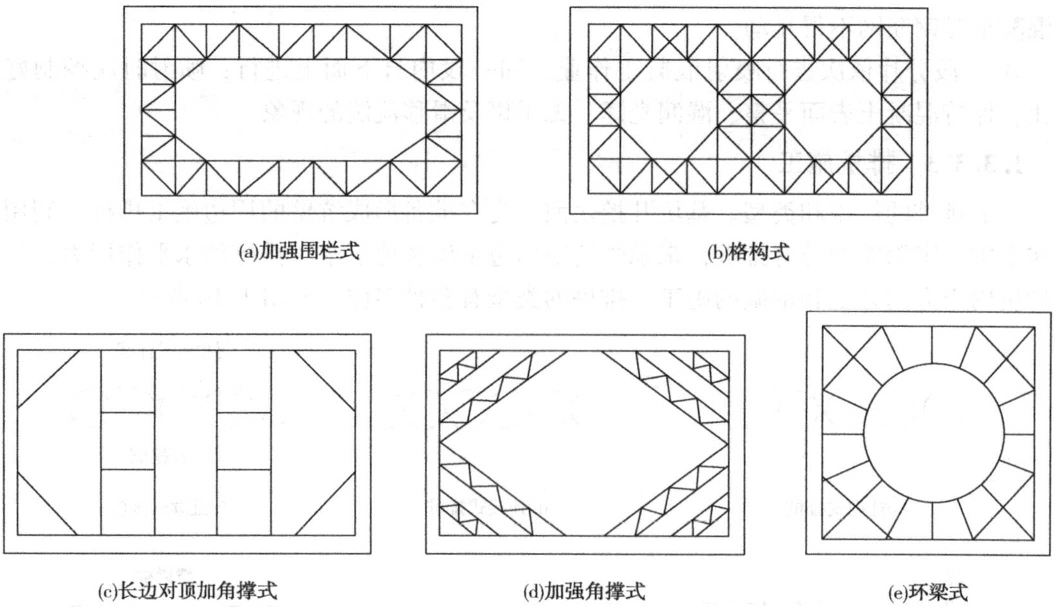

(a)加强围栏式　(b)格构式　(c)长边对顶加角撑式　(d)加强角撑式　(e)环梁式

图 1.11　内撑结构的形式

多层多跨内撑常用于高层建筑深基坑的支护和土方开挖施工中，现在外围常用地下连续墙，内部加设多道多层钢管支撑。

(2) 内撑结构的安装，必须严格按照设计要求进行。

(3) 内撑结构的施工工序：支撑立柱，开挖设计规定可以挖除的土体，腰梁、竖向斜撑、坑底柱脚支座施工，主支撑与立柱、腰梁的连接及预应力施工，联系杆件、八字撑等附属结构的施工。

(4) 支撑立柱的施工要根据地质情况，选择不同的施工方法；严禁在负荷状态下对钢支撑、钢立柱、钢腰梁等主要受力构件进行焊接。

(5) 当设计采用逆做法施工时，除严格按照设计要求分步进行外，地下室的施工还应做好送风、排风、安全用电和安全防护工作。

(6) 内撑结构的拆除也必须按照设计要求进行。

1.3.3.5 锚杆施工

(1) 锚杆的作用与组成。锚杆是一种受拉杆，它的一端嵌固在挡土桩或地下连续墙上，另一端锚固在地基土的深层或岩石中，使原来是悬臂的护坡桩变成类似多支点多跨的连续梁，与护坡桩一起承担土水的侧压力。

锚杆支护由锚杆、锚杆头、支护结构体等组成，如图 1.12 和图 1.13 所示。

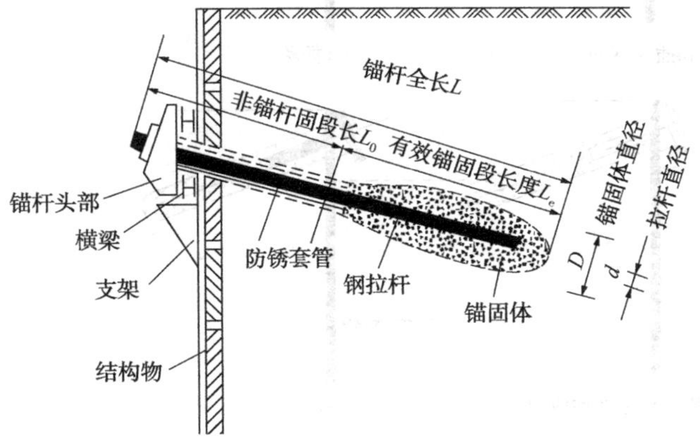

图 1.12 锚杆的组成

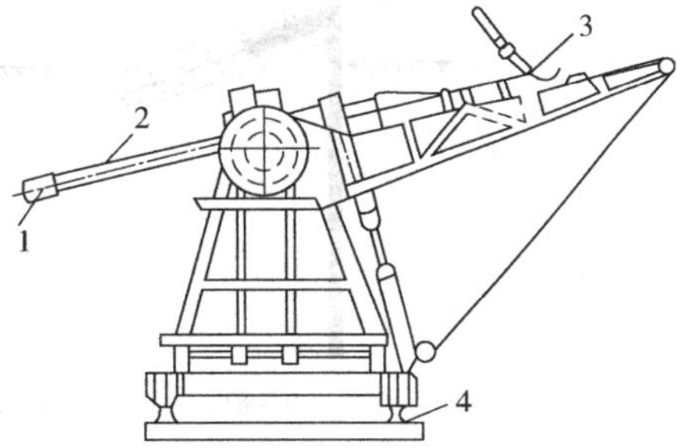

图 1.13 打锚杆的钻机

1—钻头；2—套管；3—钻架；4—轨道

(2) 锚杆的施工应按专项的施工方案进行，锚杆专项施工方案的内容包括工程的平面、剖面图；场地的基土性状、地下水性状，场区边线的地质剖面图；周边环境状况；施工废弃物排放及处理；限制作业条件，环境安全规划、措施；地下埋设物、障碍物；其他。

(3) 施工前应对原材料进行技术性能检验，出具有效的检验报告；应进行试验性作业，以检验设计的合理性、施工工艺及设备的适用性。只有在这两项都符合要求后才能开始施工。

(4) 锚杆的施工工序：定孔位→钻机就位→钻孔→清孔→安放锚杆体→检查就位情况→注浆→养护→锚杆张拉→检测→锁定，重点工序如图 1.14 所示。

1.3.3.6 地下连续墙施工

(1) 地下连续墙是指在基坑土方开挖之前，预先在地面以下浇筑的钢筋混凝土墙体。它既可挡土又可阻水，作为深基坑支护结构，同时还可以作为地下结构的组成部分。

(2) 工艺原理：用特制的挖槽机械直接作业分段成槽，或在泥浆护壁的情况下分段开挖沟槽，插入预先制作好的钢筋骨架，用导管向沟槽内(水下)浇筑混凝土。形成第一段墙体；接着再做第二段墙体；各段墙体之间用特制的接头连接，最后形成连续的地下钢筋混凝土墙。

(3) 施工工艺程序：与冲钻孔灌注桩工艺相似。修筑导墙→制备泥浆→开挖槽段和注入泥浆→清底→吊放接头管→吊放钢筋笼→水下浇筑混凝土→拔出接头管→连续制作下一槽段，重点工序如图 1.15 所示。

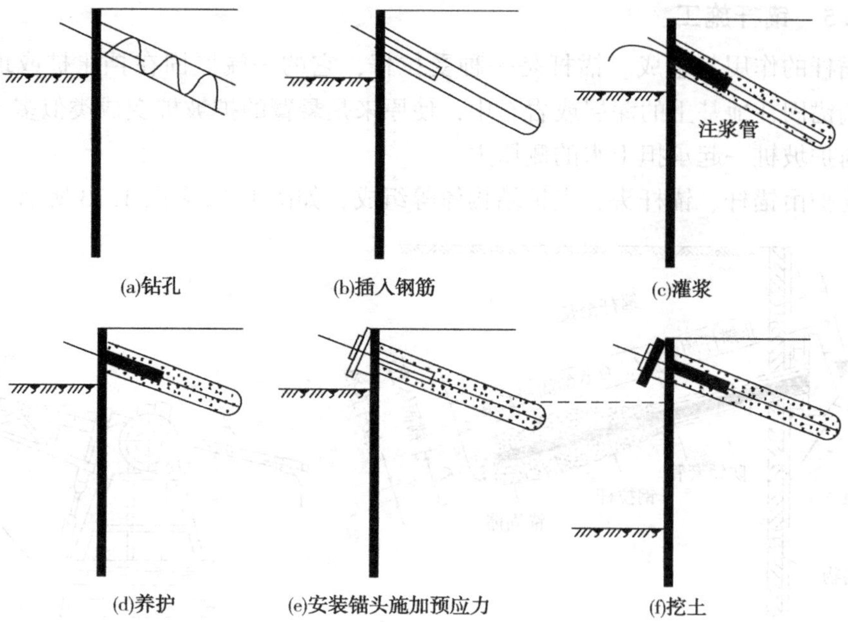

图 1.14　锚杆施工程序示意图

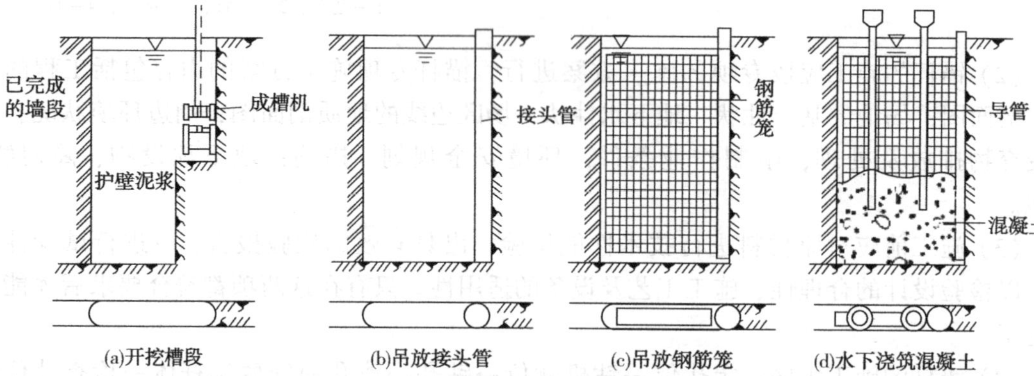

图 1.15　地下连续墙施工程序示意图

（4）使用机械设备：多使用专用的成槽机械，也可用一般的冲钻孔成桩机，配套使用泥浆循环设备、水下浇筑混凝土设备等。

（5）地下连续墙的优点：适用于各种土质，对邻近结构物没有什么影响，可以在复杂条件下施工，安全可靠、综合效益较好。

（6）地下连续墙的缺点：当土质较差或地下水位较高时，容易造成施工场地泥泞湿滑，需要用泥浆护壁施工；分段间的接头处理较复杂，容易出现渗漏，要在外侧用旋喷止水堵漏；所形成的墙面不够光滑，若作为永久性结构还需进行处理；若只作为临时挡土结构造价较高。

（7）主要适用于地下水位较高的软土地区的深基坑，或基坑与邻近建筑物很近时，作为基坑支护结构或地下结构使用。

地下连续墙的成槽工艺及使用的机械见表1.13。

表1.13　地下连续墙的成槽工艺及使用的机械

成槽工艺	成槽机械	适用土(岩)层
挖斗成槽	液压挖斗、机械开启式挖斗、导杆式挖斗	黏性土、粉土、淤泥质土、沙土、冲填土、强风化岩和其他不含较大卵石、碎石、漂石、块石的土层
多头钻反循环成槽	多头钻成槽钻机	黏性土、粉土、淤泥质土、沙土、冲填土、沙层、基岩
刀盘旋铣成槽	液压双刀盘成槽机	坚硬黏土、胶结沙土、人工填海层、硬基岩
冲孔成槽	反循环或正循环工程钻机	各种地层、基岩层

1.3.3.7　重力式水泥土挡墙施工

(1) 用水泥土搅拌桩或旋喷桩，使桩体相互搭接形成块状或格栅状等连续实体的重力结构，在基坑侧边形成一个具有相当厚度和重量的刚性实体结构，用其重量来抵抗基坑侧壁的土、水压力，以满足结构的抗滑移、抗倾覆的要求。

(2) 重力式挡墙的施工工序：平整场地→桩位放线→施工机械就位→水泥浆或干粉的割备→喷浆(粉)预拌下沉至设计深度→喷浆(粉)提升→重复喷浆(粉)搅拌下沉至设计深度→喷浆(粉)提升至孔口。

(3) 施工前宜做工艺性试桩，以确定各项施工技术参数；施工中应做好每根桩的施工记录，其中深度记录的误差应小于10m，时间记录的误差应小于5s。

(4) 当设计要求有桩体插筋时，应在成桩后2h内插筋完毕。

(5) 对于地下水丰富的地区，可采用多回路注浆搅拌工艺，并选用适合的速凝剂。

(6) 水泥土墙必须在达到允许开挖的龄期设计强度后才可进行基坑开挖。

1.3.4　深基坑工程智能预警系统模型

1.3.4.1　LSTM介绍

LSTM(Long Short-Term Memory，长短期记忆网络)最早由Sepp Hochreiter(赛普·霍尔泽)和Jürgen Schmidhuber(尤尔根·施米德胡贝)于1997年提出，是一种特定形式的RNN(Recurrent Neural Network，循环神经网络)。RNN是一系列能够处理序列数据的神经网络的总称。LSTM的设计初衷是为了解决传统RNN在处理长序列数据时出现的梯度消失或梯度爆炸问题，从而使得网络能够学习到长期依赖关系。

LSTM通过引入三个门控机制——遗忘门(Forget Gate)、输入门(Input Gate)和输出门(Output Gate)来动态地决定信息的保留和遗忘。具体而言：

(1) 遗忘门决定从单元状态中丢弃哪些信息。它通过sigmoid(S形)函数生成一个0~1之间的值，表示每个状态值的保留程度。若输出值为0，则完全丢弃该状态信息；若输出值为1，则完全保留。

(2) 输入门由两部分构成。一个sigmoid层决定哪些值将被更新，一个tanh(双曲正切函数)层生成新的候选值向量。输入门的sigmoid层输出与tanh层的输出相乘，得到更新后的候选值，用于更新单元状态。

（3）输出门决定下一个隐藏状态的值。它通过 sigmoid 层决定哪些单元状态将被输出，然后通过 tanh 层生成输出状态的候选值，最后将这两部分结合起来形成最终的输出。

1.3.4.2 LSTM 与深基坑工程变形监测

（1）利用 LSTM 模型构建深基坑工程变形监测管理预警模型的目的。在深基坑工程施工过程中，变形情况复杂多变且具有高度不确定性，传统方法在处理和分析实时监测数据时，难以充分挖掘数据中的潜在规律，导致对变形情况的预测和管理能力有限。而 LSTM 算法在处理序列数据方面具有独特优势，能够深入挖掘数据中的时序特征和关联性。

基于此，利用 LSTM 算法构建深基坑工程变形监测管理预警模型的核心目的在于：借助 LSTM 强大的序列数据处理能力，对深基坑工程的实时监测数据进行深度剖析，精准捕捉变形数据之间的内在联系和演变模式。通过输入历史变形数据，让模型学习并掌握变形发展的规律，进而实现对未来变形情况的准确预测。同时，构建实时预警机制，当监测数据出现异常波动或超过预设阈值时，能够迅速识别潜在风险，并及时向工程管理人员发出预警信号，以便其能够迅速采取针对性的安全措施和调整施工计划，从源头上保障深基坑工程施工和项目的安全有序进行。

（2）利用 LSTM 模型构建深基坑工程变形监测管理预警模型的意义。从理论层面来看，LSTM 模型在深基坑工程变形监测管理预警模型构建研究中的应用具有重大意义。它突破了传统方法的局限，为处理和分析具有序列性质和时序特征的深基坑工程监测数据提供了一种全新的、高效的数据驱动方法。这一创新不仅丰富了深基坑工程安全管理的理论体系，还为后续相关研究提供了新的思路和方法借鉴，推动了整个领域在数据处理和模型构建方面的理论发展。

在实际应用层面，该模型的价值更是不可忽视。在提高工程安全性方面，LSTM 模型能够对深基坑工程的变形状态进行实时、精准的监测和预警。通过对实时监测数据的持续分析和处理，及时发现潜在的风险和异常变形情况，为工程管理人员争取宝贵的应对时间，使其能够迅速采取有效的措施，避免事故的发生，将损失降到最低。在提升施工效率方面，基于 LSTM 模型对历史监测数据的学习和分析，能够提供准确的预测结果和合理的管理决策建议。工程管理人员可以根据这些信息，提前做好资源调配和施工安排，优化施工流程，减少不必要的停工和返工，从而促进工程的顺利推进和按时交付。此外，该模型的应用还有助于提高工程管理的科学性，使管理决策更加基于数据和事实，减少主观因素的影响，为深基坑工程的安全和质量提供全方位、强有力的支持。

（3）利用 LSTM 模型构建深基坑工程变形监测管理预警模型的发展趋势。

① 算法优化创新。LSTM 是当前应用较广的循环神经网络算法，但深度学习发展下，未来可能出现更高效且适配深基坑工程的新型循环神经网络算法。新算法会聚焦模型结构优化，如改进网络拓扑结构以降低计算复杂度，还会通过精细参数调整，如采用自适应学习率算法加速收敛，从而提升 LSTM 模型在变形预测中的准确性与实时性。

② 多模态数据融合应用。深基坑工程变形监测涵盖图像、激光扫描等多模态数据。这些数据特点不同，如激光扫描数据空间精度高但采样频率低，传统传感器数据采样频率高但空间信息有限。为融合数据，需解决采样率差异和坐标系统不统一问题，可采用插值

或重采样统一时间尺度，用空间配准算法统一坐标系。之后将 LSTM 与卷积神经网络(Convolutional Neural Networks，CNN)结合，CNN 提取图像特征，LSTM 处理时序数据，发挥各自优势，为监测预警提供更全面准确的信息。

③ 强化学习自适应管理。强化学习在深基坑工程变形监测管理预警模型中潜力巨大。引入强化学习算法，模型能依据监测环境反馈持续优化预警决策策略。以变形监测数据为状态输入，按预设奖励函数(如准确预警奖励、误报惩罚)调整决策参数和规则。成功预警给予正奖励，误报给予负奖励，通过不断试错学习，实现自适应监测管理，动态调整预警阈值和决策方式，提高工程安全性与管理效率。

④ 云数融合智能分析。云计算和大数据技术发展使深基坑工程监测数据规模和复杂性剧增。将 LSTM 算法与云计算和大数据分析平台结合，构建智能分析平台。利用云计算强大算力，通过分布式计算框架并行处理海量数据，缩短处理时间。借助大数据分析挖掘历史数据模式和规律，如用聚类分析分类变形数据，用关联规则挖掘找出影响变形的关键因素。结合 LSTM 模型实时预测预警，为工程管理提供及时准确的决策支持，推动监测管理智能化、精确化。

⑤ 实时精准决策支持。未来模型更注重预测实时性与决策精准性。优化 LSTM 算法模型，提高数据处理速度和预测精度，及时响应变形异常。采用增量学习技术，使模型接收新数据时快速更新参数，无须重新训练。结合数据预处理技术，实时清洗和提取监测数据特征。基于预测结果，结合工程专业知识构建决策支持系统，提供详细决策建议，如是否加固、调整施工方案，并通过可视化技术直观展示信息，助力决策者科学决策，提高工程安全与管理效率。

1.3.4.3 构建深基坑工程变形监测管理预警模型的方案

(1) 方案内容、方案目标和拟解决的关键问题。

① 方案内容。

a. 数据采集与准备。数据采集与准备是整个模型构建方案的基础支撑环节。它为后续的 LSTM 网络构建、特征提取与选择等关键步骤提供高质量、完整的数据资源。该部分需要全面收集深基坑工程的变形监测数据和相关环境参数数据，这些数据涵盖了基坑在不同施工阶段、不同环境条件下的变形情况以及影响变形的各类因素。通过严格的数据清洗、处理和整理流程，确保数据的质量和完整性，为整个模型构建方案搭建坚实可靠的数据基础，保障后续分析和建模的准确性。

b. LSTM 网络构建。LSTM 网络构建是模型构建方案的核心技术环节。它基于对深基坑工程变形监测数据特点的深入理解，精心设计网络结构，合理选择层数和神经元数量，并应用合适的激活函数、正则化方法和优化算法。通过这一系列操作，建立适合深基坑工程变形监测的 LSTM 网络模型。该模型能够有效捕捉变形数据之间的复杂关联性和潜在模式，为提高预测准确性、优化工程运营与决策提供强大的技术支持，是整个方案实现智能预警功能的关键所在。

c. 特征提取与选择。特征提取与选择是模型构建方案中提升模型性能的重要环节。从原始的监测数据中，通过专业的领域知识和数据分析方法，提取出具有代表性和相关性的特征，如最大位移、变形速率、变形方向等。这些特征能够更准确地反映深基坑工程的变形特征和趋势。然后，利用特征选择方法筛选出最具判别能力的特征，去除冗余和无关信息。这一步骤能够显著降低模型复杂性，提高预测性能，使模型能够更精准地预测变形行为，为实时监测与预警提供有力保障。

d. 模型训练。模型训练是模型构建方案中使模型适应实际数据的关键过程。使用准备好的高质量数据集，对构建好的 LSTM 模型进行反复迭代训练和优化。在训练过程中，通过不断调整模型参数和权重，使模型能够最大限度地拟合变形监测数据，提高预测精度和准确性。这一步骤是模型从理论设计到实际应用的重要桥梁，为实现准确预测变形趋势、优化工程运营与决策提供可靠保障，确保模型在实际工程中能够发挥有效作用。

e. 模型评估与验证。模型评估与验证是模型构建方案中确保模型可靠性的重要保障环节。为了全面评估模型的性能和准确性，将训练好的模型应用于独立的测试集或实际的变形监测数据。通过比较预测结果和实际观测值之间的差异，采用均方根误差（Root Mean Squared Error，RMSE）和平均绝对误差（Mean Absolute Error，MAE）等指标进行量化评估。此外，还进行交叉验证，将原始数据集划分为多个子集，轮流作为测试集和训练集，重复多次训练和评估过程，观察模型在不同数据划分下的表现稳定性。同时，在不同时间段、不同环境条件下采集实际变形监测数据对模型进行测试，检验模型在复杂多变实际场景中的泛化能力。这一系列评估与验证步骤能够确保模型在实际应用中的可靠性，为模型的优化和改进提供依据，为实现准确监测与预警提供坚实支撑。

f. 建立基于 LSTM 模型的实时预警系统。建立基于 LSTM 模型的实时预警系统是模型构建方案的最终应用目标。该系统通过连续监测数据的输入和模型的实时计算，能够及时发现异常变形情况，并向相关人员发送预警信息。同时，根据预测结果和变形趋势，进行风险评估和控制策略的制定，从而保障深基坑工程的安全运行，实现数据驱动的风险控制。这一部分将前面的模型构建成果转化为实际的工程应用，为深基坑工程的安全管理提供智能化、高效化的解决方案。

通过以上研究内容，可实现对深基坑工程变形监测管理预警的全方位、精确化和智能化，有效提升工程的安全性和质量，降低风险和损失。

② 方案目标。

a. 实时监测与预警。通过 LSTM 算法构建深基坑工程变形监测管理预警模型，实现对变形数据的实时监测和准确预警。该模型可对监测数据进行连续分析和预测，及时发现异常变形情况，并向相关人员发出预警信号，使其能够及时采取相应措施，保障深基坑工程的安全运行。

b. 提高预测准确性。通过 LSTM 算法对深基坑工程的变形监测数据进行深度学习和建模，提高预测准确性。该模型可分析监测数据的时间序列特征，通过学习历史数据中的模式和规律，实现对未来变形趋势的预测和预警。

c. 优化工程运营与决策。深基坑工程变形监测管理预警模型的构建还旨在提供科学的管理决策支持。通过 LSTM 算法对监测数据的分析，可获取变形状态的相关特征，并为工程管理人员提供评估和决策的依据。

d. 制定数据驱动的风险控制策略。基于LSTM算法的预警模型可通过学习和分析监测数据，制定风险控制策略。通过对深基坑工程变形行为的深入理解，结合历史数据的模式识别，可提供针对具体问题的风险控制建议，帮助工程管理人员及时采取有效措施，降低工程风险。

③ 拟解决的关键问题。

a. 变形行为的准确预测。深基坑工程的变形行为非常复杂，传统方法可能无法准确预测潜在的变形情况。通过LSTM算法的深度学习能力，对监测数据进行连续分析和建模，提高对变形行为的准确预测能力，及时发现潜在的风险和异常变形情况。

b. 实时监测与预警。传统的监测方法一般是离散和周期性的，无法做到实时监测和预警。通过LSTM算法结合深基坑工程的即时监测数据，实现对变形状态的实时监测和预警。通过连续的数据分析和模型优化，及时发现变形过程中的异常情况，并向相关人员发出预警信号，使其能够及时采取相应措施来保障工程的安全性。

c. 复杂条件下的管理决策。深基坑工程涉及多种因素，如土壤、地下水、岩层等的相互影响，传统的管理决策往往依赖于经验和直觉。通过LSTM算法的模型构建，对监测数据进行综合分析和建模，为工程管理人员提供科学准确的管理决策支持。根据模型输出的预测结果和趋势变化，及时调整施工计划和强化风险控制策略，提高工程的管理效率和安全性。

d. 数据分析与决策支持。传统的基坑工程变形监测往往仅停留在数据采集和记录阶段，缺乏对数据的深度分析和挖掘。通过LSTM算法的数据驱动模型构建，对监测数据进行更细致的分析和建模，提供定量化、科学化的数据支持。这将有助于工程管理人员了解变形行为的特点、趋势和规律，为决策提供更准确可靠的依据，从而优化工程运营和资源调配，提升工程质量和安全水平。

(2) 方法步骤、技术路线、系统结构与功能。

① 方法步骤。

a. 数据收集。从深基坑工程现场布置的各类监测设备中收集监测数据，包括但不限于变形监测数据(如基坑的水平位移、垂直位移等)、环境参数数据(如地下水位、气温、降雨量等)。确保数据收集的全面性和及时性，覆盖整个施工周期和关键施工阶段。

b. 数据预处理。对采集到的数据进行严格的预处理。首先，去除数据中的噪声干扰，如通过滤波算法处理监测数据中的异常波动；其次，补充缺失值，对于因设备故障或其他原因导致的缺失数据，采用合适的方法进行插值补充；最后，对数据进行标准化处理，将不同量纲的数据统一到合适的范围内，以提高模型的训练效果和稳定性。

c. 网络结构设计。根据深基坑工程变形监测数据的特点和需求，设计合适的LSTM网络结构。确定网络的层数，一般根据数据的复杂程度和模型的性能要求进行选择，通常包含输入层、若干隐藏层和输出层。设置每层的神经元数量，神经元数量的选择会影响模型的表达能力和训练效率，需要通过实验和经验进行调整。

d. 参数设置。选择合适的激活函数，如ReLU(线性整流函数)、sigmoid函数等，以引入非线性因素，增强模型的表达能力。应用正则化方法，如L2正则化，防止模型过拟合。

选择优化算法，如 Adam（自适应矩估计）算法，以加快模型的收敛速度和提高训练效果。

e. 模型训练。将预处理后的数据集划分为训练集、验证集和测试集。使用训练集对构建好的 LSTM 模型进行训练，在训练过程中，通过反向传播算法不断调整模型参数和权重。利用验证集监控模型的训练过程，防止过拟合。当模型在验证集上的性能达到最优时，停止训练，并使用测试集对模型的最终性能进行评估。

f. 特征提取。结合领域知识和数据分析方法，从原始的监测数据中提取有代表性和相关性的特征。例如，通过计算位移数据的变化率、加速度等特征，以更全面地反映基坑的变形情况。同时，考虑时间序列特征，如变形数据的周期性、趋势性等。

g. 特征选择。采用自动特征选择方法，如基于信息增益、卡方检验等方法，筛选出最具判别能力的特征。去除冗余和无关特征，降低模型复杂性，提高预测性能。在特征选择过程中，需要进行多次实验和验证，确保选择的特征能够有效提升模型的准确性和泛化能力。

h. 量化评估。采用均方根误差（RMSE）、平均绝对误差（MAE）等指标，对模型的预测结果进行量化评估。计算预测值与实际观测值之间的误差，分析模型的预测精度和准确性。通过比较不同模型或不同参数设置下的评估指标，选择最优的模型。

i. 实际场景验证。将模型应用于实际的深基坑工程监测数据，验证其在实际场景中的可行性和有效性。在不同时间段、不同环境条件下采集实际数据，对模型进行测试。观察模型在实际数据上的表现，分析其泛化能力和稳定性。根据验证结果，对模型进行进一步的优化和改进。

② 技术路线。深基坑工程智能预警系统设计的技术路线如图 1.16 所示。

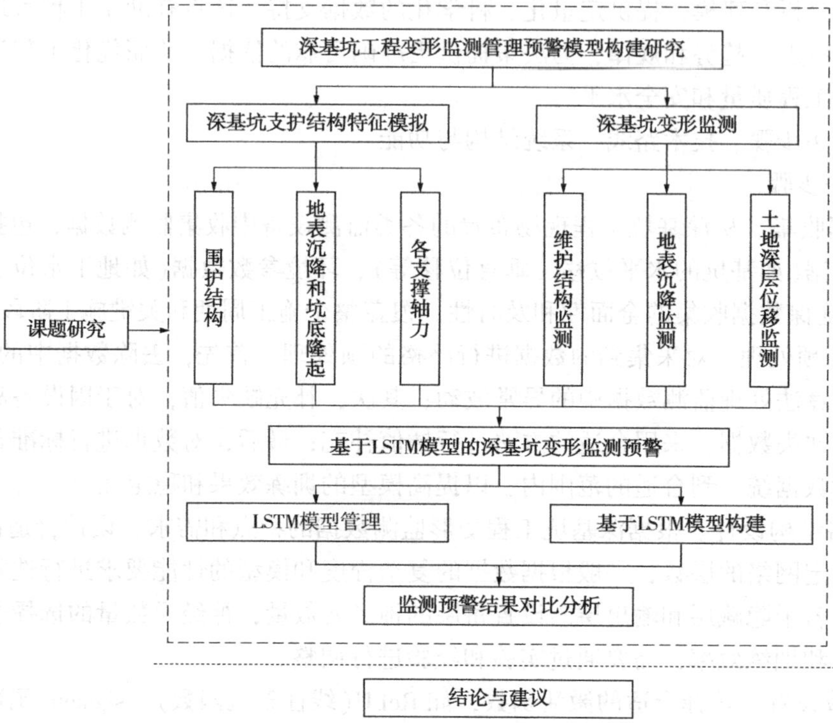

图 1.16　技术路线图

③ 深基坑工程智能预警系统的结构与功能。该系统由数据输入管理、图形绘制管理、位移沉降灰色预测、极限状态判别等多个模块组成(见图1.17)。

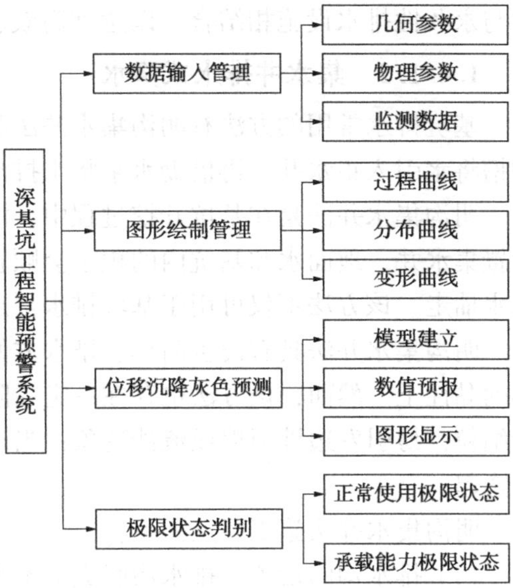

图1.17　系统功能与结构

该系统的四个主要模块具有以下功能：

a. 数据输入管理。该模块的主要功能是输入和管理深基坑几何参数、物理参数及监测数据。在深基坑工程中，设计参数如基坑尺寸、土层性质、地下水位等，以及监测数据如基坑的变形、土体应力、周边建筑物的影响等，对于工程的安全性和稳定性至关重要。通过该模块，可方便地将这些设计参数输入系统中，并进行有效管理和归档。同时，将监测仪器收集到的数据直接输入系统中，进行有效管理和分析。

b. 图形绘制管理。该系统具备绘制基坑过程曲线、分布曲线以及变形曲线等的功能，支持各类土木工程项目的设计和建设。在基坑施工中，系统可根据用户输入的基本参数，自动生成基坑的二维平面布置图。通过该图，施工单位可清晰了解基坑的尺寸、边界、层数等相关信息，从而更好地组织施工活动。

c. 位移沉降灰色预测。该模块针对基坑挖掘中土体位移和沉降展开预测，以实时监测数据为基础，结合数学模型与算法技术，通过“模型建立”“数值预报”“图形显示”三个环节实现精准预测。在位移沉降灰色预测中，先深入剖析实时监测数据中土体位移和沉降的变化趋势，同时充分考量历史数据与相关土工参数，以此构建起精准的数学模型；随后依托该模型及不断更新的监测数据，通过计算得出基坑土体未来不同时间点的位移和沉降数值；最终把预测结果转化为直观的位移-时间等图形，让工程人员能迅速且清晰地把握土体变形规律，一旦发现异常可及时采取应对举措。

d. 极限状态判别。极限状态判别包括确定正常使用极限状态和承载能力极限状态，并进行判断和预测。极限状态判别所需的信息可通过键盘输入或从数据库获取。根据分析和判断的结果，一旦达到或即将达到极限状态，应立即发出警报，以便及时采取有效措施，避免发生危机或将损失降至最低程度。

1.4　排水与降水

1.4.1　地面排水、集水井排水或降水

1.4.1.1　地面排水

为有效排除地面水(涵盖雨水、施工用水、生活污水等)，通常在基坑周围采取设置排水沟、截水沟或筑土堤等措施。在实际操作中，应尽量利用原有的排水系统，也可将临时

性与永久性排水设施相结合，以达到高效、经济的排水效果。

1.4.1.2 集水井排水或降水

基坑排水常用的方法有明沟集水井法和暗沟(盲沟)排水法，二者原理相似，均是通过沟槽将水引入集水井，再借助水泵将水排出。下文将重点介绍明沟集水井法。

明沟集水井法是在基坑开挖过程中，沿坑底周围或中央开挖排水沟，并在基坑边角处设置集水井。地面水和基坑内的积水会顺着排水沟汇入集水井，随后利用水泵将集水井内的水抽走。该方法不仅可用于基坑排水，还能起到降低水位的作用。

明沟集水井法具有设备简单、排水方便、费用较低等优点，适用于粗粒土层和渗水量小的黏性土。然而，该方法也存在一定局限性。当土层为细沙和粉沙时，地下水渗流会带走细粒，易引发边坡坍塌或流沙现象；当地下水位较高且基底为黏土层时，可能会引起坑底隆起。

明沟集水井法施工要点如下：

(1) 排水沟的设置。排水沟底宽应不小于0.2m，沟底设有0.2%~0.5%的纵坡，使水流不致阻塞。在开挖阶段，排水沟深度应始终保持比挖土面低0.3~0.4m；在基础施工阶段，排水沟宜布置在拟建建筑基础边净距0.4m以外，其边缘离边坡坡脚不宜小于0.3m；应适当保护排水沟，以保证排水畅通。

(2) 集水井的设置。集水井应设置在基础范围以外的边角处，间距应根据水量大小、基坑平面形状及水泵能力确定，一般为30~40m，集水井的直径一般为0.6~0.8m，其深度要随着挖土的加深而加深，保持井底低于挖土面0.8~0.9m，井壁可用竹、木或钢筋笼等简易加固。当基坑挖至设计标高后，井底应低于基坑底1~2m，并铺设碎石滤水层，以免长时间抽水时，造成泥沙损失和扰动井底土。

采用集水井降水时，应根据现场土质条件，保持开挖边坡的稳定。当边坡坡面局部渗水时，应在渗水处设置过滤层，防止土粒流失，并设置排水沟，将水引出坡面。

(3) 水泵性能与选用。排水用的水泵主要有离心泵、潜水泵和软轴水泵等。

① 离心泵。泵体由泵壳、泵轴及叶轮等主要部件组成，其管路系统包括滤网与底阀、吸水管及出水管等。离心泵的抽水原理是利用叶轮高速旋转时所产生的离心力，将轮心部分的水甩往轮边，沿出水管压向高处。此时叶轮中心形成部分真空，这样，水在大气压力作用下，就能源源不断地从吸水管自动上升进入水泵。

水泵的主要性能包括流量、总扬程、吸水扬程和功率等。总扬程包括吸水扬程和出水扬程两部分。最大吸水扬程表示水泵能吸水的最大高度，是确定水泵安装高度的一个重要数据。理论上，离心泵能将水吸上10.3m，但限于构造关系，其最大吸水扬程只有3.5~8.5m。常用离心泵性能见表1.14。

表1.14 常用离心泵性能

型号	流量/(m^3/h)	总扬程/m	吸水扬程/m	电动机功率/kW	质量/kg
2819	11~25	21~16	8.0~6.0	2.2	19.0
2831	10~30	34.5~24.0	8.2~5.7	4.0	37.0

续表

型号	流量/(m^3/h)	总扬程/m	吸水扬程/m	电动机功率/kW	质量/kg
3819	32. 4~52. 2	21. 5~15. 6	6. 2~5. 0	4. 0	23. 0
3833	30~55	35. 5~28. 8	6. 7~3. 0	7. 5	40. 0
4820	65~110	22. 6~17. 1	5. 0	10. 0	51. 6
4891	65~135	98~72. 5	7. 1~4. 0	55. 0	89. 0

注：2819 表示进水口直径为 2in(1in=2. 54cm)，总扬程为 19m(最佳工作状态时)的单级离心泵。

离心泵的选择，主要根据需要的流量和扬程而定。对基坑来说，离心泵的流量应大于基坑的涌水量，一般选用吸水口径 2~4in 的离心泵；离心泵的扬程在满足总扬程的前提下，主要是考虑吸水扬程是否能满足降水深度要求，如果不够，则可将水泵安装位置降低至坑壁台阶或坑底上。

安装离心泵时，要特别注意吸水管接头不得漏气，并保证吸水口在水面以下不小于 0. 5m，以免吸入空气，影响水泵正常运行。在使用离心泵时，要先向泵体与吸水管内灌满水，排出空气，然后开泵抽水，为了防止所灌的水漏掉，底阀内装有单向阀门，其在使用中要防止漏气及脏物堵塞。

② 潜水泵。潜水泵是由立式水泵与电动机组合而成的，工作时完全浸在水中。水泵装在电动机上端，叶轮可制成离心式或螺旋桨式；电动机设有密封装置。这种泵具有体积小、质量轻、移动方便、安装简单和开泵时不需引水等优点，因此在基坑排水及深管井井点降水中常被使用。使用潜水泵时，不得脱水运转或陷入泥中，以防电机损坏，也不得排灌含泥量较高或含有杂物的水，以免叶轮被堵塞。

③ 软轴水泵。软轴水泵是一种结构独特的抽水设备，尤其适用于小口径深井及水位下降时的排水需求。

软轴水泵主要由地面电动机、井下泵头、软轴、内管、外管及支架构成。电动机通过软轴将动力传递至井下的泵头，内管保护软轴免受腐蚀，外管将泵头抽出的水引至地面。其工作原理为：电动机驱动软轴旋转，带动泵头内的叶轮或螺杆高速转动，产生离心力或螺旋推进力，将水从井底压送至地面。其设计优势在于电动机与泵头分离，避免电机接触井水，延长使用寿命。

软轴水泵的泵头直径仅 2. 4~2. 8cm，可插入小口径塑料井管，适用于传统手压井、手提井改造；扬程达 18~25m，可潜入地下 50m 甚至更深，解决自吸泵因水位下降失效的问题；功率 350~750W，随用随抽，无须预灌水，冬季停用时管内无水残留，防冻抗冻；独立密封泵头搭配不锈钢小轴，水封耐压 8MPa，软轴受保护，故障率低。

使用时，泵体需浸入水下至少 3m，外管需加装支撑点防止运转时下垂；若井水含沙量高，需加装防沙网避免叶轮磨损；严禁脱水运转或陷入泥中，防止电机过热损坏；避免抽吸含杂物或高黏度液体，以防堵塞。

1. 4. 2 井点降水法

井点降水法就是在坑槽开挖前，预先在其四周埋设一定数量的滤水管(井)，利用抽水设备从中抽水，使地下水位降落到坑槽底标高以下，并保持至回填完成或地下结构有足够的抗浮能力为止。其优点是可使开挖的土始终保持干燥状态，从根本上防止流沙发生，可避免地基隆起、改善工作条件、提高边坡的稳定性、降低支护结构的侧压力，并可加大坡度而减少挖土量。此外，还可以加速地基土的固结，保证地基土的承载力，以提高工程质量。其缺点是可能造成周围地面沉降和影响环境。

井点降水法有：轻型井点、喷射井点、管井井点、深井井点及电渗井点等，可根据土的渗透系数、降低水位的深度、工程特点及设备条件等，参照表 1.15 选择，其中轻型井点、管井井点、深井井点应用较广，下文将重点介绍。

表 1.15　井点类型、适用范围及主要原理

井点类型	土层渗透系数/(m/d)	降低水位深度/m	最大井距/m	主要原理
轻型井点	0.1~20	3~6	1.6~2	地上真空泵或喷射嘴真空吸水
多级轻型井点		6~10		
喷射井点	0.1~20	8~20	2~3	地下喷射嘴真空吸水
电渗井点	<0.1	5~6	极距 1	钢筋阳极加速渗流
管井井点	20~200	3~5	20~50	单井
深井井点	10~250	25~30	30~50	单井潜水泵排水
水平辐射井点	用于大面积降水		基坑下打设水平管，引水至大口井排出	
引渗井点	用于不透水层下有渗存水层时		打透不透水层，引水至基底以下存水层	

1.4.2.1　轻型井点

(1) 轻型井点的排水原理和组成。轻型井点是沿基坑的四周将许多直径较小的井点管埋入地下蓄水层内，井点管的上端通过弯联管与总管相连，利用抽水设备将地下水从井点管内不断抽出，以达到降水目的，其排水原理如图 1.18 所示。

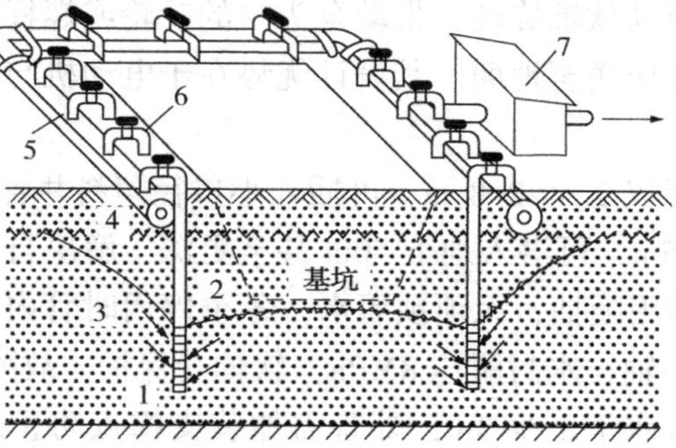

图 1.18　轻型井点法降低地下水位全貌图

1—滤管；2—井管；3—降低后地下水位线；4—原有地下水位线；5—总管；6—弯联管；7—水泵房

轻型井点设备由管路系统和抽水设备组成。管路系统包括井点管(由井管和滤管连接而成)、弯联管及总管等。滤管是井点设备的一个重要组成部分，其构造是否合理，对抽水效果影响较大。滤管的直径可采用 38~110mm 的金属管，长度为 1.0~1.5m。管壁上钻有直径为12~18mm的按梅花状排列的滤孔，滤孔面积为滤管表面积的15%以上。滤管外包以两层滤网，内层采用30~80目的金属网或尼龙网，外层采用3~10目的金属网或尼龙网。为使水流畅通，在管壁与滤网间缠绕塑料管或金属丝隔开，滤网外应再绕一层粗金属丝。滤管的下端为一铸铁堵头，上端用管箍与井管连接。

井管宜采用直径为38mm或51mm的钢管，其长度为5~7m，上端用弯联管与总管相连。弯联管常用带钢丝衬的橡胶管；用钢管时可装有阀门，便于检修井点；也可用塑料管。

总管宜采用直径为100mm或127mm的钢管，每节长度为4m，其上每隔0.8m、1m或1.2m设有一个与井点管连接的短接头。抽水设备常用的有真空泵、射流泵和隔膜泵井点设备，因篇幅关系，仅就真空泵和射流泵井点设备的工作原理做如下简介。

① 真空泵井点设备。它由真空泵、离心泵和水气分离箱等组成。

真空泵井点设备的工作原理是：开动真空泵，将水气分离箱内部抽成一定程度的真空，在真空度吸力作用下，地下水经滤管、井管吸上，进入集水总管，再经过滤室过滤泥沙进入水气分离箱。水气分离箱内有一浮筒，沿中间导杆升降，当箱内的水使浮筒上升时，即可开动离心水泵将水排出，浮筒则可关闭阀门，避免水被吸入真空泵。副水气分离箱也是为了避免将空气中的水分吸入真空泵。为对真空泵进行冷却，特设一冷却循环水泵。

该种设备真空度较高，降水深度较大。一套抽水设备能负荷的总管长度为100~120m。但设备较复杂，耗电较多。

② 射流泵井点设备。它由射流器、离心泵和循环水箱组成。

射流泵井点设备的工作原理是：利用离心泵将循环水箱中的水变成压力水送至射流器内由喷嘴喷出，由于喷嘴断面收缩而使水流速度骤增，压力骤降，使射流器空腔内产生部分真空，从而把井点管内的气、水吸上来进入水箱。水箱内的水滤清后一部分经由离心泵参与循环，多余部分由水箱上部的泄水口排出。

射流泵井点设备的降水深度可达6m，但一套设备所带井点管仅25~40根，总管长度30~50m。若采用两台离心泵和两个射流器联合工作，能带动井点管70根；总管长度100m。这种设备具有结构简单、制造容易、成本低、耗电少、使用检修方便等优点，应用较广。适于在粉沙、轻亚黏土等渗透系数较小的土层中降水。常用设备的技术性能见表1.16。

表1.16　ϕ50mm型射流泵轻型井点设备规格技术性能

名称	型号与技术性能	数量	备注
离心泵	3BL-9型，流量45m³/h，扬程32.5m	1台	供给工作水
电动机	JQ_2-42-2，功率7.5kW	1台	水泵的配套动力
射流泵	喷嘴长50mm，空载真空度100kPa，工作水压力0.15~0.3MPa，工作水流量455m³/h，生产率10~35m³/h	1个	形成真空
水箱	长×宽×高=1100mm×600mm×1000mm	1个	循环用水

(2) 轻型井点的布置。

① 平面布置。当基坑或沟槽宽度小于 6m，且降水深度不超过 5m 时，可采用单排井点，布置在地下水流的上游一侧，其两端的延伸长度不应小于基坑(槽)宽度。当基坑宽度大于 6m 或土质不良时，宜采用双排井点。当基坑面积较大时，宜采用环形井点。当有预留运土坡道等要求时，环形井点可不封闭，但要将开口留在地下水流的下游方向处。井点管距离坑壁一般不宜小于 0.7m，以防局部发生漏气。井点管间距应根据土质、降水深度、工程性质等按计算或经验确定。在靠近河流及总基坑转角部位，井点应适当加密。

采用多套抽水设备时，井点系统要分段设置，各段长度应大致相等。其分段地点宜选择在基坑角部，以减少总管弯头数量和水流阻力。抽水设备宜设置在各段总管的中部，使两边水流平衡。采用封闭环形总管时，宜装设阀门将总管断开，以防止水流紊乱。对多套井点设备，应在各套之间的总管上装设阀门，既可独立运行，也可在某套抽水设备发生故障时，开启阀门，借助邻近的泵组来维持抽水。

② 高程布置。轻型井点多是利用真空原理抽吸地下水，理论上的抽水深度可达 10.3m，但由于土层透气及抽水设备的水头损失等因素，井点管处的降水深度往往不超过 6m。

井管的埋置深度 H_A 可按式(1.8)计算。

$$H_A \geqslant H_1+h+iL(\mathrm{m}) \tag{1.8}$$

式中，H_1 为总管平台面至基坑底面的距离，m；h 为基坑中心线底面至降低后的地下水位线的距离，一般取 0.5~1.0m；i 为水力坡度，根据实测：环形井点为 1/10，单排线状井点为 1/4；L 为井点管至基坑中心线的水平距离，m。

当计算出的 H_A 值大于降水深度 6m 时，则应降低总管安装平台面标高，以满足降水深度要求。此外在确定井管埋置深度时，还要考虑井管的长度(一般为 6m)，且井管通常需露出地面 0.2~0.3m。在任何情况下，滤管必须埋在含水层内。

为了充分利用设备抽吸能力，总管平台标高宜接近原有地下水水位线(要事先挖槽)，水泵轴心标高宜与总管齐平或略低于总管，总管应具有 0.25%~0.5%的坡度坡向泵房。

当一级轻型井点达不到降水深度要求时，可先用集水井法降水，然后将总管安装在原有地下水位线以下；或采用二级(二层)轻型井点。

(3) 轻型井点的施工。轻型井点施工准备工作包括井点设备、动力、水源及必要材料的准备，排水沟的开挖，附近建筑物的标高观测以及防止其沉降措施的实施。

埋设井点的程序是：放线定位→打井孔→埋设井点管→安装总管→用弯联管将井点管与总管接通→安装抽水设备。

轻型井点的井孔常采用回转钻成孔法、水冲法或套管水冲法。成孔直径一般为 200~300m，以保证井管四周有一定厚度的沙滤层，孔的深度宜超过滤管底 0.5m 左右，使滤管下有沙滤层。

井孔成孔后，应立即居中插入井点管，并在井点管与孔壁之间迅速填灌沙滤层，以防孔壁塌土。沙滤层一般宜选用干净粗沙，要填灌均匀，并填至滤管顶部 1m 以上，以保证水流畅通。上部须用黏土封口，以防漏气。冲孔与埋管方法见图 1.19。

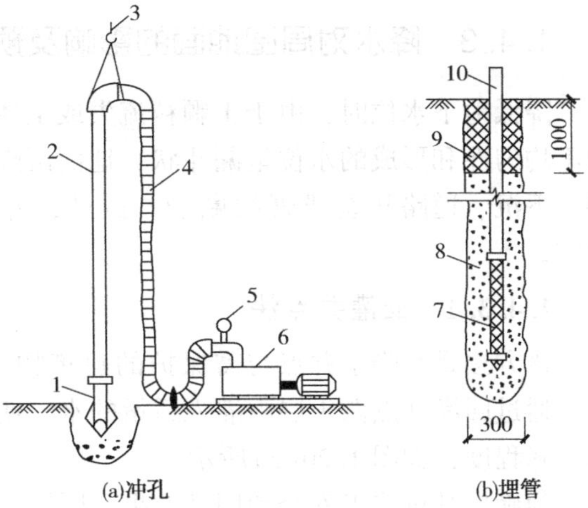

图 1.19　井点管的埋设(单位：mm)
1—冲嘴；2—冲管；3—起重吊钩；
4—胶皮管；5—压力表；6—高压水泵；
7—滤管；8—填沙；9—黏土；10—井点管

对于土质较差的地区，可以采用套管水冲法，它是用直径 150~200mm 钢管随冲水随下沉，沉至要求深度后插入井点管，并随填沙逐步拔出套管。

井点系统全部安装完毕后，需进行试抽，以检查有无漏气现象。开始正式抽水后一般不应停抽。时抽时停，易堵塞滤网，也容易抽出土粒，使水混浊，并可能引起附近建筑物由于土粒流失而沉降开裂。抽水过程中应按时观测井中水位下降情况，随时调节离心泵的出水阀，控制出水量，保持水位面稳定在要求位置。

真空泵的真空度是判断井点系统运转是否良好的尺度，必须经常观测。造成真空度不够的原因较多，但通常是由于管路系统漏气，应及时检查，采取措施。

井点管是否淤塞，一般可用听管内有无水流声响、摸管壁有无振动感、是否冬暖夏凉或结露等简便方法检查。当发现淤塞井点管太多，严重影响降水效果时，应逐根用高压水进行反冲洗，或拔出重埋。

井点降水时，还应对附近的建筑物进行沉降观测，如发现沉陷较大，应及时采取防护措施。

1.4.2.2　管井井点

管井井点就是沿基坑每隔一定距离设置一个管井，每个管井单独用一台水泵不断抽水来降低地下水位。在土的渗透系数大(20~200m/d)的土层中，宜采用管井井点。

管井井点的设备主要是由管井、吸水管及水泵组成。管井可用钢管或混凝土管做井管，井管直径应根据含水层的富水性及水泵性能确定，且外径不宜小于 200mm，内径宜比水泵外径大 50mm。水泵可采用 2~4in 潜水泵或单级离心泵。

管井的间距，一般为 10~15m，管井的深度为 8~15m。井内水位降低可达 6~10m，两井中间水位则可降低 3~5m。

1.4.2.3　深井井点

当要求井内降水深度超过 10m 时，可在管井中使用深井泵抽水，这种井点称为深井井点(或深管井井点)。深井井点一般可降低水位达 30~40m，常用间距为 10~30m。

常用的深井泵有两种类型：一种是深井潜水泵，但与一般形式相比，其泵体为多级叶轮(如 JQ80 型深井潜水泵，流量为 80mm^3/h，其叶轮为 5~10 个，扬程为 50~100m，电动机功率 17~34kW)；另一种是电动机安装在地面上，通过传动轴带动多级叶轮工作而排水。

1.4.3 降水对周围地面的影响及预防措施

降低地下水位时，由于土颗粒流失或土体压缩固结，易引起周围地面沉降。由于土层的不均匀性和形成的水位呈漏斗状，地面沉降多为不均匀沉降，可能导致周围的建筑物倾斜、下沉、道路开裂或管线断裂。因此，井点降水时，必须采取相应措施，以防造成危害。

1.4.3.1 回灌井点法

该方法是在降水井点与需保护的建筑物、构筑物间设置一排回灌井点。在降水的同时，通过回灌井点向土层内灌入适量的水，使原建筑物下仍保持较高的地下水位，以减小其沉降程度，如图1.20(a)所示。

为确保基坑施工安全和回灌效果，同层回灌井点与降水井点之间应保持小于6m的距离，且降水与回灌应同步进行。同时，在回灌井点两侧要设置水位观测井，监测水位变化，控制降水井点和回灌井点的运行以及回灌水量。

1.4.3.2 设置止水帷幕法

在降水井点区域与原建筑之间设置一道止水帷幕，使基坑外地下水的渗流路线延长，从而使原建筑物的地下水位基本保持不变。止水帷幕可结合挡土支护结构设置，也可单独设置，如图1.20(b)所示。常用的止水帷幕的做法有深层搅拌法、压密注浆法、冻结法等。

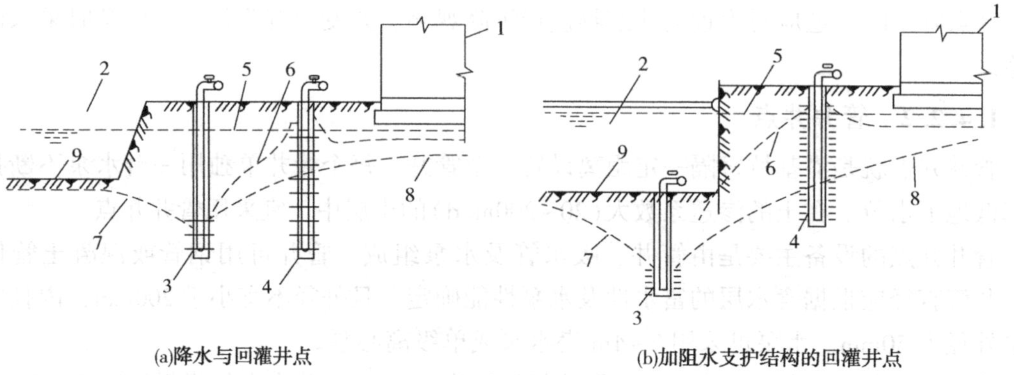

图1.20 回灌井点布置示意图

1—原有建筑物；2—开挖基坑；3—降水井点；4—回灌井点；5—原有地下水位线；6—降灌井点间水位线；7—降水后的水位线；8—不回灌时的水位线；9—基坑底

1.4.3.3 减缓降水速度法

减缓井点的降水速度，可防止土颗粒随水流带出，具体措施包括加长井点、调小水泵阀门、根据土颗粒的粒径选择适当的滤网、加大沙滤层厚度等。

第2章 地基处理与基础工程施工

2.1 地基处理施工

地基处理方法有换填地基、夯实地基、注浆地基、挤密桩地基、深层密实地基、高压喷射注浆地基、预压地基和土工合成材料地基等多种，需要根据工程地质情况和项目要求选取不同的地基处理方法。这些地基处理方法还在不断改进，不断更新。因篇幅关系，下文仅介绍最常见的三种地基处理方法，即换填地基、夯实地基和注浆地基。

2.1.1 换填地基施工

常见换填地基有砂和砂石地基、灰土地基、粉煤灰地基等，这里主要介绍砂和砂石地基、灰土地基。

2.1.1.1 砂和砂石地基施工

砂和砂石地基是将基础下一定范围内软弱土层挖去，采用砂或砂砾石(碎石)混合物，经分层夯(压)实，作为地基的持力层，提高基础下部地基强度，并通过垫层的压力扩散作用，降低地基的压实力，减少变形量，同时垫层可起排水作用，地基土中孔隙水可通过垫层快速地排出，能加速下部土层的沉降和固结。

砂和砂石地基具有以下特点：应用范围广泛；不用水泥、石材；由于砂颗粒大，可防止地下水因毛细作用上升，地基不受冻结的影响；能在施工期间完成沉陷；用机械或人工都可使地基密实，施工工艺简单，可缩短工期，降低造价等。其适用于处理3.0m以内的软弱、透水性强的黏性土地基，包括淤泥、淤泥质土；不宜用于加固湿陷性黄土地基及渗透系数小的黏性土地基。

(1) 材料要求。

① 砂。砂宜选用颗粒级配良好、质地坚硬的中砂或粗砂。当选用细砂、粉砂时，应掺加粒径为20~50mm的卵石(或碎石)，但要分布均匀。砂中有机质含量不超过5%，含泥量应小于5%，兼作排水垫层时，含泥量不得超过3%。

② 砂石。砂石选用自然级配的砂砾石(或卵石、碎石)混合物，粒级应在50mm以下，其含量应在50%以内，不得含有植物残体、垃圾等杂物，含泥量小于5%。

(2) 构造要求。垫层的构造既要求有足够的厚度，以置换可能被剪切破坏的软弱土层，又要有足够的宽度，以防止垫层向两侧挤出。垫层的厚度一般为0.5~2.5m，不宜大于3.0m，否则费工费料，施工比较困难，也不够经济，小于0.5m则作用不明显。

(3) 施工工艺方法要点。

① 铺设垫层前应验槽，将基底表面浮土、淤泥、杂物清除干净，两侧应设一定坡度，

防止振捣时塌方。

② 垫层底面标高不同时，土面应挖成阶梯或斜坡搭接，并按先深后浅的顺序施工，搭接处应夯压密实。分层铺设时，接头应做成斜坡或阶梯形搭接，每层错开0.5～1.0m，并应注意充分捣实。

③ 人工级配的砂砾石，应先将砂、石拌和均匀后，再铺夯压实。

④ 垫层铺设时，严禁扰动垫层下卧层及侧壁的软弱土层，防止被践踏、受冻或受浸泡，降低其强度。如垫层下有厚度较小的淤泥或淤泥质土层，在碾压荷载下抛石能挤入该层底面时，则可采取挤淤处理。先在软弱土面上堆填块石、片石等，然后将其压入以置换和挤出软弱土，再做垫层。

⑤ 垫层应分层铺设，分层压实，基坑内预先安好5m×5m网格标桩，控制每层砂垫层的铺设厚度。用细砂作垫层材料时，不宜使用振捣法或水撼法，以免产生液化现象。

⑥ 当地下水水位较高或在饱和的软弱地基上铺设垫层时，应加强基坑内及外侧四周的排水工作，防止砂垫层泡水引起砂的流失，保持基坑边坡稳定；或采取降低地下水水位措施，使地下水水位降低到基坑底500mm以下。

⑦ 垫层铺设完毕，即应进行下道工序施工，严禁小车及人在砂层上面走，必要时应在垫层上铺板行走。

（4）质量控制。

① 施工前应检查砂、石等原材料质量及砂、石拌和均匀程度。

② 施工过程中必须检查分层厚度，分段施工时搭接部分的压实情况、加水量、压实遍数、压实系数。

③ 施工结束后，应检查砂及砂石地基的承载力。

④ 砂及砂石地基的质量检验标准见表2.1。

表2.1 砂及砂石地基的质量检验标准

项	序	检查项目	允许值或允许偏差	检查方法
主控项目	1	地基承载力	不小于设计值	静载试验
	2	配合比	设计值	检查拌和时的体积比或重量比
	3	压实系数	不小于设计值	灌砂法、灌水法
一般项目	1	砂石料有机质含量/%	≤5	灼烧减量法
	2	砂石料含泥量/%	≤5	水洗法
	3	砂石料粒径/mm	≤50	筛析法
	4	分层厚度/mm	±50	水准测量

2.1.1.2 灰土地基施工

灰土地基是将基础底面下要求范围内的软弱土层挖去，用一定比例的石灰与土，在最优含水量情况下充分拌和，分层回填夯实或压实而成。灰土地基具有一定的强度、水稳性和抗渗性，施工工艺简单，费用较低，是一种应用广泛、经济、实用的地基加固方法。其适用于加固深1~4m厚的软弱土、湿陷性黄土、杂填土等，还可用作结构的辅助防渗层。

(1) 材料要求。

① 土料。采用就地挖出的黏性土及塑性指数大于4的粉土，土内有机质含量不得超过5%。土料应过筛，其颗粒不应大于15mm。

② 石灰。石灰应用Ⅲ级以上新鲜的块灰，含氧化钙、氧化镁越高越好，使用前1~2d消解并过筛，其颗粒不得大于5mm，且不应夹有未熟化的生石灰块粒及其他杂质，也不得含有过多的水分。

(2) 施工工艺方法要点。

① 对基槽(坑)应先验槽，消除松土，并打两遍底夯，要求平整干净。如有积水、淤泥，则应晾干；如局部有软弱土层或孔洞，则应及时挖除后用灰土分层回填夯实。

② 灰土配合比应符合设计规定，一般用3∶7或2∶8(石灰∶土，体积比)。多用人工翻拌，不少于3遍，使之达到均匀，颜色一致，并适当控制含水量，现场以手握成团，两指轻捏即散为宜，一般最优含水量为14%~18%；如含水分过多或过少，则应稍晾干或洒水湿润，如有球团应打碎，要求随拌随用。

③ 铺灰应分段分层夯筑，每层虚铺厚度可参见表2.2。可根据工程大小和现场机具条件用人力或机械夯打或碾压，遍数按设计要求的干密度由试夯(或碾压)确定，一般不少于4遍。

表2.2　灰土最大虚铺厚度

夯实机具种类	质量/t	虚铺厚度/mm	备注
石夯、木夯	0.04~0.08	200~250	人力送夯，落距400~500mm，一夯压半夯，夯实后为80~100mm厚
轻型夯实机械	0.12~0.4	200~250	蛙式打夯机、柴油打夯机，夯实后为100~150mm厚
压路机	6~10	200~300	双轮

④ 灰土分段施工时，不得在墙角、柱基及承重窗间墙下接缝，上下两层的接缝距离不得小于500mm，接缝处应夯压密实，并做成直槎。当灰土地基高度不同时，应做成阶梯形，每阶宽不少于500mm；对作辅助防渗层的灰土，应将地下水水位以下结构包围，并处理好接缝，同时注意接缝质量，每层虚土从留缝处往前延伸500mm，夯实时应夯过接缝300mm以上；接缝时，用铁锹在留缝处垂直切齐，再铺下段夯实。

⑤ 灰土应当日铺填夯压，入槽(坑)灰土不得隔日夯打。夯实后的灰土30d内不得受水浸泡，并及时进行基础施工与基坑回填，或在灰土表面作临时性覆盖，避免日晒雨淋。雨期施工时，应采取适当防雨、排水措施，以保证灰土在基槽(坑)内无积水的状态下进行。刚打完的灰土，如突然遇雨，应将松软灰土除去，并补填夯实；稍受湿的灰土可在晾干后补夯。

⑥ 冬期施工，必须在基层不冻的状态下进行，土料应覆盖保温，冻土及夹有冻块的土料不得使用；已熟化的石灰应在次日使用完毕，以充分利用石灰熟化时的热量，当日拌和灰土应当日铺填夯完，表面应用塑料布及草袋覆盖保温，以防止灰土垫层早期受冻降低强度。

(3) 质量控制。

① 施工前应检查原材料，如灰土的土料、石灰及配合比、灰土拌匀程度。

② 施工过程中应检查分层铺设厚度，分段施工时上下两层的搭接长度，夯实时加水量、夯压遍数等。

③ 每层施工结束后检查灰土地基的压实系数。压实系数 λ_c 为土在施工时实际达到的干密度 ρ_d 与室内采用击实试验得到的最大干密度 ρ_{dmax} 之比，即式(2.1)。

$$\lambda_c = \rho_d / \rho_{dmax} \tag{2.1}$$

灰土应逐层用贯入仪检验，以达到控制(设计要求)压实系数所对应的贯入度为合格，或用环刀取样检测灰土的干密度，除以试验的最大干密度求得。施工结束后，应检验灰土地基的承载力。

④ 灰土地基的质量检验标准见表 2.3。

表 2.3　灰土地基的质量检验标准

项	序	检查项目	允许值或允许偏差	检查方法
主控项目	1	地基承载力	不小于设计值	静载试验
	2	配合比	设计值	检查拌和时的体积比
	3	压实系数	不小于设计值	环刀法
一般项目	1	石灰粒径/mm	≤5	筛析法
	2	土料有机质含量/%	≤5	灼烧减量法
	3	土颗粒粒径/mm	≤15	筛析法
	4	含水量/%	最优含水量±2	烘干法
	5	分层厚度/mm	±50	水准测量

2.1.2　夯实地基施工

2.1.2.1　强夯地基施工

强夯法是用起重机械(起重机或起重机配三脚架、龙门架)将大吨位(一般 8~30t)夯锤起吊到 6~30m 高度后，自由落下，给地基土以强大的冲击能量的夯击，使土中出现冲击波和很大的冲击应力，迫使土层孔隙压缩，土体局部液化，在夯击点周围产生裂隙，形成良好的排水通道，孔隙水和气体逸出，使土料重新排列，经时效压密达到固结，从而提高地基承载力，降低其压缩性的一种有效的地基加固方法，也是我国目前最为常用和最经济的深层地基处理方法之一。

强夯法施工工艺操作简单；适用土质范围广；加固效果显著，可取得较高的承载力，适用于加固碎石土、砂土、低饱和度粉土、黏性土、湿陷性黄土、高填土、杂填土及"围海造地"地基、工业废渣地基、垃圾地基等的处理；也可用于防止粉土及粉砂的液化，消除或降低大孔土的湿陷性等级；对于高饱和度淤泥、软黏土、泥炭、沼泽土，如采取一定技术措施也可采用，还可用于水下夯实。强夯不得用于不允许对工程周围建筑物和设备有一定振动影响的地基加固，必需时，应采取防振、隔振措施。

(1) 机具设备。

① 夯锤。用钢板作外壳，内部焊接钢筋骨架后浇筑 C30 混凝土，或用钢板做成组合式的夯锤，以便于使用和运输。夯锤中宜设 1~4 个直径为 250~300mm 上下贯通的排气孔，以利于空气迅速排走，减小起锤时，锤底与土面间形成真空产生的强吸附力和夯锤下落时的空气阻力，以保证夯击能的有效性。

② 起重设备。由于履带起重机重心低，稳定性好，行走方便，多使用起重量为 15t、20t、25t、30t、50t 的履带起重机(带摩擦离合器)(见图 2.1)。

③ 脱钩装置。采用履带起重机作强夯起重设备，国内目前使用较多的是通过动滑轮组用脱钩装置来起落夯锤。脱钩装置要求有足够的强度，使用灵活，脱钩快速、安全。常用的工地自制自动脱钩器由吊环、耳板、销环、吊钩等组成。

④ 锚系设备。当用起重机起吊夯锤时，为防止夯锤突然脱钩使起重臂后倾和减小对臂杆的振动，钢丝绳与地面的夹角不大于 30°，推土机还可用于夯击完成后做表土推平、压实等辅助性工作；当用起重三脚架、龙门架或起重机加辅助桅杆起吊夯锤时，则不用设锚系设备。

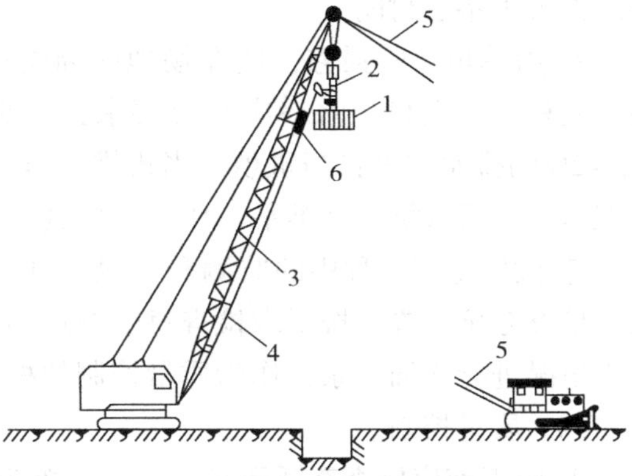

图 2.1　用履带起重机强夯

1—夯锤；2—自动脱钩装置；
3—起重臂杆；4—拉绳；5—锚绳；6—废轮胎

(2) 施工工艺流程。

强夯施工程序：清理、平整场地→标出第一遍夯点位置、测量场地高程→起重机就位、夯锤对准夯点位置→测量夯前锤顶高程→将夯锤吊到预定高度脱钩自由下落进行夯击，测量锤顶高程→往复夯击，按规定夯击次数及控制标准，完成一个夯点的夯击→重复以上工序，完成第一遍全部夯点的夯击→用推土机将夯坑填平，测量场地高程→在规定的间隔时间后，按上述程序逐次完成全部夯击遍数→用低能量满夯，将场地表层松土夯实，并测量夯击后场地高程。

(3) 施工工艺要点。

① 施工前做好地质勘察和现场试验性强夯，确定强夯施工的各项参数。同时应查明强夯范围内的地下构筑物和各种地下管线的位置及标高，并采取必要的防护措施，以免因强夯施工而造成损坏。

② 强夯前应平整场地，周围做好排水沟，按夯点布置测量放线确定夯位。地下水水位较高时，应在表面铺 0.5~2.0m 中(粗)砂或砂砾石、碎石垫层，以防设备下陷和便于消散强夯产生的孔隙水压，或降低地下水水位后再强夯。

③ 强夯应分段进行，顺序从边缘夯向中央。对厂房柱基也可一排一排夯，起重机直线行驶，从一边向另一边进行，每夯击完成一遍，用推土机整平场地，放线定位即可接着进行下一遍夯击。强夯法的加固顺序是先深后浅，即先加固深层土，再加固中层土，最后

加固表层土。最后一遍夯击完成后，再以低能量满夯一遍，如有条件，则以采用小夯锤夯击为佳。

④ 回填土应控制含水量在最优含水量范围内。如低于最优含水量，可钻孔灌水或洒水浸渗。

⑤ 夯击时应按试验和设计确定的强夯参数进行，落锤应保持平稳，夯位应准确，夯击坑内积水应及时排出。坑底上含水量过大时，可铺砂石后再进行夯击。在每一遍夯击之后，要用新土或周围的土将夯击坑填平，再进行下一遍夯击。强夯后，基坑应及时修整，浇筑混凝土垫层封闭。

⑥ 雨季填土区强夯，应在场地四周设排水沟、截洪沟，防止雨水流入场内；填土应使中间稍高；土料含水率应符合要求；认真分层回填，分层推平、碾压，并使表面保持1%~2%的排水坡度；当班填土当班推平压实；雨后抓紧排出积水，推掉表面稀泥和软土，再碾压；夯后夯坑立即推平、压实，使其高于四周。

⑦ 做好施工过程中的监测和记录工作，包括检查夯锤重和落距，对夯点放线进行复核，检查夯坑位置，按要求检查每个夯点的夯击次数和每击的夯沉量等，并对各项参数及施工情况进行详细记录，作为质量控制的根据。

（4）质量控制。

① 施工前应检查夯锤质量、尺寸、落锤控制手段、排水设施及被夯地基的土质。

② 施工中应检查落距、夯击遍数、夯点位置、夯击范围。

③ 施工结束后，检查被夯地基的强度并进行承载力检验。检查点数，每一独立基础至少有一点，基槽每20延米有一点，整片地基50~100m^{2}取一点。强夯后的土体强度随间歇时间的增加而增加，检验强夯效果的测试工作，宜在强夯之后1~4周进行，而不宜在强夯结束后立即进行测试工作，否则测得的强度偏低。

④ 强夯地基质量检验标准见表2.4。

表2.4　强夯地基质量检验标准

项	序	检查项目	允许值或允许偏差	检查方法
主控项目	1	地基承载力	不小于设计值	静载试验
	2	处理后地基土的强度	不小于设计值	原位测试
	3	变形指标	设计值	原位测试
一般项目	1	夯锤落距/mm	±300	钢索设标志
	2	夯锤质量/kg	±100	称重
	3	夯击遍数	不小于设计值	计数法
	4	夯击顺序	设计要求	检查施工记录
	5	夯击击数	不小于设计值	计数法
	6	夯击位置/mm	±500	用钢尺量
	7	夯击范围(超出基础范围距离)	设计要求	用钢尺量
	8	前后两遍间歇时间	设计值	检查施工记录
	9	最后两击平均夯沉量	设计值	水准测量
	10	场地平整度/mm	±100	水准测量

2.1.2.2　重锤夯实地基施工

重锤夯实是利用起重机械将夯锤提升到一定高度，然后自由落下，重复夯击基土表面，使地基表面形成一层比较密实的硬壳层，从而使地基得到加固。本方法使用轻型设备易于解决，施工简便，费用较低；但布点较密，夯击遍数多，施工期相对较长，同时夯击能量小，孔隙水难以消散，加固深度有限，当土的含水量稍高时，易夯成橡皮土，处理较困难。适用于地下水水位 0.8m 以上、稍湿的黏性土、砂土、饱和度 $S_r \leqslant 60$ 的湿陷性黄土、杂填土及分层填土地基的加固处理。但当夯击对邻近建筑物有影响，或地下水水位高于有效夯实深度时，不宜采用。重锤表面夯实的加固深度一般为 1.2~2.0m。湿陷性黄土地基经重锤表面夯实后，透水性有显著降低，可消除湿陷性，地基土密度增大，强度可提高 30%；对杂填土，则可以减少其不均匀性，提高承载力。

(1) 机具设备。

① 夯锤。夯锤用 C20 钢筋混凝土制成，外形为截头圆锥体，锤重为 2.0~3.0t，底直径为 1.0~1.5m，锤底面单位静压力宜为 15~20kPa。吊钩宜采用自制半自动脱钩器，以减少吊索的磨损和机械振动。

② 起重机。起重机可采用配置有摩擦式卷扬机的履带式起重机、打桩机、悬臂式桅杆起重机或龙门式起重机等。其起重能力：当采用自动脱钩时，应大于夯锤质量的 1.5 倍；当直接用钢丝绳悬吊夯锤时，应大于夯锤质量的 3 倍。

(2) 施工工艺方法要点。

① 施工前应进行试夯，确定有关技术参数，如夯锤重量、底面直径及落距，最后下沉量及相应的夯击遍数和总下沉量。最后下沉量是指最后 2 击平均每击土面的夯沉量，对黏性土和湿陷性黄土取 10~20mm；对砂土取 5~10mm；对细颗粒土不宜超过 10~20mm。落距宜大于 4m，一般为 4~6m。夯击遍数由试验确定，通常取比试夯确定的遍数增加 1~2 遍，一般为 8~12 遍。土被夯实的有效影响深度，一般约为夯锤直径的 1.5 倍。

② 夯实前，基槽、坑底面的标高应高出设计标高，预留土层的厚度可为试夯时的总下沉量再加 50~100mm；基槽、坑的坡度应适当放缓。

③ 夯实时，地基土的含水量应控制在最优含水量范围以内，一般相当于土的塑性含水量±12%。现场简易测定方法是以手捏紧后，松手土不散，易变形而不挤出，抛在地上即呈碎裂为合适。

④ 大面积基坑或条形基槽内夯实时，应以一夯换一夯顺序进行[见图 2.2(a)]，即第一遍按一夯换一夯进行，在一次循环中间同一夯位应连夯两下。下一循环的夯位，应与前一循环错开 1/2 锤底直径的搭接，如此反复进行。在夯打最后一循环时，可以采用一夯压半夯的打法。在独立柱基夯打时，可采用先周边后中间或先外后里的跳打法[见图 2.2(b)、图 2.2(c)]。为了使夯锤底面落下时与土接触严密，各次夯迹之间不互相压叠，而是相切或靠近。压叠易使锤底面倾斜，与土接触不严，功能消耗，降低夯实效率。当采用悬臂式桅杆起重机或龙门式起重机夯实时，可采用图 2.2(d)的顺序，以提高功效。

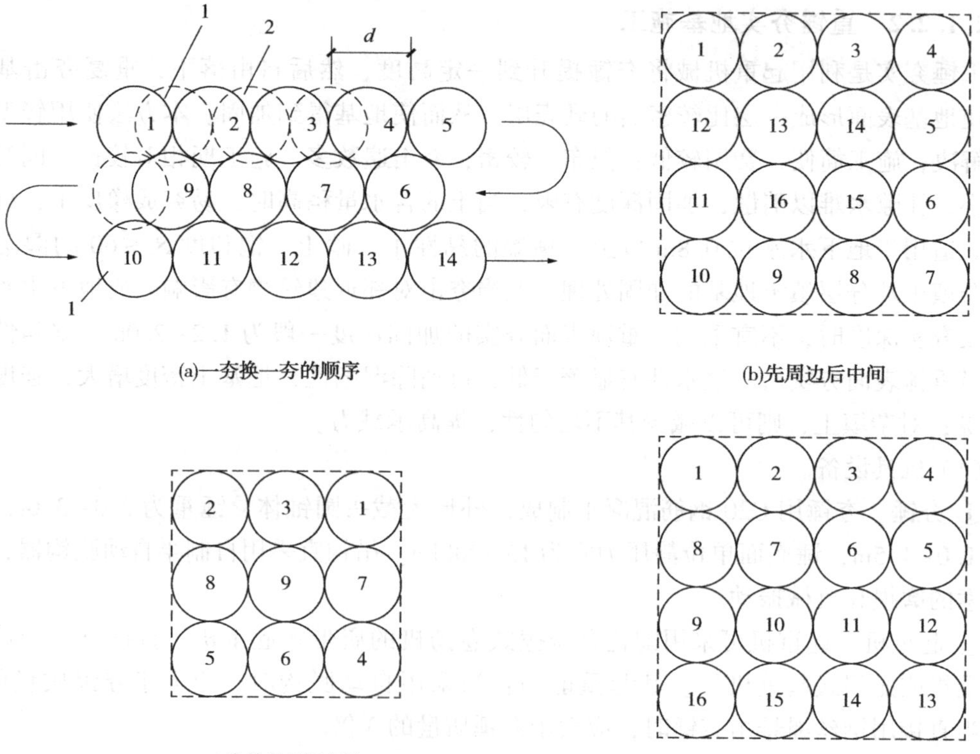

(a)一夯换一夯的顺序　　(b)先周边后中间

(c)先外后里跳打法　　(d)“弓”字顺序

图 2.2　夯锤夯打顺序

1—夯位；2—重叠夯；d—夯锤直径

⑤ 重锤夯实填土地基时，应分层进行，每层的虚铺厚度以相当于锤底直径为宜。夯实层数不宜少于 2 层。夯实完成后，应将基坑、槽表面修整至设计标高。

⑥ 重锤夯实在 10~15m 以外对建筑物振动影响较小，可不采取防护措施，在 10~15m 以内，应挖防振沟等做隔振处理。

⑦ 夯实结束后，应及时将夯松的表层浮土清除或将浮土在接近最优含水量状态下重新用 1m 的落距夯实至设计标高。

(3) 质量控制。重锤夯实地基质量控制与上文“2.1.2.1 强夯地基施工”的相关内容基本相同。

2.1.3　注浆地基施工

2.1.3.1　水泥注浆地基施工

水泥注浆地基是将水泥浆，通过压浆泵、灌浆管均匀地注入土体中，以填充、渗透和挤密等方式，驱走岩石裂隙中或土颗粒之间的水分和气体，并填充其位置，硬化后将岩土胶结成一个整体，形成一个强度大、压缩性低、抗渗性高和稳定性良好的新的岩土体，从而使地基得到加固，可防止或减少渗透和不均匀沉降，在建筑工程中应用较为广泛。

水泥注浆法能与岩土体结合形成强度高、渗透性小的结石体；具有取材容易，配方简单，操作易于掌握；无环境污染，价格低等特点。其适用于软黏土、粉土、新近沉积黏性土、砂土提高强度的加固和渗透系数大于 10^{-2}cm/s 的土层的止水加固，以及已建工程局部松软地基的加固。

（1）机具设备。灌浆设备主要是压浆泵，其选用原则是能满足灌浆压力的要求，一般为灌浆实际压力的1.2~1.5倍；应能满足岩土吸浆量的要求；压力稳定，能保证安全、可靠地运转；机身轻便，结构简单，易于组装、拆卸、搬运。水泥压浆泵多采用泥浆泵或砂浆泵代替。配套机具有搅拌机、灌浆管、阀门、压力表等，另外还有钻孔机等。

（2）材料要求及配合比。

① 水泥。水泥选用强度等级42.5级普通硅酸盐水泥；在特殊条件下，亦可使用矿渣水泥、火山灰质水泥或抗硫酸盐水泥，要求新鲜、无结块。

② 水。水一般选择饮用淡水，但不应采用含硫酸盐大于0.1%、含氯化钠大于0.5%及含过量糖、悬浮物质、碱类的水。

灌浆一般选用净水泥浆，水胶比变化范围为0.6~2.0。在裂隙或孔隙较大、可灌性好的地层，可在浆液中掺入适量细砂，或粉煤灰比为1∶3~1∶0.5，以节约水泥，更好地充填，并可减少收缩。

（3）施工工艺方法要点。

① 水泥注浆工艺流程：钻孔→下注浆管、套管→填砂→拔套管→封口→边注浆边拔注浆管→封孔。

② 地基注浆加固前，应通过试验确定灌浆段长度、灌浆孔距、灌浆压力等有关技术参数；灌浆段长度根据土的裂隙、松散情况、渗透性及灌浆设备能力等条件选定。在一般地质条件下，灌浆段长度多控制在5~6m；在土质严重松散、裂隙发育、渗透性强的情况下，宜为2~4m；灌浆孔距一般不宜大于2.0m，单孔加固的直径范围可按1~2m考虑；孔深视土层加固深度而定；灌浆压力是指灌浆段所受的全压力，即孔口处压力表上指示的压力，所用压力大小视钻孔深度、土的渗透性及水泥浆的稠度等而定，一般为0.3~0.6MPa。

③ 灌浆施工方法是先在加固地基中按规定位置用钻机或手钻钻孔到要求的深度，孔径一般为55~100mm，并探测地质情况；然后，在孔内插入直径为38~50mm的注浆射管。

管底部1.0~1.5m管壁上钻有注浆孔，在射管之外设有套管，在射管与套管之间用砂填塞。地基表面空隙用1∶3水泥砂浆或黏土、麻丝填塞，而后拔出套管，用压浆泵将水泥浆压入射管而透入土层孔隙中，水泥浆应连续一次压入，不得中断。灌浆先从稀浆开始，逐渐加浓。灌浆次序一般为把射管一次沉入整个深度后，自下而上分段连续进行，分段拔管直至孔口为止。灌浆宜间隙进行。第1组孔灌浆结束后，再灌第2组、第3组。

④ 灌浆完成后，拔出灌浆管，留孔用1∶2水泥砂浆或细砂砾石填塞密实；也可用原浆压浆堵口。

⑤ 注浆充填率应根据加固土要求达到的强度指标、加固深度、注浆流量、土体的孔隙率和渗透系数等因素确定。饱和软黏土的一次注浆充填率不宜大于0.15。

⑥ 注浆加固土的强度具有较大的离散性，加固土的质量检验宜采用静力触探法，检测点数应满足有关规范要求。检测结果的分析方法可采用面积积分平均法。

(4) 质量控制。

① 施工前应检查有关技术文件(注浆点位置、浆液配合比、注浆施工技术参数、检测要求等)，对有关浆液组成材料的性能及注浆设备也应进行检查。

② 施工中应经常抽查浆液的配合比及主要性能指标、注浆的顺序、注浆过程中的压力控制等。

③ 施工结束后应检查注浆体强度、承载力等。检查孔数为总量的2%~5%，不合格率大于或等于20%时应进行二次注浆。检验应在15d(对砂土、黄土)或60d(对黏性土)进行。

④ 水泥(硅化)注浆地基质量检验标准见表2.5。

表2.5 水泥(硅化)注浆地基质量检验标准

项	序	检查项目			允许值或允许偏差	检查方法
主控项目	1	地基承载力			不小于设计值	静载试验
	2	处理后地基土的强度			不小于设计值	原位测试
	3	变形指标			设计值	原位测试
一般项目	1	原材料检验	注浆用砂	粒径/mm	<2.5	筛析法
				细度模数	<2.0	筛析法
				含泥量/%	<3	水洗法
				有机质含量/%	<3	灼烧减量法
			注浆用黏土	塑性指数	>14	界限含水率试验
				黏粒含量/%	>25	密度计法
				含砂率/%	<5	洗砂瓶
				有机质含量/%	<3	灼烧减量法
			粉煤灰	细度模数	不粗于同时使用的水泥	筛析法
				烧失量/%	<3	灼烧减量法
			水玻璃：模数		3.0~3.3	试验室试验
			其他化学浆液		设计值	查产品合格证书或抽样送检
	2	注浆材料称量/%			±3	称重
	3	注浆孔位/mm			±50	用钢尺量
	4	注浆孔深/mm			±100	量测注浆管长度
	5	注浆压力/%			±10	检查压力表读数

2.1.3.2 硅化注浆地基施工

硅化注浆地基是利用以硅酸钠(水玻璃)为主剂的混合溶液(或水玻璃水泥浆)，通过注浆管均匀地注入地层，浆液赶走土粒之间或岩土裂隙中的水分和空气，并将岩土胶结成一个整体，形成强度较大、防水性能好的结石体，从而使地基得到加强，本方法也称为硅化注浆法或硅化法。硅化法的设备工艺简单，使用机动灵活，技术易于掌握，加固效果好，可提高地基强度，消除土的湿陷性，降低压缩性。硅化法多用于局部加固新建或已建的建(构)筑物基础、稳定边坡及做防渗帷幕等。

(1) 机具设备及材料要求。

① 硅化灌浆主要机具设备有振动打拔管机(振动钻或三脚架穿心锤)、注浆花管、压力胶管、ϕ42mm 连接钢管、齿轮泵或手摇泵、压力表、磅秤、浆液搅拌机、储液罐、三脚架、倒链等。

② 灌浆材料有水玻璃，模数宜为 2.5~3.3，不溶于水的杂质含量不得超过 2%，颜色为透明或稍带混浊；氯化钙溶液；二氧化碳等。

(2) 施工工艺方法要点。

① 施工前，应先在现场进行灌浆试验，确定各项技术参数。

② 灌注溶液的钢管可采用内径为 20~50mm，壁厚大于 5mm 的无缝钢管。它由管尖、有孔管、无孔接长管及管头等组成。

③ 灌浆管的设置借打入法或钻孔法(振动打拔管机、振动钻或三脚架穿心锤)沉入土中，保持垂直和距离正确，管子四周孔隙用土填塞夯实。电极可用打入法或先钻孔 2~3m 再打入。

④ 硅化加固的土层以上应保留 1m 厚的不加固土层，以防止溶液上冒，必要时须夯填素土或打灰土层。

⑤ 灌注溶液的压力一般在 0.2~0.4MPa(始)和 0.8~1.0MPa(终)范围内，采用电动硅化法时，不超过 0.3MPa(表压)。

⑥ 土的加固程序一般自上而下进行，如土的渗透系数随深度而增大，则应自下而上进行。如相邻土层的土质不同，则渗透系数较大的土层应先进行加固。灌注溶液次序根据地下水的流速而定。

⑦ 电动硅化系在灌注溶液的时候，同时通入直流电，电压梯度采用 0.50~0.75V/cm。电源可由直流发电机或直流电焊机供给。灌注溶液与通电工作要连续进行，通电时间最长不超过 36h。为了提高加固的均匀性，可采取每隔一定时间后，变换电极改变电流方向的办法。加固地区的地表水应注意疏干。

⑧ 加气硅化工艺与压力单液硅化法基本相同，只在灌浆前先通过灌浆管加气，然后灌浆，再加一次气，即完成。

⑨ 土的硅化完毕，用桩架或三脚架借倒链或绞磨将管子和电极拔出，遗留孔洞用 1∶5水泥砂浆或黏土填实。

(3) 质量控制。硅化注浆地基质量控制与上文“2.1.3.1 水泥注浆地基施工”的相关内容基本相同。

2.2　浅基础工程施工

2.2.1　浅基础的类型

浅基础按受力特点可分为刚性基础和柔性基础。用抗压强度较大，而抗弯、抗拉强度较小的材料建造的基础，如砖、毛石、灰土、混凝土、三合土等基础均属于刚性基础。刚性基础的最大拉应力和剪应力必定在其变截面处，其值受基础台阶的宽高比影响很大。因此，刚性基础控制台阶的宽高比(称为刚性角)是一个关键点。而柔性基础则采用抗弯、抗拉性能强的材料(如钢筋混凝土)建造，通过内部钢筋的受拉性能，能够有效分散基底反力产生的弯矩，避免基础因弯曲变形而破坏。柔性基础一般用于：高层建筑，特别是需承受较大竖向荷载和水平荷载(如风力、地震力)时；复杂地质区域，比如软土、湿陷性黄土等易变形地基；大跨度结构，如工业厂房、桥梁墩台等需整体承载的基础。

浅基础按构造形式可分为独立基础、带形基础、筏形基础、箱型基础等。独立基础也称为单独基础，多呈柱墩形，截面可做成阶梯形或锥形等。带形基础也叫条形基础，是指长度远大于其高度和宽度的基础，常见的带形基础是墙下条基，其材料有砖、毛石、混凝土和钢筋混凝土等。当地基承载力较低，而上部结构的荷重又较大时，可采用钢筋混凝土筏形基础，它类似一块倒置的楼盖，整体刚度大，有利于调整地基的不均匀沉降。箱形基础是由底板、顶板、钢筋混凝土纵横隔墙构成的整体现浇钢筋混凝土结构，像一个箱子一样，具有很大的刚度和整体性，可视作绝对刚性，沉降非常均匀，常用于上部荷载较大、地基软弱且分布不均的情况。

浅基础按材料的不同可分为砖基础、石基础、灰土基础、混凝土和毛石混凝土基础、碎石三合土基础和钢筋混凝土基础。

2.2.2 钢筋混凝土基础施工

钢筋混凝土基础的抗弯和抗剪性能良好，可在竖向荷载较大、地基承载力不高以及承受水平力和力矩荷载等情况下使用。与无筋基础相比，其基础高度较小，因此，其更适宜在基础埋置深度较小时使用。

2.2.2.1 钢筋混凝土独立基础

独立基础是柱下基础的基本形式，它是为单个柱子设置的、不与其他基础相连的钢筋混凝土基础，有阶梯形、锥形和杯形三种类型。

钢筋混凝土独立基础的施工要点如下：

① 基坑开挖、清理、验槽。

② 验槽完成后，立即浇筑混凝土垫层，并振捣密实，确保表面平整。

③ 垫层浇筑完成后，进行表面弹线、钢筋绑扎。

④ 垫层施工完毕后，安装模板，模板采用小钢模或木模，利用架子管或木方加固。阶梯形独立基础根据基础施工图样的尺寸制作每一阶梯模板，支模顺序由下至上逐层向上安装。

⑤ 清除模板内的木屑、泥土等杂物，木模浇水湿润，堵严板缝及孔洞。

⑥ 清除完毕后，浇筑独立基础混凝土。

⑦ 混凝土浇筑完毕后，对于表面比较大的混凝土，使用平板振捣器振一遍，然后用刮杆刮平，再用木抹子搓平。

⑧ 浇筑完毕后，进行混凝土养护。

浇筑独立基础混凝土时，应注意以下几点。

① 分层连续浇筑，间歇时间不超过混凝土初凝时间，一般不超过 2h。

② 为保证柱插筋位置准确，防止位移和倾斜，浇筑时，先浇一层 5～10mm 厚的混凝土，并捣实，使柱子插筋下端与钢筋网片的位置基本固定，然后再继续浇筑。

③ 对于阶梯形基础，每一台阶高度整体浇捣，每浇完一台阶停顿 0.5h，待其下沉后，再浇上一层。

④ 浇筑混凝土时，经常观察模板、支架、钢筋、螺栓、预留孔洞和管有无走动情况，一经发现有变形、走动或位移时，立即停止浇筑，并及时修整和加固模板，然后再继续浇筑。

2.2.2.2　钢筋混凝土带形基础

钢筋混凝土带形基础的抗弯和抗剪性能良好，可在竖向荷载较大、地基承载力不高以及承受水平力和力矩等荷载情况下使用。因高度不受台阶宽高比的限制，故其适用于需要“宽基浅埋”的场合。钢筋混凝土带形基础的主筋沿墙体横向放置在基础底面，直径一般为 8～16mm，分布筋沿纵向布置。混凝土保护层厚度可为 35mm(有垫层时)或 70mm(无垫层时)。

钢筋混凝土带形基础的施工要点如下：

① 基坑(槽)应进行验槽，局部软弱土层应挖去，用灰土或砂砾分层回填夯实至基底相平。基坑(槽)内的浮土、积水、淤泥、垃圾、杂物应清除干净。验槽后垫层混凝土应立即浇筑，以免地基土被搅动。

② 垫层混凝土达到一定强度后，在其上弹线、支模。铺放钢筋网片时底部用与混凝土保护层同厚度的水泥砂浆垫塞，以保证位置正确。

③ 在浇筑混凝土前，应清除模板上的垃圾、泥土和钢筋上的油污等杂物，模板应浇水加以润湿。

④ 基础混凝土宜分层连续浇筑完成。阶梯形基础的每一台阶高度内应整分浇捣层，每浇筑完成一台阶应稍停 0.5～1.0h，待其初步获得沉实后，再浇筑上层，以防止下台阶混凝土溢出，在上台阶根部出现“烂脖子”，台阶表面应基本抹平。

⑤ 锥形基础的斜面部分模板应随混凝土浇捣分段支设并顶压紧，以防模板上浮变形，边角处的混凝土应注意捣实。严禁斜面部分不支模，用铁锹拍实。

⑥ 基础上有插筋时，要加以固定，保证插筋的位置正确，防止浇捣混凝土发生移位。混凝土浇筑完毕，外露表面应覆盖并浇水养护。

2.2.2.3　钢筋混凝土筏形基础

钢筋混凝土筏形基础由钢筋混凝土底板、梁等组成，适用于地基承载力较弱而上部建筑物结构荷载很大的基础。钢筋混凝土筏形基础在外形和构造上像倒置的钢筋混凝土楼盖，分为梁板式和平板式两类。前者用于荷载较大的情况，后者一般在荷载不大、柱网较均匀且间距较小的情况下采用。筏形基础由于整体刚度较大，能有效地将各柱子的沉降调整得较为均匀，故在多层和高层建筑中被广泛采用。

钢筋混凝土筏形基础的施工要点如下：

① 混凝土强度等级不低于 C20，钢筋无特殊要求，钢筋保护层厚度不小于 35mm。

② 基础平面布置应尽量对称，以减小基础荷载的偏心距。底板厚度不宜小于200mm，梁截面和板厚通过计算确定，梁顶高出底板顶面不小于300mm，梁宽不小于250mm。

③ 施工前，如地下水水位较高，可采用人工方法降低地下水水位至基坑底(不少于500mm)，以保证在无水情况下进行基坑开挖和基础施工。

④ 施工时，可先在地基上绑扎底板、梁的钢筋和柱子锚固插筋，浇筑底板混凝土，待达到25%设计强度后，再在底板上支梁模板，继续浇筑完梁部分混凝土；也可一次同时支好底板和梁模板，混凝土一次连续浇筑完成，梁侧模板采用支架支撑并固定牢固。

⑤ 混凝土浇筑时一般不留施工缝，必须留设时，应按施工缝要求处理，并应设置止水带。

⑥ 混凝土浇筑完毕，在基础表面应覆盖草帘并洒水养护，且不少于7d。待混凝土强度达到设计强度的25%时，即可拆除梁的侧模。

2.2.2.4 钢筋混凝土箱形基础

钢筋混凝土箱形基础是由钢筋混凝土底板、顶板、外墙以及一定数量的内隔墙构成封闭的箱体，基础中部可在内隔墙开门洞作地下室。该基础具有整体性好、刚度大、调整不均匀沉降能力及抗震能力强、消除因地基变形使建筑物开裂的可能性、减少基底处原有地基自重应力、降低总沉降量等特点。钢筋混凝土箱形基础适用于软土地基，对于非软土地基，出于人防、抗震考虑和设置地下室时，也常采用钢筋混凝土箱形基础。

钢筋混凝土箱形基础深基坑开挖工程应在认真研究建筑场地、工程地质和水文地质资料的基础上进行施工组织设计。施工操作必须遵照有关规范执行。

钢筋混凝土箱形基础的施工要点如下：

① 基坑开挖时，如地下水水位较高，应采取措施降低地下水水位至基坑底以下500mm处，并尽量减少对地基土的扰动。当采用机械开挖基坑时，在基坑底面以上200~400mm厚的土层，应用人工挖除并清理，基坑验槽后，应立即进行基础施工。

② 施工时，基础底板、内外墙和顶板的支模、钢筋绑扎和混凝土浇筑，可采取分块进行，其施工缝的留设位置和处理应符合《混凝土结构工程施工质量验收规范》(GB 50204—2015)的有关要求，外墙接缝应设止水带。

③ 基础的底板、内外墙和顶板宜连续浇筑完毕。为防止出现温度收缩裂缝，一般应设置贯通后浇带，带宽不宜小于800mm，在后浇带处钢筋应贯通，顶板浇筑后，相隔2~4周，用比设计强度提高一级的细石混凝土将后浇带填灌密实，并加强养护。

④ 基础施工完毕，应立即进行回填土操作。停止降水时，应验算基础的抗浮稳定性，抗浮稳定系数不宜小于1.2，如不能满足，应采取有效措施，如继续抽水直至上部结构荷载加上后能满足抗浮稳定系数要求为止，或在基础内采取灌水或加重物等措施，以防止基础上浮或倾斜。

2.2.3 其他基础施工

2.2.3.1 砖基础施工

砖基础主要是指由烧结普通砖和毛石砌筑而成的基础，其属于刚性基础范畴。这种基础的特点是抗压性能好，整体性和抗拉、抗弯、抗剪性能较差，材料易得，施工操作简便，造价较低。其适用于地基坚实、均匀，上部荷载较小，六层和六层以下的一般民用建筑和墙承重的轻型厂房基础工程。

基坑开挖前，在建筑物的主要轴部位设置龙门板，表明基础、墙身和轴线的位置。在挖土过程中，严禁碰撞或移动龙门板。

砖基础一般做成阶梯形，即大放脚，大放脚有等高式和间隔式两种。当地基承载力大于150kPa时，采用等高式大放脚及两皮一收，两边各收进1/4砖长；当地基承载力小于150kPa时，采用不等高式大放脚，即两皮一收与一皮一收相间隔，两边各收进1/4砖长。大放脚的底宽应根据计算而定，各层大放脚的宽度应为半砖长的整数倍。

砖基础若不在同一深度，则应先由下往上砌筑。在高低台阶接头处，下面台阶要砌一定长度的实砌体，砌到上面后，与上面的砖一起退台。

砌筑时，灰缝砂浆要饱满，严禁用冲浆法灌缝。砖基础的水平灰缝厚度和垂直灰缝宽度宜为10mm。水平灰缝的砂浆饱满度不得小于80%。砖基础底标高不同时，应从低处砌起，并应由高处向低处搭砌；当设计无要求时，搭砌长度不应小于砖基础大放脚的高度。砖基础的转角处和交接处应同时砌筑，当不能同时砌筑时，应留置斜槎。如因条件限制留成直槎，应按规范规定设置拉结筋。砖基础内宽度超过300mm的预留孔洞，应砌筑平拱或设置过梁。

2.2.3.2 石基础施工

石基础可用毛石或毛条石，以铺浆法砌筑。灰缝厚度宜为20~30mm，砂浆应饱满。石基础宜分皮卧砌，并应上、下错缝，内、外搭接，不得采用外面侧立石块、中间填心的砌筑方法。每日砌筑高度不宜超过1.2m。在转角处及交接处应同时砌筑，如不能同时砌筑，应留置斜槎。

石基础的断面形式有阶梯形和梯形，基础的顶面宽度比墙厚大200mm，即每边宽出100mm，每阶高度一般为300~400mm，并至少砌2皮毛石。上阶梯的石块应至少压砌下级阶梯石块的1/2，相邻阶梯的毛石应相互搭砌。砌第一层石块时，基底要坐浆，基础的最上一层石块宜选用较大的毛石砌筑。基础的第一层及转角、交接处和洞口处选用较大的平毛石砌筑。

2.2.3.3 混凝土和毛石混凝土基础施工

在浇筑混凝土基础时，应分层进行，并使用插入式振动器捣实。对阶梯形基础，每一阶高度应整分浇筑层。对于锥形基础要逐步地随浇筑随安装其斜面部分的模板，并注意边角处混凝土的密实。独立基础应连续浇筑完毕，不能分数次浇筑。

为了节约水泥，在浇筑混凝土时，可投入25%左右的毛石，这种基础称为毛石混凝土基础。毛石的最大粒径不超过150mm，也不超过结构截面最小尺寸的1/4，毛石投放前应用水冲洗干净并晾干。投放时，应分层、均匀地投放，以保证毛石边缘包裹有足够的混凝土，并振捣密实。

当基坑深度超过2m时，不能直接倾落混凝土，应用溜槽将混凝土送入基坑。混凝土浇筑完毕，终凝后要加以覆盖和浇水养护。

2.2.3.4 灰土基础和碎石三合土基础施工

灰土基础由石灰与黏性土(或粉质黏土)按体积比3∶7或2∶8拌和而成，适用于地下水位较低、基槽常处于干燥状态的砖砌基础或小型建筑。施工要点如下：

① 土料需过筛，粒径不大于15mm，含水量控制在最优含水量(手握成团、落地开花)。石灰需充分熟化，避免未消解颗粒。

② 每层虚铺厚度200~250mm，采用蛙式打夯机或木夯夯实至150mm，夯实遍数不少于3遍。灰土需当日拌和、当日夯实。

③ 上下层接缝错开500mm以上，接缝处需夯压密实。基础边缘需扩大500mm以上，防止雨水浸泡。

④ 施工后需覆盖保湿养护7d以上，避免暴晒或受冻。

碎石三合土由骨料(碎石或卵石)、黏性土、石灰按体积比1∶2∶3(或1∶3∶6)拌制，适用于荷载较大或地下水位较高的建筑。施工要点如下：

① 碎石粒径不大于40mm，含泥量≤5%，需清洗晾干后使用。

② 先铺碎石层(100~150mm厚)，再铺灰土拌和料(石灰与土比例为1∶2)，分层夯实至设计标高。

③ 每层虚铺200~250mm，采用木夯或机械夯压实，压实系数≥0.94。转角及边缘需增加夯击次数。

④ 顶层需用1∶3水泥砂浆抹面，厚度20mm，防止表面松散。

⑤ 每50m³取样一组，检测干密度及抗压强度。

2.3 桩基础工程施工

2.3.1 混凝土预制桩施工

混凝土预制桩是一种先在构件厂或者施工现场预制桩构件，然后将其运至桩位处，用沉桩设备把它沉入或埋入土中而成桩。采用预制桩施工，其桩身质量容易保证、机械化施工程度高、施工速度快、不受气候条件变化的影响。根据混凝土预制桩的桩尖是否达到坚硬土层可分为端承桩和摩擦桩。

2.3.1.1 混凝土预制桩施工准备

(1) 桩的制作。制作合格的桩，是桩质量控制的第一步，直接关系到下一步工序能否正常进行。一般情况下，管桩及长度在10m以内的方桩在预制厂制作，较长的方桩在打桩现场制作。施工现场预制桩多采用叠层浇筑，一般不宜超过4层。预制场地应平整坚实，制桩底模应素土夯实，或垫石渣、炉灰等，上抹水泥砂浆一遍；上下层桩之间、邻桩之间及桩与底模板之间应做好隔离层，以防接触面黏结及拆模时损坏棱角。

模板可以保证桩的几何尺寸准确，使桩面平整挺直；桩顶面模板应与桩的轴线垂直；桩尖四棱锥面呈正四棱锥体，且桩尖位于桩的轴线上；底模板、侧模板及重叠法生产时，桩面间均应涂刷好隔离层，不得彼此黏结。

钢筋骨架的主筋连接宜采用对焊；主筋接头配置在同一截面内数量不超过50%；同一根钢筋两个接头的距离应大于30d(d为钢筋直径)并不小于500mm。桩顶和桩尖直接受到冲击力易产生很大的局部应力，桩顶和桩尖钢筋配置应做特殊处理。钢筋骨架制作允许偏差应符合表2.6的规定。

表2.6　预制桩钢筋骨架质量检验标准

类别	序号	检查项目	允许偏差或允许值/mm	检查方法
主控项目	1	主筋距桩顶距离	±5	用钢尺量
	2	多节桩锚固钢筋位置	±5	用钢尺量
	3	多节桩预理铁件	±3	用钢尺量
	4	主筋保护层厚度	±5	用钢尺量
一般项目	1	主筋间距	±5	用钢尺量
	2	桩尖中心线	10	用钢尺量
	3	箍筋间距	±20	用钢尺量
	4	桩顶钢筋网片	±10	用钢尺量

混凝土制作宜用机械搅拌、机械振捣；浇筑混凝土过程中应严格保证钢筋位置正确，桩尖应对准纵轴线，纵向钢筋顶部保护层不宜过厚，钢筋网片的距离应正确，以防锤击时桩顶破坏及桩身混凝土剥落破坏。采用叠层法生产时，上层桩和邻桩浇筑，必须在下层和邻桩的混凝土强度达到设计强度的30%以后才能进行。浇筑完毕后，立即加强养护，防止由于混凝土收缩产生裂缝，养护时间不少于7d。

(2) 桩的起吊。混凝土预制桩应达到设计强度的70%才可起吊，设计强度达到100%才能运输和打桩。若提前吊运，必须采取措施并经过验算合格方可进行。起吊时，吊点位置必须严格按设计位置绑扎。无吊环时，绑扎点的数量和位置视桩长而定；当吊点或绑扎点不大于3个时，其位置按正负弯矩相等原则计算确定；当吊点或绑扎点大于3个时，应按正负弯矩相等且吊点反力相等的原则确定吊点位置。桩在起吊搬运时，必须做到平稳，避免冲击和振动，吊点应同时受力，且吊点位置应符合设计规定。当无吊环，设计又未作规定时，绑扎点的数量及位置按桩长而定，应符合起吊弯矩最小的原则，可按图2.3所示的位置捆绑。

(3) 桩的运输。桩的运输应根据打桩进度和打桩顺序确定，宜采用随打随运方法，这样可以减少二次搬运工作。运桩之前，应检查桩的混凝土质量、尺寸、桩靴的牢固性以及打桩中使用的标志是否齐全等。当桩的运输距离较短时，可在桩下垫滚筒，用卷扬机拖动桩身前进；当运距较远时，可采用轻便轨道小平台车运输；对于工厂生产的短桩，可采用汽车运输。桩在堆放运输中，垫木位置应与吊点位置相同，保持在同一平面上，并上下对齐。最下层垫木应适当加宽。

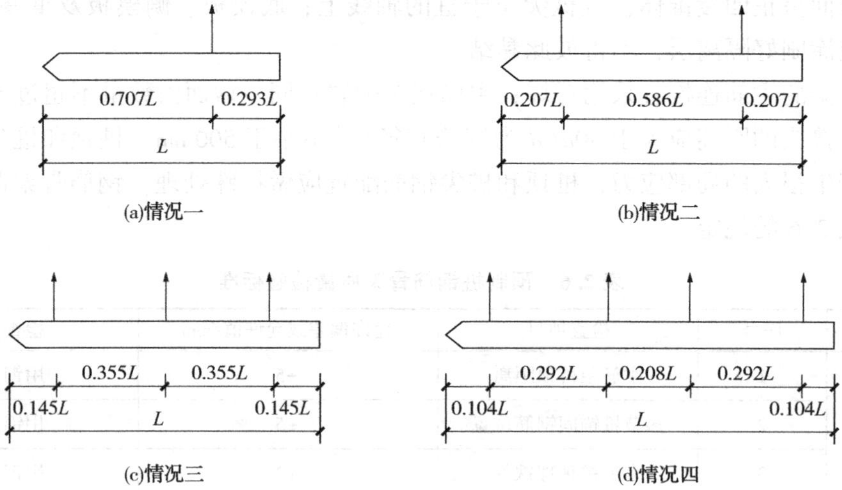

图 2.3 桩起吊搬运时绑扎点

L—桩长

（4）桩的堆放。桩的堆放应遵守下列规定：

① 堆放场地应平整坚实，垫木之间距离应根据吊点确定，并应在同一竖直线上。

② 堆放管桩应在垫木上加三角木防止管桩滚动，最下层的垫木应加强。

③ 堆放层数一般不宜超过 4 层，不同规格的桩应分别堆放。

2.3.1.2 混凝土预制桩沉桩方法

打入法也称锤击法，是利用桩锤落到桩顶上的冲击力来克服土对桩的阻力，使桩沉到预定深度或达到持力层的一种打桩施工方法。锤击沉桩是混凝土预制桩常用的沉桩方法，它施工速度快、机械化程度高、适用范围广，但施工时有冲撞噪声和对地表层的振动，在城区和夜间施工有所限制。

（1）打桩机具及选择。打桩机具主要有打桩机及辅助设备。打桩机主要包括桩锤、桩架和动力装置。

① 桩锤。桩锤是利用其自由下落的冲击力，将桩打入土中的主要部件。桩锤按动力源和运用方式，分为落锤、汽锤和柴油锤几种。

a. 落锤。落锤一般由铸铁制成，有穿心锤和龙门锤两种，质量为 0.2~2t。它利用绳索或钢丝绳通过吊钩由卷扬机沿桩架导杆提升到一定高度，然后自由落下击打桩顶。

b. 汽锤。汽锤是以高压蒸汽或压缩空气为动力的打桩机械，有单动汽锤和双动汽锤两种。

c. 柴油锤。柴油锤一般分为导杆式和筒式两种。利用油料燃烧来推动活塞往返运动进行锤击打桩。柴油锤与桩架、动力设备配套组成柴油打桩机。柴油锤锤重选择应根据地质条件、工程结构、桩的类型、密集程度及施工条件等，参考表 2.7。

表 2.7 柴油锤的性能参数

锤型			柴油锤/t					
			20	25	35	45	60	72
锤的动力性能	冲击部分质量/t		2.0	2.5	3.5	4.5	6.0	7.2
	总质量/t		4.5	6.5	7.2	9.6	15.0	18.0
	冲击力/kN		2000	2000~2500	2500~4000	4000~5000	5000~7000	7000~10000
常用冲程/m			1.8~2.3					
桩的边长或直径	预制方桩、预应力管桩的边长或直径/cm		25~35	35~40	40~45	45~50	50~55	55~60
钢管桩直径/cm			ϕ40	ϕ60	ϕ90	ϕ90~100	—	—
持力层	黏性土	一般进入深度/m	1~2	1.5~2.5	2~3	2.5~3.5	3~4	3~5
	粉土	静力触探比贯入阻力 P，平均值/MPa	3	4	5	>5	>5	>5
	砂土	一般进入深度/m	0.5~1	0.5~1.5	1~2	1.5~2.5	2~3	2.5~3.5
标准贯入击数 N(未修正)			15~25	20~30	30~40	40~45	45~50	50
锤的常用控制贯入度/[cm/(10击)]			2~3	—	3~5	4~8	—	—
设计单桩极限承载力/kN			400~1200	800~1600	2500~4000	3000~5000	5000~7000	7000~10000

② 桩架。桩架用来支持桩身和桩锤，在打桩过程中引导桩的方向及维持桩的稳定，并保证桩锤沿着所要求方向冲击设备。桩架一般由底盘、导向杆、起吊设备、撑杆等组成。根据桩的长度、桩锤的高度及施工条件等选择桩架和确定桩架高度。桩架高度计算如式(2.2)所示。

$$桩架高度=桩长+桩锤高度+滑轮轮组 \tag{2.2}$$

桩架要求稳定性好、锤击准确、可调整垂直度，机动性、灵活性好，工作效率高。若桩架高度不满足使用要求，则桩可考虑分节制作，现场接桩，若采用落锤还应考虑落距高度。常用桩架有两种：一种是沿轨道或滚杠行走移动的多功能桩架；另一种是装在履带式底盘上可自由行走的履带式桩架。多功能桩架主要由立柱、斜撑、回转工作台、底盘及传动机构组成。其在水平方向可做360°旋转，导架可以伸缩和前后倾斜，能满足不同施工场景和角度的需求。履带式桩架以履带式起重机为主机，配备桩架工作装置而组成。其操作灵活、移动方便，适用于多种场地条件。

③ 动力装置。打桩机械的动力装置主要根据选定的桩锤种类而定。落锤以电源为动力源，再配置电动卷扬机、变压器、电缆等；蒸汽锤以高压饱和蒸汽为动力源，配置蒸汽锅炉、蒸汽绞盘等；汽锤以压缩空气为动力源，需配置空气压缩机、内燃机等；柴油锤以柴油为能源，桩锤本身有燃烧室，不需要外部动力设备。

(2) 打桩前的准备工作。

① 清除妨碍打桩施工的空间及地下障碍物，平整场地。

② 机具就位及接通水源、电源。

③ 打桩试验。打桩试验(简称试桩)主要是检验打桩设备和工艺是否符合要求，了解桩的贯入深度、地基持力层强度及桩的承载力，以确定打桩方案和打桩技术。试桩时应做好试桩记录，画出各土层深度，记下打入各土层的锤击数，最后精确测量贯入度。试桩数量不少于两根。

④ 确定打桩顺序。打桩顺序直接影响到桩基础的质量和施工速度，应根据桩的密集程度(桩距大小)、规格、长短、设计标高、工作面布置、工期要求等综合考虑，合理确定打桩顺序。据桩的密集程度，打桩顺序一般分为由中间向两侧对称施打、由中间向四周施打和逐排单向施打三种，如图 2.4 所示。

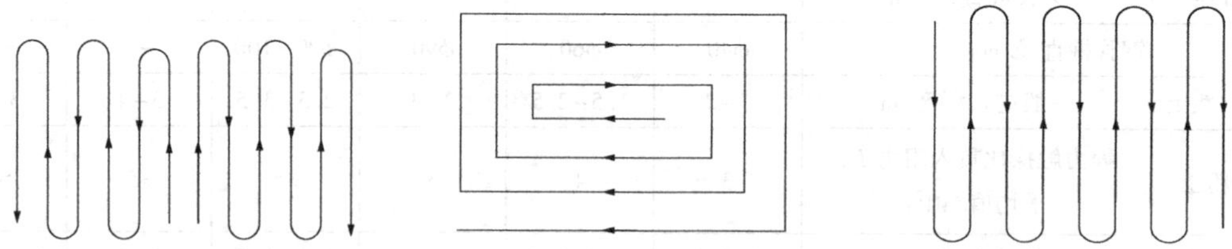

(a)由中间向两侧对称施打　(b)由中间向四周施打　(c)逐排单向施打

图 2.4　打桩顺序

当桩的中心距不大于 4 倍桩的直径或边长时，鉴于桩间相互影响显著，为避免先打入桩因后续打桩挤压产生倾斜、上浮等质量问题，保证桩的垂直度及桩间距均匀性，应采用由中间向两侧对称施打，或由中间向四周施打的顺序进行作业。当桩的中心距大于 4 倍桩的直径或边长时，桩间相互影响相对较小，此时除可采用上述两种打桩顺序外，还可根据工程实际情况，如施工场地条件、施工效率要求等，选择逐排单向施打的方式。逐排单向施打能简化施工流程，在保证施工质量的前提下提高施工效率。

⑤ 抄平放线，定桩位，设标尺。打桩现场附近设置水准点的数量不宜少于两个，用以抄平场地和检查桩的入土深度。然后，根据建筑物轴线的控制桩，定出桩基轴线位置及每个桩的桩位，其轴线位置允许偏差为 20mm。当桩较稀时可用小木桩定位；当桩较密时，用龙门板(标志板)定位，以防打桩时土体挤压位移使桩错位。打桩施工前，应在桩架或桩侧面设置标尺，以观测、控制桩的入土深度。

(3) 打桩施工。打桩机就位时，桩架应垂直平稳，导杆中心线与打桩方向一致。桩入土深度是否已达到设计位置，是否停止锤击，其判断方法和控制原则与桩的类型有关。

① 定锤吊桩。打桩机就位后，先将桩锤和桩帽吊起，其锤底高度应高于桩顶，并固定在桩架上，以便进行吊桩。吊桩是用桩架上的滑轮组和卷扬机将桩吊成垂直状态送入龙门导杆内。桩提升离地时，应用拖拉绳稳住桩的下部，以免撞击打桩架和邻近的桩。桩送入导杆内后要稳住桩顶，先使桩尖对准桩位，扶正桩身，然后使桩插入土中，桩的垂直度偏差不得超过 1%。桩就位后，在桩顶放上弹性垫层(如草纸、废麻袋或草绳等)，放下桩帽套入桩顶。桩帽上放好垫木，降下桩锤轻轻压住桩帽。桩锤底面、桩帽上下面和桩顶部应保持水平。桩锤、桩帽和桩身中心线应在同一条直线上，尽量避免偏心。此时在锤重压力下，桩会沉入土中一定沉度，待下沉停止，在全部检查、校正合格后，即可开始打桩。

② 打桩。打桩应“重锤低击，低提重打”，这样桩锤对桩头的冲击小，回弹也小，桩头不易损坏，大部分能量都用于克服桩身与土的摩阻力和桩尖阻力上，桩能较快地沉入土中，以取得良好效果。桩开始打入时，桩锤落距宜小，一般为0.5~0.8m，以便使桩能正常沉入土中。待桩入土达到一定深度后，桩尖不易发生偏移时，可适当增加落距逐渐提高到规定数值，继续锤击。打混凝土管桩，最大落差不得大于1.5m；打混凝土实心桩不得大于1.8m。桩尖遇到孤石或穿过硬夹层时，为了把孤石挤开，防止桩顶开裂，桩锤落距不得大于0.8m。

③ 打桩测量和记录。打桩过程中需同步进行关键参数测量与施工记录，以确保工程质量和数据可追溯性。

测量主要包括以下内容。

a. 桩顶标高：测量桩打入前后桩顶高程，计算沉桩深度。

b. 桩身垂直度：采用经纬仪或线锤检测桩身倾斜度，确保偏差≤1%。

c. 贯入度：记录每阵锤击(通常10击)的桩下沉量，反映土层阻力变化。

d. 桩尖深度：根据设计标高或地质资料，控制桩尖最终入土深度。

记录要求如下。

a. 施工日志：逐桩记录桩号、桩长、桩径、地质层信息、打桩时间、锤型及落距等。

b. 异常情况：备注遇孤石、硬夹层或桩身倾斜时的处理措施及效果。

c. 验收数据：整理最终沉桩深度、累计锤击数、平均贯入度等，作为验收依据。

④ 注意事项。

a. 桩机就位后，桩架应垂直平稳，桩帽与桩顶应锁紧牢靠，连接成整体。在打桩过程中应经常用线锤及水平尺检查打桩架，如垂直度偏差超过1%，必须及时纠正，以免把桩打斜。

b. 打桩入土的速度应均匀，锤击间歇的时间不宜过长。正常情况下，沉桩应连续施工，打入土的速度应均匀，应避免因间歇时间过长，土的固结作用而使桩难以下沉。

c. 打桩时振动大，对土体有挤压作用，可能影响周围建筑物、道路及地下管线的安全和正常使用，施工过程中要有专人巡视检查，及时发现和处理有关问题。应观察桩锤回弹情况，如经常回弹较大，说明桩锤太轻，不能使桩下沉，此时应更换重一些的桩锤。

d. 应随时注意贯入度的变化情况。端承桩最后贯入度不大于设计规定贯入度数值时，桩端设计标高可作参考；摩擦桩端标高达到设计规定的标高范围时，贯入度可作参考。

e. 用送桩打桩时，桩与送桩的纵轴线应在同一直线上。

f. 对于打斜的桩，应将桩拔出，查明原因，排除障碍，用砂石填孔后，重新插入施打。若拔桩有困难，应会同设计单位研究处理，或在原桩位附近补一桩。

g. 严禁非施工人员进入打桩现场；对桩机的正常运行、桩架的稳定性经常进行检查，严格按操作规程进行施工，确保安全。

⑤ 常见问题及其解决方案。在打桩施工过程中会遇见各种各样的问题——桩顶破碎，桩身断裂，桩身位移、扭转、倾斜，桩锤跳跃，桩身严重回弹等。发生这些问题的原因有

钢筋混凝土预制桩制作质量、沉桩操作工艺和复杂土层等三个方面。工程及施工验收规范规定，打桩过程中如遇到上述问题，都应立即暂停打桩，施工单位应与勘察、设计单位共同研究，查明原因，提出明确的处理意见，采取相应的技术措施后，方可继续施工。

a. 桩顶破碎。打桩时，桩顶直接受到桩锤的冲击而产生很高的局部应力，如果桩顶钢筋网片配置不当、混凝土保护层过厚、桩顶平面与桩的中心轴线不垂直及桩顶不平整等，都会引起桩顶破碎。在沉桩工艺方面，若桩垫材料选择不当、厚度不足，桩锤施打偏心或施打落距过大等也会引起桩顶破碎。需要重新评估并优化桩顶钢筋网片配置，确保其能够承受桩锤冲击产生的局部应力。调整混凝土保护层厚度至合适范围，避免过厚导致应力集中。确保桩顶平面与桩的中心轴线垂直，并对桩顶进行精细平整处理，减少因不平整引起的应力不均。此外，还要选用合适的桩垫材料，保证其厚度和弹性能够缓冲桩锤冲击；调整桩锤施打位置，确保其与桩顶中心对齐，避免偏心冲击；严格控制施打落距，避免落距过大产生过大的冲击力。

b. 桩身断裂。制作时桩身有较大的弯曲凸肚或局部混凝土强度不足，在沉桩时桩尖遇到硬土层或孤石等障碍物，增大落距，反复过度冲击等都可能引起桩身断裂。在桩身制作过程中，严格控制混凝土浇筑质量，确保桩身无较大弯曲凸肚，局部混凝土强度符合设计要求。对桩身进行定期质量检测，及时发现并处理潜在的质量问题。在沉桩前，对桩尖所在土层进行详细勘察，了解硬土层或孤石等障碍物的分布情况。在沉桩过程中，遇到硬土层或障碍物时，应采取适当的措施，如采用预钻孔、引孔等方法降低沉桩阻力，避免增大落距和反复过度冲击。

c. 桩身位移、扭转或倾斜。桩尖四棱锥制作偏差大、桩尖与桩中心线不重合等制作原因，桩架倾斜，桩身与桩帽、桩锤不在同一垂线上的施工操作原因以及桩尖遇孤石等，都会引起桩身位移、扭转或倾斜。提高桩尖四棱锥的制作精度，确保其与桩中心线重合。对桩身进行整体质量检测，确保桩身直线度符合要求。在桩架安装过程中，确保桩架垂直度符合要求。在沉桩过程中，保持桩身与桩帽、桩锤在同一垂线上，避免因施工操作不当引起桩身位移、扭转或倾斜。在沉桩前，对桩尖所在区域进行详细勘察，了解孤石等障碍物的分布情况。在沉桩过程中，遇到障碍物时，应采取适当的措施进行处理，如采用爆破、挖掘等方法清除障碍物。

d. 桩锤跳跃，桩身回弹严重。若选择的桩锤较轻，可能会引起较大的桩锤跳跃；桩尖遇到坚硬的障碍物时，桩身则严重回弹。根据桩身规格、土层条件等因素，选择合适的桩锤。确保桩锤的重量和冲击力能够满足沉桩要求，避免因桩锤过轻引起较大的桩锤跳跃。在沉桩前，对桩尖所在土层进行详细勘察，了解坚硬障碍物的分布情况。在沉桩过程中，遇到坚硬障碍物时，应采取适当的措施进行处理，如采用预钻孔、引孔等方法降低沉桩阻力，避免桩身严重回弹。同时，在沉桩过程中应密切关注桩身回弹情况，及时调整沉桩参数和施工方法。

2.3.2 混凝土灌注桩施工

混凝土灌注桩是直接在桩位成孔，然后在孔内安放钢筋笼、浇筑混凝土成桩。与预制桩相比，其优点为：施工简便且经济(特别是人工挖孔桩)，具有不受地层变化限制、不需要接桩和截桩、节约钢材、振动小、噪声小等特点。

灌注桩按施工方法可分为钻孔灌注桩、人工挖孔灌注桩、冲孔灌注桩、沉管灌注桩和爆扩灌注桩等种类。常用的是钻孔灌注桩和人工挖孔灌注桩。随着我国城市规模越来越庞大，城市居民越来越多，城镇住宅用地紧缺，因此，城市建筑呈现出体量更大、高度更高、科技含量更先进的特点，同时也伴随着基础深度越来越深。因此，混凝土灌注桩在现代城市建筑发展中得到了广泛的应用。

2.3.2.1 混凝土灌注桩施工准备

在正式施工前除了要做好场地平整、资源准备、劳动力准备、机械设备准备等工作，还需要做好以下工作：

(1) 定桩位和确定成孔施工顺序。

① 对土没有挤密作用的桩，一般按现场条件和桩孔行走方便原则确定成孔顺序。

② 对土有挤密作用和振动影响的桩，采用以下顺序：间隔一个或两个桩位成孔；在邻近混凝土初凝前或终凝后成孔；一个承台下桩数在5根以上者，中间的桩先成孔，外围的桩后成孔；同一个承台下的爆扩桩，可采用单爆或连爆法成孔。

③ 人工挖孔桩，当桩净距小于2倍桩径且小于2.5m时，应采用间隔开挖；排桩跳挖的最小施工净距不得小于4.5m，孔深不大于30m。

(2) 成孔深度的控制。

① 摩擦型桩：以设计桩长控制成孔深度。成孔时，桩管入土深度以标高为主，以贯入度控制为辅。

② 端承桩：当采用钻孔、挖掘成孔时，必须保证桩孔进入设计持力层的深度。成孔时，桩管入土深度控制以贯入度为主，设计持力层标高对照为辅。

(3) 钢筋笼的制作。钢筋笼的制作应符合以下规定：

① 套管成孔的桩，应比套管直径小60~80mm。

② 用导管法灌注水下混凝土的桩，应比导管连接处的外径大100mm以上。

③ 钢筋笼在制作、运输和安装过程中，应采取措施防止变形。

④ 吊放入孔时，不得碰撞孔壁，灌注桩应采取措施固定钢筋笼的位置，避免钢筋笼受混凝土上浮力的影响而上浮。

(4) 混凝土的配制。混凝土配制所用的材料与性能要选用合适。混凝土强度等级不得低于C15，每立方米混凝土的水泥用量不少于350kg，水下灌注混凝土时不得低于C20。坍落度的要求是：水下灌注的混凝土为160~220mm，干作业成孔的宜为80~100mm，沉管灌注桩有配筋时为80~100mm，素混凝土宜为60~80mm。

2.3.2.2 钻孔灌注桩施工方法

(1) 干作业钻孔灌注桩。

① 干作业成孔一般采用螺旋钻机钻孔。螺旋钻头外径分别为ϕ400mm、ϕ500mm、ϕ600mm，钻孔深度相应为12m、10m、8m。此类桩适用于成孔深度内没有地下水的一般

黏土层、砂土及人工填土地基，不适于有地下水的土层和淤泥质土。

② 钻孔至规定要求深度后，进行孔底清土。清孔的目的是将孔内的浮土、虚土取出，减少桩的沉降。方法是钻机在原深处空转清土，然后停止旋转，提钻卸土。

③ 钢筋骨架的主筋、箍筋、直径、根数、间距及主筋保护层均应符合设计规定，绑扎牢固，防止变形。钢筋骨架就位后，应立即灌注混凝土，以防塌孔。灌注时，应分层浇筑、分层捣实，每层厚度 50~60cm。施工过程如图 2.5 所示。

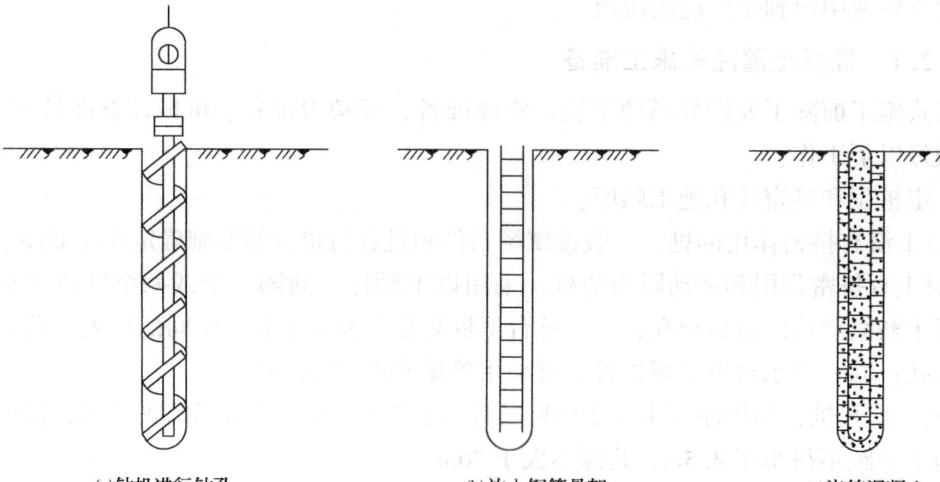

图 2.5 螺旋钻机钻孔灌注桩施工示意图

(2) 泥浆护壁成孔灌注桩。

① 泥浆护壁成孔是利用泥浆保护稳定孔壁的机械钻孔方法。它通过循环泥浆将切削碎的泥石渣屑悬浮后排出孔外，适用于有地下水和无地下水的土层。泥浆的作用是：携渣、固(护)壁、冷却、润滑，其中固(护)壁最为重要。

② 成孔机械有潜水钻机、冲击钻机、冲抓锥等。

③ 泥浆护壁成孔灌注桩的施工工艺流程：测定桩位→埋设护筒→机械(潜水钻机、冲击钻机等)成孔→泥浆循环出渣→清孔→安放钢筋骨架→浇筑水下混凝土。

a. 测定桩位和埋设护筒。钻孔前，在现场放线定位，按桩位挖去桩孔表层土，并埋设护筒。护筒高 2m 左右，上部设 1~2 个溢浆孔，是用厚 4~8mm 钢板制成的圆筒，其内径应大于钻头直径 200mm。护筒的作用是固定桩孔位置，保护孔口，防止地面水流入，增加孔内水压力，防止塌孔，成孔时引导钻头的方向。在钻孔过程中，向孔中注入相对密度为 1.1~1.5 的泥浆，使桩孔内孔壁土层中的孔隙渗填密实，避免孔内漏水，保持护筒内水压稳定；泥浆相对密度大，加大了孔内的水压力，可以稳固孔壁，防止塌孔；通过循环泥浆可将切削的泥石渣悬浮后排出，起到携砂、排土的作用。

b. 机械成孔和泥浆循环出渣。成孔方式有潜水钻机成孔和冲击钻机成孔。

(a) 潜水钻机成孔。潜水钻机是一种旋转式钻孔机，其防水电机变速机构和钻头密封在一起，由桩架及钻杆定位后可潜入水、泥浆中钻孔。注入泥浆后通过正循环或反循环排渣法将孔内切削土粒、石渣排至孔外。潜水钻机成孔示意图如图 2.6 所示。

潜水钻机成孔排渣有正循环排渣和泵举反循环排渣两种方式。正循环排渣法：在钻孔过程中，旋转的钻头将碎泥渣切削成浆状后，利用泥浆泵压送高压泥浆，经钻机中心管、分叉管送入钻头底部强力喷出，与切削成浆状的碎泥渣混合，携带泥土沿孔壁向上运动，从护筒的溢流孔排出。泵举反循环排渣法：砂石泵随主机一起潜入孔内，直接将切削碎泥渣随泥浆抽排出孔外。

(b) 冲击钻机成孔。冲击钻机通过机架、卷扬机把带刃的重钻头(冲击锤)提高到一定高度，靠自由下落的冲击力切削破碎岩层或冲击土层成孔，如图2.7所示。

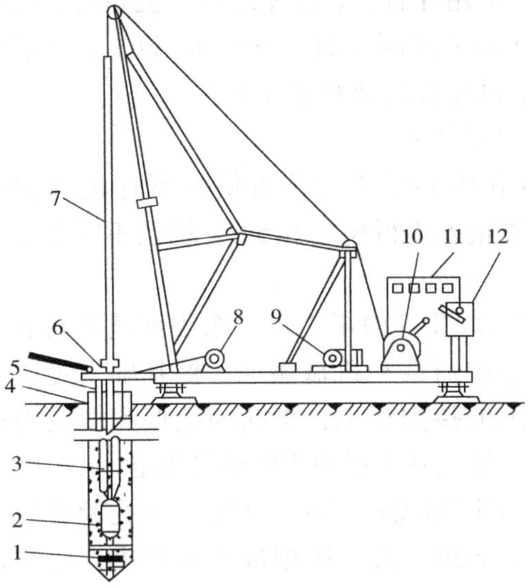

图2.6　潜水钻机成孔示意图

1—钻头；2—潜水钻机；3—电缆；
4—护筒；5—水管；6—滚轮(支点)；
7—钻杆；8—电缆盘；9—5kN卷扬机；
10—10kN卷扬机；11—电流电压表；
12—启动开关

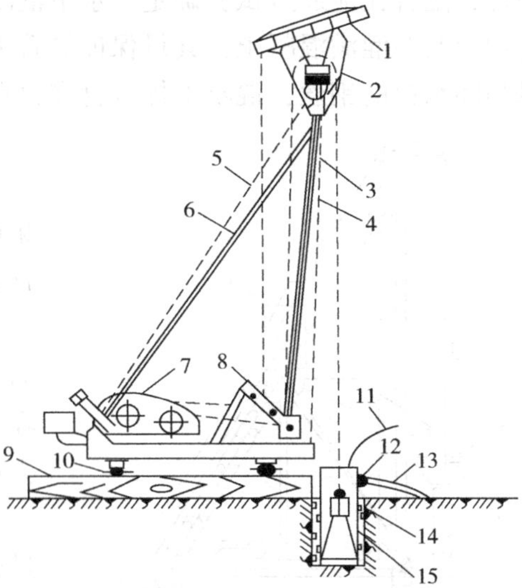

图2.7　冲击钻机示意图

1—副滑轮；2—主滑轮；3—主杆；
4—前拉索；5—后拉索；6—斜撑；
7—双滚筒卷扬机；8—导向轮；9—垫木；
10—钢管；11—供浆管；12—溢流孔；
13—泥浆渡槽；14—护筒回填土；15—钻头

冲击钻头有十字形、工字形、人字形等，一般常用十字形冲击钻头。冲孔前应埋设钢护筒，并准备好护壁材料。冲击钻机就位后，校正冲锤中心对准护筒中心，在冲程0.4~0.8m范围内应低提密冲，并及时加入石块与泥浆护壁，直至护筒下沉3~4m以后，冲程可以提高到1.5~2.0m，转入正常冲击，随时测定并控制泥浆相对密度。施工中，应经常检查钢丝绳损坏情况，卡扣松紧程度和转向装置是否灵活，以免掉钻。

c. 清孔。验孔是用探测器检查桩位、直径、深度和孔道情况。清孔即清除孔底沉渣、淤泥浮土，以减少桩基的沉降量，提高承载能力。泥浆护壁成孔清孔时，对于土质较好不易坍塌的桩孔，可用空气吸泥机清孔，气压为0.5MPa，使管内形成强大高压气流向上涌，同时不断地补足清水，被搅动的泥渣随气流上涌从喷口排出，直至喷出清水为止。对于稳定性较差的孔壁，应采用泥浆循环法清孔或抽筒排渣，清孔后的泥浆相对密度应控制在1.15~1.25。

d. 安放钢筋骨架。钢筋骨架作为桩体的主要受力结构，承担着将荷载传递至桩底岩层的作用。首先进行清孔检查，确保孔底沉渣、淤泥清除干净，孔壁稳定无坍塌风险。然后进行吊放控制，使用吊车缓慢将骨架吊入孔内，避免碰撞孔壁，并通过导向钢筋辅助定位，确保骨架与桩孔对齐。接着进行定位调整，调整骨架高度，确保保护层厚度符合设计。最后固定防浮，将骨架牢固绑扎或焊接在孔口，防止浇筑混凝土时上浮。

e. 浇筑水下混凝土。泥浆护壁成孔灌注混凝土的浇筑是在水中或泥浆中进行的，故称为水下混凝土浇筑。水下混凝土宜比设计强度等级提高一个强度等级，必须具备良好的和易性，配合比应通过试验确定。水下混凝土浇筑常用导管法(见图 2.8)。浇筑时，先将导管内及漏斗灌满混凝土，其量保证导管下端一次埋入混凝土面以下 0.8m 以上，然后剪断悬吊隔水栓的钢丝，混凝土拌合物在自重作用下迅速排出球塞进入水中。

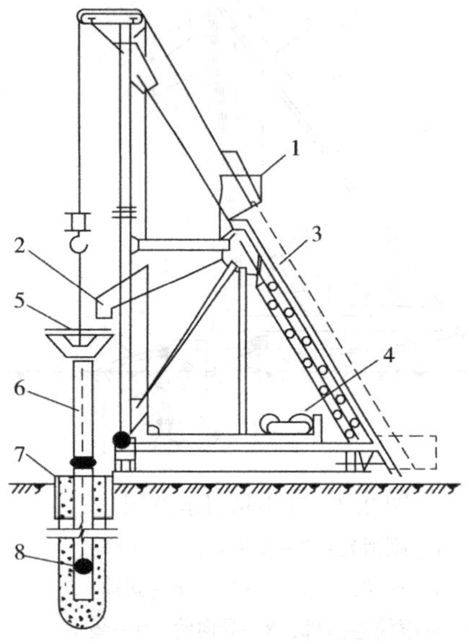

图 2.8 水下混凝土浇筑示意图

1—上料斗；2—储料斗；3—滑道；4—卷扬机；5—漏斗；6—导管；7—护筒；8—隔水栓

(3) 注意事项。

① 桩孔中心线平面位置偏差不宜超过 50mm，桩的垂直度偏差不得超过 0.5%，桩径不得小于桩设计直径。

② 挖掘成孔区内不得堆放余土和建筑材料，并防止局部集中荷载和机械振动。桩基础一定要坐落在设计要求的持力层上，桩孔的挖掘深度应由设计人员根据现场地基土层的实际情况决定。

③ 人工挖掘成孔应连续施工，成孔验收后立即进行混凝土浇筑。人工挖掘成孔过程中，应严格按操作规程施工。

④ 认真清除孔底浮渣余土，排净积水，浇筑过程中防止地下水流入。

⑤ 井面应设置安全防护栏，当桩孔净距小于 2 倍桩径且小于 2.5m 时，应间隔挖孔施工。

⑥ 灌注桩施工质量检查包括成孔及清孔、钢筋骨架制作及安放、混凝土搅拌及灌注 3 个施工过程的质量检查。

⑦ 施工前应对水泥、砂、石子、钢材等原材料进行检查，对施工组织设计中制定的施工顺序、监测手段也应进行检查。

2.3.2.3 人工挖孔大直径灌注桩施工方法

大直径灌注桩是采用人工挖掘方法成孔，放置钢筋笼，浇筑混凝土而成的桩基础，也称墩基础。它由承台、桩身和扩大头组成，穿过深厚的软弱土层而直接坐落在坚硬的岩石层上。

其优点是桩身直径大，承载能力高；施工时可在孔内直接检查成孔质量，观察地质土质变化情况；桩孔深度由地基土层实际情况控制，桩底清孔除渣彻底、干净，易保证混凝土浇筑质量。人工挖掘成孔护壁方法施工有现浇混凝土护壁法、沉井护壁法等。

(1) 现浇混凝土护壁法施工。现浇混凝土护壁法施工即分段开挖、分段浇筑混凝土护壁，既能防止孔壁坍塌，又能起到防水作用。桩孔采取分段开挖，每段高度取决于土壁直立状态的能力，一般0.5~1.0m为一个施工段，开挖井孔直径为设计桩径加混凝土护壁厚度。

护壁施工段，即支设护壁内模板(工具式活动钢模板)后浇筑混凝土，其强度一般不低于C15，护壁混凝土要振捣密实；当混凝土强度达到1MPa(常温下约24h)时可拆除模板，进入下一个施工段。如此循环，直至挖到设计要求的深度。

(2) 沉井护壁法施工。当桩径较大、挖掘深度大、地质复杂、土质差(松软弱土层)，且地下水位高时，应采用沉井护壁法挖孔施工。沉井护壁施工是先在桩位上制作钢筋混凝土井筒，井筒下捣制钢筋混凝土刃脚，然后在筒内挖土掏空，井筒靠其自重或附加荷载来克服筒壁与土体之间的摩擦阻力，边挖边沉，使其垂直地下沉到设计要求深度。

2.3.3 其他类型的桩施工

其他类型的桩包括钢管桩、静力压桩等，因篇幅关系，下文仅介绍静力压桩。

静力压桩是利用无噪声、无振动的静压力将桩压入土中，常用于土质均匀的软土地基的沉桩施工。由于静力压桩的成桩周期相对较长，因此常用于对工期要求不是很紧迫的工程项目中。

2.3.3.1 静力压桩的原理、施工工艺及连接方式

(1) 压桩原理。静力压桩利用压桩架的自重和配重，通过卷扬机牵引，由钢丝绳、滑轮和压梁，将整个桩机(见图2.9)的重力(800~1500kN)反压在桩顶上，以克服桩身下沉时与土的摩擦力，迫使预制桩下沉。

(2) 施工工艺。静力压桩施工一般采取分节压入、逐段接长的施工工艺。

(3) 连接方式。接桩的方法目前有三种：焊接法(见图2.10)、法兰螺栓连接法、硫黄浆锚法。

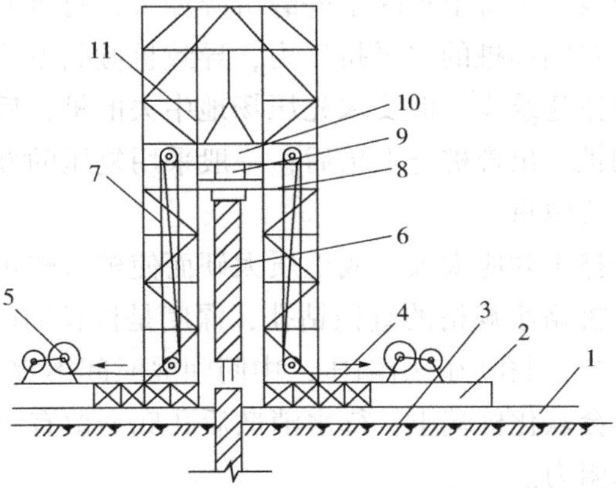

图2.9 静力压桩机的构造

1—垫板；2—底盘；3—操作平台；4—加重物仓；5—卷扬机；6—上段桩；7—加压钢丝绳；8—桩帽；9—油压表；10—活动压梁；11—桩架

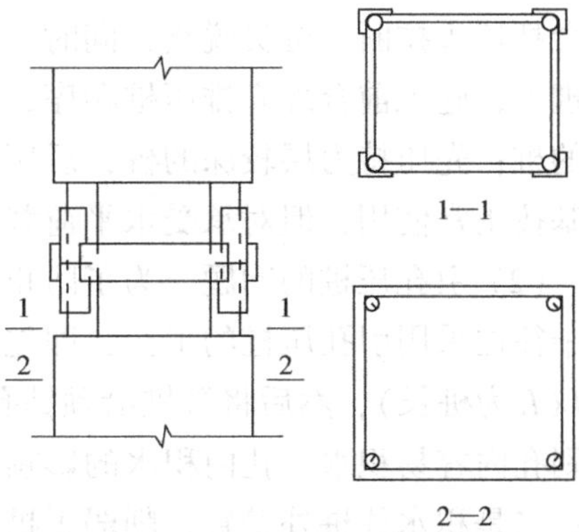

图2.10 焊接法接桩节点构造

2.3.3.2 静力压桩适用范围、优点及压桩方法

(1) 适用范围与优点。静力压桩特别适合于软土地基和城市施工。其优点为无噪声、无振动，邻近有建筑物时也可进行压桩。除此之外，压桩与打桩相比还具有以下优点：

① 节约材料。压桩比打桩可节省混凝土、钢筋，降低造价。

② 提高施工质量。打桩不仅桩顶而且桩身也常出现被打裂事故，压桩则可避免此类事故发生。压桩所引起的桩周围土体隆起和水平挤动，造成桩移动等事故均较打桩小得多。

(2) 压桩的方法。

① 压桩前应对土层土质情况了解清楚，并维修保养好压桩设备，以保证压桩时机械可靠运行(因故停息不宜超过 2h)。如果是工艺上的必要停息(如接桩、套送桩等)，应将桩尖停息在软土层中，以使启动阻力不致过大。

② 当需要接桩时，上下两节桩必须保持轴线一致，并使接桩时间尽量缩短，以免桩压不下去。

③ 压桩机行驶道路的地基应有足够的承载力，必要时应加以处理。

④ 压桩过程中，当桩尖遇上夹砂层时，压桩阻力会突然增大，这时以最大压桩力，用忽压忽停的办法，可使桩缓慢地下沉。

⑤ 当桩压至设计标高时，不可过早地停压；否则，在补压时会造成因阻力过大而压不下去的情况。

2.3.3.3 静力压桩常见质量事故分析及处理

(1) 桩身上抬。由于静力压桩是挤土桩，在场地桩数量较多、桩距较密的情况下，后压的桩会对已压的桩产生挤压上抬，特别对于短桩，易形成所谓的吊脚桩。这种桩在做静载试验时，开始沉降较大，曲线较陡，但当桩尖达到持力层时，承载力又有明显增加，沉降曲线又趋于平缓，这是桩身上抬的典型曲线。桩身上抬除了静载沉降偏大，对桩而言可能会把接头拉断，桩尖脱空，同时大大增加对四周桩的水平挤压力，导致桩倾斜偏位。在处理上，施工前合理安排压桩顺序，同一单体建筑物一般要求先压场地中央的桩，后压周边的桩；先压持力层较深的桩，后压较浅的桩。出现桩身上抬后，一般采用复压的办法使桩基按正常使用，但对承受水平荷载的基础要慎重。

(2) 引孔压桩的问题。为了防止桩间的挤土效应太大，或土质太硬而使桩身较短，施工中往往采用引孔压桩的工艺，即先钻比管桩略小规格的直径钻孔，深度是桩长的(2/3~1)L(L 为桩长)，然后将管桩沿预钻孔压下去。引孔应随引随压，中间间隔时间不宜太长，否则孔内容易积水。孔内积水的影响：一是会软化桩端土，待水消散后孔底会留有一定空隙；二是积水往桩外壁冒，削弱了桩的侧摩阻力。

对于较硬土质，引孔压桩还会有桩尖达不到引孔孔底的现象，施工完成后孔底积水使土体软化，使承载力达不到设计要求。

(3) 桩端封口不实。当桩尖有缝隙，地下水水头差的压力可使桩外的水通过缝隙进入桩管内腔，若桩尖附近的土质是泥质土，遇水易软化，从而直接影响桩的承载力。桩靴的

焊接要求与端板间无间隙、错位，保证焊缝饱满、无气孔；施焊对称进行，焊接时间控制得当，焊接完成后自然冷却10min左右方可施打，因高温焊缝遇水后变脆，容易开裂。工程上比较有效的技术补救措施是采用“填芯混凝土”法，即在管桩施压完毕后立即灌入高度为1.2m左右的C20细石混凝土封底，桩端不漏水，桩端附近水压平衡，桩端土承受三相压力，承载力能保持稳定。

(4) 桩顶(底)开裂。由于目前压桩机越来越大，最重可达6800kN，对于较硬土质，管桩有可能仍然压不到设计标高，在反复复压情况下，管桩桩身横向产生强烈应力，如果桩还是按常规配箍筋，桩顶混凝土抗拉不足而开裂，产生垂直裂缝，给后期处理带来很大困难。另一种情况就是管桩由软弱土层突然进入硬持力层，没有过渡层，桩机油压迅速升高，桩身受到瞬间冲击力也容易引起桩顶开裂，如果硬持力层面不平整，桩靴卡不进土而引起桩头折断破碎，桩机油压又下降，再压时压力不稳定，吊线测量桩长发现比入土部分短。处理上，事前改进桩尖形式(圆锥形桩尖易滑)，事后用压力灌浆把桩底破碎混凝土黏结住，适当折减承载力设计值。

(5) 地质构造带。由于受构造断裂的影响，地层结构受到改变，破碎带作为地下水通道常软化持力层。压桩时虽满足终压力及桩长要求，而静载时桩又不合格。不合格桩长范围在8~30m都会出现，与规程统计的经验公式完全不符。对于有软硬夹层，尤其是硬夹层不厚的情况，施工时桩尖到达硬夹层，由于超孔压的反向作用，使桩的终压力满足设计要求，而施工完成后随孔压消散，土抗剪强度还没恢复，静载时桩尖土承受更大的压力，传递到软弱下卧层后引起该层土压缩增大，进而桩顶下沉增加，位移不满足要求。

(6) 基坑开挖。由于静力压桩逐渐用在高层建筑中，基坑开挖不可避免。工程中应根据开挖深度考虑是否需要采用先围护开挖再沉桩的方案。边打桩边开挖是不可取的，先打桩后开挖应考虑对称均匀，如在中间开挖，把土堆在周围就会造成四周和中心的土体高差悬殊，同时超孔隙水压及振动会使管桩倾斜或折断，所以合理制订基坑开挖方案是必不可少的。

静力压桩的沉桩机理非常复杂，与土质、土层排列、硬土层厚度、桩数、桩距、施工顺序、进度等因素有关。静力压桩施工中出现的问题也各种各样，最常用的处理方法是提高终压力进行复压。桩在做完静载试验发现不合格后，往往还要增加静载试验或大应变检测，以确定更大范围不合格桩数量分布。有时基坑已开挖，桩头已凿去，位置难确定，压桩机撤出现场，复压或补桩有一定困难，这就要采取其他一些措施处理不合格桩，如灌浆补强、降低桩承载力标准或扩大承台等。

第3章 现浇混凝土工程施工

3.1 模板工程施工

模板与其支撑体系组成了模板系统。模板系统是一个临时架设的结构体系，其中模板是新浇混凝土成型的模具，它与混凝土直接接触形成的混凝土构件具有所要求的形状、尺寸和表面质量；支撑体系是指支撑模板，承受模板、构件及施工中各种荷载的作用，并使模板保持所要求的空间位置的临时结构。

3.1.1 模板系统的组成和基本要求

模板系统由模板和支撑两部分组成。模板是使混凝土结构或构件成型的模型。搅拌机搅拌出的混凝土是具有一定流动性的混合物，经过凝结硬化以后，才能成为所需要的、具有规定形状和尺寸的结构构件，所以需要将混凝土浇灌在与结构构件形状尺寸相同的模板内。模板作为混凝土构件成型的工具，它本身除了应具有与结构构件相同的形状和尺寸，还要具有足够的强度和刚度以承受新浇混凝土的荷载及施工荷载。支撑是保证模板形状、尺寸及其空间位置的支撑体系。支撑体系既要保证模板形状、尺寸和空间位置正确，又要承受模板传来的全部荷载。

对模板系统的基本要求如下：

① 保证工程结构和构件各部分形状尺寸和相互位置的正确。

② 具有足够的承载能力、刚度和稳定性，能可靠地承受混凝土的自重和侧压力，以及在施工过程中所产生的荷载。

③ 构造简单，装拆方便，并便于钢筋的绑扎、安装和混凝土的浇筑、养护。

④ 模板的接缝不应漏浆。

3.1.2 模板构造

3.1.2.1 模板的分类

(1) 模板按所用的材料不同，可分为木模板、钢木模板、胶合板模板、钢竹模板、钢模板、塑料模板、玻璃钢模板、铝合金模板、混凝土预制模板和橡胶模板等。

木模板的木材主要采用松木和杉木，其含水量不宜过高，材质不宜低于三等材。木模板的基本元件为拼板，拼板由板条和拼条(木挡)组成。板条厚25~50mm，宽度不宜超过200mm，以保证在干缩时缝隙均匀，浇水后缝隙严密且板条不翘曲，但梁底板的板条宽度不受限制，以免漏浆。拼条截面尺寸为25mm×35mm~50mm×50mm，拼条间距根据施工荷载大小及板条的厚度而定，一般取400~500mm。

钢木模板结合了钢结构的高强度和木结构的轻质特点，形成复合结构。它轻质高强、环保美观、抗震性能好、施工速度快，广泛应用于住宅、商业、公共和工业建筑等领域。但需注意防火、防腐措施，以保证结构的安全性和耐久性。

胶合板模板是以胶合板为面板，角钢为边框的定型模板。以胶合板为面板，克服了木材的不等方向性的缺点，受力性能好。这种模板具有强度高、自重小、不翘曲、不开裂及板幅大、接缝少的优点。

钢竹模板由C形冷弯薄壁型钢和竹胶板通过环氧树脂胶黏结而成，抗弯、抗剪性能强，轻质环保，适用于装配式建筑施工，主要用于梁、柱等结构构件。需保证黏结牢固，并采用合适的连接方式和连接件。

钢模板一般均做成定型模板，用连接构件拼装成各种形状和尺寸，适用于多种结构形式，在现浇钢筋混凝土结构施工中被广泛应用。钢模板一次投资量大，但周转率高，在使用过程中应注意保管和维护，防止生锈以延长钢模板的使用寿命。

塑料模板采用轻质塑料材料制成，重量轻、安装便捷、表面平整、脱模简单、耐候性强，适用于各种混凝土结构的成型，能提高施工效率。使用过程中应避免野蛮施工，确保模板的周转次数，并注意防火。

玻璃钢模板采用无碱玻璃纤维布和饱和聚酯树脂制成，一次性加工成型。它平整度高、接缝少，材料力学性能好，无须复杂外部支撑，适用于圆柱、梁等结构的成型，能提高施工效率和质量。需确保模板的垂直度和稳定性，防止漏浆。

铝合金模板由高强度铝合金制造，轻便、高效、高强、防锈，配件简单，易于安装和拆除，广泛应用于高层建筑和大型公共建筑的施工。需确保剪力墙和梁模的安装质量，并使用斜撑固定模板。

混凝土预制模板在预制工厂或露天工场中预制，采用重力式或锚固式结构。其结构型式简单，立模时无须支撑或仅需少量支撑，节约材料和时间，适用于大体积混凝土建筑物。需确保模板的平整度和稳定性，防止漏浆和变形。

橡胶模板采用橡胶材料制成，弹性好、密封性强，适用于制作复杂形状的混凝土构件，能提高施工效率和质量。需确保模具的密封性和稳定性，防止漏浆和变形。

(2) 按模板受力条件分有承重模板和侧面模板。承重模板主要承受混凝土重量和施工中的垂直荷载；侧面模板主要承受新浇混凝土的侧压力。侧面模板按其支承受力方式又分为简支模板、悬臂模板和半悬臂模板。

(3) 按模板使用特点分为固定式、拆移式、移动式和滑动式。固定式用于形状特殊的部位，不能重复使用。后三种模板都能重复使用，或连续使用在形状一致的部位，但其使用方式有所不同。拆移式模板需要拆散移动；移动式模板的车架装有行走轮，可沿专用轨道整体移动；滑动式模板是以千斤顶或卷扬机为动力，在混凝土连续浇筑的过程中，模板面紧贴混凝土面滑动。

3.1.2.2 常见模板

(1) 定型组合钢模板。定型组合钢模板的优点是：通用性强，组装灵活，装拆方便，节省用工；浇筑的构件尺寸准确，棱角整齐，表面光滑；模板周转次数多；大量节约木材。缺点是一次性投资大，浇筑成型的混凝土表面过于光滑，不利于表面装修等。

定型组合钢模板是一种工具式模板，由钢模板、连接件和支承件三部分组成。

① 钢模板。钢模板类型有平面模板、阳角模板、阴角模板及连接角模板 4 种。钢模板面板厚度一般为 2. 3mm 或 2. 5mm，边框和加劲肋上按照一定距离(如 150mm)钻孔，可利用 U 形卡和 L 形插销等拼装成大块模板；封头横肋板中间加肋板的厚度一般为 2. 8mm。

钢模板的宽度以 50mm 晋级，长度以 150mm 晋级，其规格和型号已做到标准化、系列化。如型号为 P3015 的钢模板，P 表示平面模板，3015 表示长×宽为 1500mm×300mm；型号为 Y1015 的钢模板，Y 表示阳角模板，1015 表示长×宽为 1500mm×100mm。如拼装时出现不足模数的空隙，可用镶嵌木条补缺，用钉子或螺栓将木条与板块边框上的孔洞连接起来。

② 连接件。

a. U 形卡。它用于钢模板之间的连接与锁定，使钢模板拼装密合。U 形卡安装间距一般不大于 300mm，即每隔一孔卡插一个，安装方向为一顺一倒相互交错。

b. L 形插销。它插入模板两端边框的插销孔内，用于增强钢模板纵向拼接的刚度和保证接头处板面平整。

c. 钩头螺栓。它用于钢模板与内、外钢楞之间的连接固定，使之成为整体，安装间距一般不大于 600mm，长度应与所采用的钢楞尺寸相适应。

d. 紧固螺栓。它用于紧固钢模板内、外钢楞，增强组合模板的整体刚度，长度与所采用的钢楞尺寸相适应。

e. 对拉螺栓。浇筑钢筋混凝土墙体时，墙体两侧模板间用对拉螺栓连接，对拉螺栓用于保持模板与坡板之间的设计厚度并承受混凝土侧压载，使模板不致变形。

f. 扣件。它用于将钢板与钢楞紧固，与其他的配件一起将钢模板拼装成整体。按钢楞的不同形状尺寸，分别采用碟型扣件和“3”型扣件，其规格分为大小两种。

③ 支承件。支承件包括钢楞、柱箍、梁卡具(梁托架)、钢管支架、斜撑、钢支柱、钢管脚手架支架、桁架、早拆柱头、门式支架和碗扣式支架等。

a. 钢楞用于支承钢模板并增强其整体刚度，常用圆钢管、矩形钢管或槽钢制作。

b. 柱箍亦称柱卡箍，用于夹紧柱模板，确保混凝土浇筑时模板的稳定性。

c. 梁卡具(梁托架)用于固定矩形梁、圈梁等模板的侧模，宽度和高度可调节，节省斜撑材料。

d. 钢管支架作为梁、楼板及平台模板的支撑架，也可用作外脚手架。

e. 斜撑用于调整模板垂直度，承受单侧模板的侧向荷载，确保支模稳定性。

f. 钢支柱用于承受水平模板传递的竖向压力。

g. 钢管脚手架支架为明确用于外脚手架或模板支架的标准化形式。

h. 桁架分两类：包括平面可调桁架和曲面可变桁架。平面可调桁架用于支承楼板、梁等平面构件模板；曲面可变桁架用于支承曲面构件模板。

i. 早拆柱头用于梁模板支撑及模板早拆，提高施工效率。

j. 门式支架为标准化模板支架，适用于梁、楼板及平台支撑。

k. 碗扣式支架为新型模板支架，兼具灵活性与稳定性。

（2）钢框胶合板模板。钢框胶合板模板是指钢框与木胶合板或竹胶合板结合使用的一种模板。钢框胶合板模板由钢框和防水木、竹胶合板平铺在钢框上，用沉头螺栓与钢框连牢。用于面板的竹胶合板是用竹片或竹帘涂胶黏剂，纵横向铺放，组坯后热压成型。为使钢框竹胶合板板面光滑平整，便于脱模和增加周转次数，一般板面采用涂料覆面处理或浸胶纸覆面处理。

（3）滑动模板。滑动模板（滑模）是在混凝土连续浇筑过程中，可使滑板面紧贴混凝土面滑动的模板。采用滑模施工要比常规施工节约木材（包括模板和脚手板等）70%；采用滑模施工一般可以节省劳动力约30%~50%；采用滑模施工要比常规施工的工期短、速度快，一般可以缩短施工周期30%~50%；滑模施工的结构整体性好，抗震效果明显，适用于高层或超高层抗震建筑物和高耸构筑物施工，施工的设备便于加工、安装、运输。

① 滑板系统装置的组成部分。

a. 模板系统。它包括提升架、围圈、模板及加固、连接配件。

b. 施工平台系统。它包括施工平台、外圈走道、内外吊脚手架。

c. 提升系统。它包括千斤顶、油管、分油器、针形阀、控制台、支承杆及测量控制装置。

② 主要部件构造及其作用。

a. 提升架。提升架是整个滑模系统的主要受力部分，各项荷载集中传至提升架，最后通过装设在提升架上的千斤顶传至支承杆上。提升架由横梁、立柱、牛腿及外挑架组成。各部分尺寸及杆件断面应通盘考虑并经计算确定。

b. 围圈。围圈是模板系统的横向连接部分，它将模板按工程平面形状组合为整体。围圈也是受力部件，它既承受混凝土侧应力产生的水平推力又承受模板的重量、滑动时产生的摩阻力等竖向力。在有些滑模系统的设计中，也将施工平台支撑在围圈上，围圈架设在提升架的牛腿上，各种荷载将最终传至提升架上。围圈一般用型钢制作。

c. 模板。模板是混凝土成型的模具，要求板面平整，尺寸准确，刚度适中。一般为90~120cm，宽度为50cm，但根据需要也可加工成宽度小于50cm的异形模板。模板通常用钢材制作，也有用其他材料制作的，如钢木组合模板是用硬质塑料板或玻璃钢等材料作为面板的有机材料复合模板。

d. 施工平台与吊脚手架。施工平台是滑模施工中各工种的作业面及材料、工具的存放场所。施工平台应视建筑物的平面形状、开门大小、操作要求及荷载情况设计，必须有可靠的强度及必要的刚度，确保施工安全，防止平台变形导致模板倾斜，如果跨度较大，在平台下应设置承托桁架吊脚手架用于对已滑出的混凝土结构进行处理或修补，要求将其沿结构内外两侧周围布置，高度一般为1.8m，可以设双层或三层。吊脚手架要有可靠的安全设备及防护设施。

e. 支承杆。可用直径为25mm的光圆钢筋作为支承杆，每根支承杆长度以3.5~5m为宜。支承杆的接头可用螺栓连接（支承杆两头加工成阴阳螺纹）或现场用小坡口焊接连接。

若回收重复使用，则需要在提升架横梁下附设支承杆套管。如有条件并经设计部门同意，可以将该支承杆钢筋直接打在混凝土中以代替部分结构配筋，一般可利用50%～60%。

(4) 爬升模板。爬升模板是在混凝土墙体浇筑完毕后，利用提升装置将模板自行提升到上一个楼层，浇筑上一层墙体混凝土的垂直移动式模板。爬升模板采用整片式大平模，模板由面板及肋组成，而不需要支撑系统；提升设备采用电动螺杆提升机、液压千斤顶或导链。爬升模板是将大模板工艺和滑升模板工艺相结合，既保持大模板施工墙面平整的优点，又保持了滑模利用自身设备使模板向上提升的优点，墙体模板能自行爬升而不依赖塔吊。爬升模板适用于高层建筑墙体、电梯井壁、管道间混凝土施工。

爬升模板由钢模板、提升架和提升装置3部分组成。图3.1是利用液压千斤顶作为提升装置的外墙面爬升模板示意图。

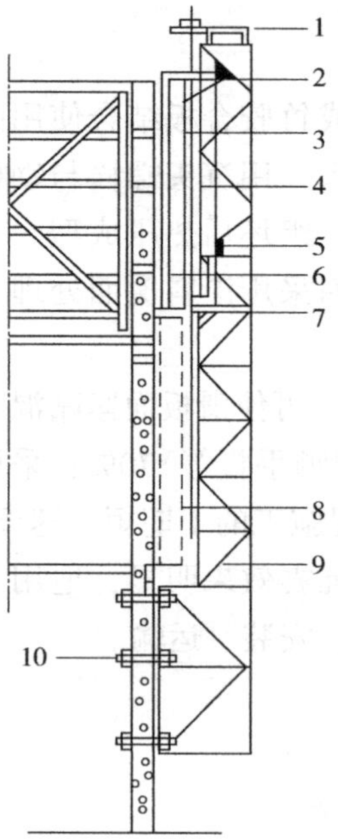

图3.1 爬升模板

1—爬架挑横梁；2—模板挑横梁；3—爬杆；4—爬模千斤顶；5—爬架千斤顶；6—爬模；7—脱模千斤顶；8—预留爬架孔；9—爬架；10—螺栓

(5) 台模。台模是浇筑钢筋混凝土楼板的一种大型工具式模板。在施工中可以整体脱模和转运，利用起重机从浇筑完的楼板下吊出，转移至上一楼层，中途不再落地，所以亦称“飞模”。台模适用于各种结构的现浇混凝土楼板的施工，既适用于大开间、大进深的现浇楼板，也适用于小开间、小进深的现浇楼板。单座台模面板的面积从2～6m^2到60m^2以上。台模整体性好，混凝土表面容易平整，施工进度快。

台模由台面、支架(支柱)、支腿、调节装置、走道板及配套附件等组成。台面是直接接触混凝土的部件，表面应平整光滑，具有较高的强度和刚度。目前常用的面板有钢板、胶合板、铝合金板、工程塑料板及木板等。台模按其支架结构类型分为立柱式台模、桁架式台模、悬架式台模等。立柱式台模由面板、次梁、主梁和立柱组成，见图3.2。

(6) 预制混凝土薄板。预制混凝土薄板是一种永久性模板。施工时，薄板安装在墙或梁上，下设临时支撑；然后在薄板上浇筑混凝土叠合层，形成叠合楼板。根据配筋的不同，预制混凝土薄板可分为三类：预应力混凝土薄板、双钢筋混凝土薄板以及冷轧扭钢筋混凝土薄板。

预制混凝土薄板的功能：一是作为底模；二是作为楼板配筋；三是提供光滑平整的底面，可不做抹灰直接喷浆。这种叠合楼

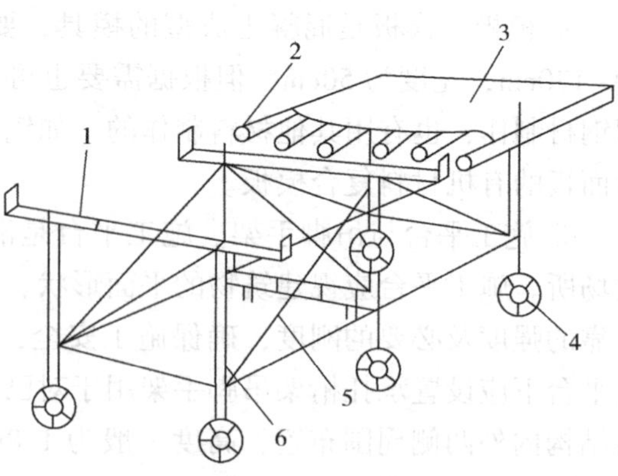

图3.2 台模

1—可伸缩的横梁；2—檩条；3—台面；4—滚轮；5—斜撑；6—支腿

板与预制空心板比较可节省模板、便于施工、缩短工期、整体性与连续性好、抗震性强并可减少楼板总厚度。

(7) 压型钢板模板。在多高层钢结构或者钢筋混凝土结构中，楼层多采用组合楼盖，其中组合楼板结构就是压型钢板与混凝土通过各种不同的剪力连接形式组合在一起形成的。

压型钢板作为组合楼盖施工中的混凝土模板，其主要优点是：薄钢板经压折后，具有良好的结构受力性能，既可部分地或全部地起组合楼板中受拉钢筋作用，又可仅作为浇筑混凝土的永久性模板；特别是楼层较高又有钢梁，所采用的压型钢板模板楼板浇筑混凝土独立地进行，不影响钢结构施工，上下楼层间无制约关系；压型钢板模板不需满堂支撑，无支模和拆模的烦琐作业，施工进度显著加快。但压型钢板模板本身的造价高于组合钢模板，消耗钢材较多。

(8) 大模板。

① 大模板建筑体系。

a. 全现浇的大模板建筑。这种建筑的内墙、外墙全部采用大模板现浇钢筋混凝土墙体，结构的整体性好，抗震性强，但施工时外墙模板支设复杂，高空作业工序较多，工期较长。

b. 现浇与预制相结合的大模板建筑。建筑的内墙采用大模板现浇钢筋混凝土墙体，外墙采用预制装配式大型墙板，即“内浇外挂”施工工艺。这种结构的整体性好，抗震性强，简化了施工工序，减少了高空作业和外墙板的装饰工程量，缩短了工期。

② 大模板的构造。大模板由面板、加劲肋、竖楞、支撑桁架、稳定机构和操作平台、穿墙螺栓等组成，是一种现浇钢筋混凝土墙体的大型工具式模板。

a. 面板。面板是直接与混凝土接触的部分，通常采用钢面板(用3~5mm厚的钢板制成)或胶合板面板(用7~9层胶合板)。面板要求板面平整，拼缝严密，具有足够的刚度。

b. 加劲肋。加劲肋的作用是固定面板，可做成水平肋或垂直肋。加劲肋把混凝土传给面板的侧压力传递到竖楞上去。加劲肋与金属面板焊接固定，与胶合板面板可用螺栓固定。加劲肋一般采用[65或∠65制作，肋的间距根据面板的大小、厚度及墙体厚度确定，一般为300~500mm。

c. 竖楞。竖楞的作用是加强大模板的整体刚度，承受模板传来的混凝土侧压力和垂直力，并作为穿墙螺栓的支点。竖楞一般采用[65或[80制作，间距一般为1.0~1.2m。

d. 支撑桁架与稳定机构。支撑桁架采用螺栓或焊接方式与竖楞连接在一起，其作用是承受风荷载等水平力，防止大模板倾覆。桁架上部可搭设操作平台。稳定机构为在大模板两端的桁架底部伸出支腿上设置的可调整螺旋千斤顶。在模板使用阶段，用以调整模板的垂直度，并把作用力传递到地面或楼板上；在模板堆放时，用来调整模板的倾斜度，以保证模板的稳定。

e. 操作平台。操作平台是施工人员的操作场所，有两种做法：将脚手板直接铺在支撑桁架的水平弦杆上形成操作平台，外侧设栏杆，这种操作平台工作面较小，但投资少，装拆方便；在两道横墙之间的大模板的边框上用角钢连接成为搁栅，在其上满铺脚手板，这种操作平台的优点是施工安全，但耗钢量大。

f. 穿墙螺栓。穿墙螺栓的作用是控制模板间距，承受新浇混凝土的侧压力，并能加强模板刚度。为了避免穿墙螺栓与混凝土黏结，在穿墙螺栓外边套一根硬塑料管或穿孔的混凝土垫块，其长度为墙体厚度。穿墙螺栓一般设置在大模板的上、中、下 3 个部位，上穿墙螺栓距模板顶部 250mm 左右，下穿墙螺栓距模板底部 200mm 左右。

③ 大模板平面组合方案。采用大模板浇筑混凝土墙体，模板尺寸不仅要和房间的开间、进深、层高相适应，而且模板规格要少，尽可能做到定型、统一。在施工中模板要便于组装和拆卸，保证墙面平整，减少修补工作量。大模板的平面组合方案有平模、小角模、大角模和筒形模方案等。

a. 平模方案。平模的尺寸与房间每面墙大小相适应，一个墙面采用一块模板。

采用平模方案，纵横墙混凝土一般要分开浇筑，模板接缝均在纵横墙交接的阴角处，墙面平整，模板加工量少，通用性强，周转次数多，装拆方便。但由于纵横墙分开浇筑，施工缝多，施工组织较麻烦。

b. 小角模方案。一个房间的模板由 4 块平模和 4 根∠100mm×100mm×8mm 角钢组成。∠100mm×100mm×8mm 的角钢称为小角模。小角模方案在相邻的平模转角处设置角钢，使每个房间墙体的内模形成封闭的支撑体系。小角模方案，纵横墙混凝土可以同时浇筑，这样房屋整体性好，墙面平整，模板装拆方便，但浇筑的混凝土墙面接缝多，阴角不够平整。

小角模有带合页式和不带合页式两种。

带合页式小角模：平模上带合页，角钢能自由转动和装拆。安装模板时，角钢有偏心压杆固定，并用花篮螺栓调整。模板上设转动铁拐可将角模压住，使角模稳定。

不带合页式小角模：采用以平模压住小角模的方法，拆模时先拆平摸，后拆小角模。

c. 大角模方案。大角模是由两块平模组成的 L 形大模板。在组成大角模的两块平模连接部分装置大合页，使一侧平模以另一侧平模为支点，以合页为轴可以转动。

大角模方案是在房屋四角设 4 个大角模，使之形成封闭体系。如房屋进深较大，四角采用大角模后，较长的墙体中间可配以小平模。采用大角模方案时，纵横墙混凝土可以同时浇筑，房屋整体性好。大角模拆装方便，且可保证自身稳定。采用大角模墙体阴角方正，施工质量好，但模板接缝在墙体中部，影响墙体平整度。

大角模的装拆装置由斜撑及花篮螺栓组成。斜撑为两根叠合的∠90mm×9mm 的角钢，组装模板时使斜撑角钢叠合成一直线。大角模的两平模呈 90°，插上活动销子，将模板支好。拆模时，先拔掉活动销子，再收紧花篮螺栓，角模两侧的平模内收，模板与墙面脱离。

d. 筒形模方案。筒形模是将房间内各墙面的独立的大模板通过挂轴悬挂在钢架上，墙角用小角钢拼接起来形成一个整体。采用筒形模时，外墙面常采用大型预制墙板。筒形模方案模板稳定性好，可整间吊装，减少模板吊装次数，有整间大操作平台，施工条件较好，但模板自重大，且不如平模灵活。

3.1.3 模板施工

3.1.3.1 结构模板的构造与安装

(1) 基础模板。基础的特点是高度不大而体积大，基础模板一般利用地基或基(坑)进行支撑，如土质良好，基础的最下一级可不用模板，按原槽浇筑。安装时，要保证上下模板不发生相对位移，如为杯形基础，则还要在其中放入杯口模板。

(2) 柱模板。柱的特点是截面尺寸不大但比较高。柱模板的构造和安装主要考虑垂直度及抵抗新浇混凝土的侧压力，同时也要便于浇筑混凝土、清理垃圾等。

木模板的柱模板构造与安装。木模板的柱模板由两块内拼板夹在两块外拼板之内组成。

采用组合钢模板的柱模板可在现场拼装，也可在场外预拼装。现场拼装时，先装最下圈，然后逐圈而上直至柱顶。钢模板拼装完经垂直度校正后，便可装设柱箍，并用水平及斜向拉杆(斜撑)保持模板的稳定。场外预拼装时，在场外设置一钢模板拼装平台，将柱模板按配置图预拼成四片，然后运至现场安装就位，用连接角模连接成整体，最后装上柱箍。

(3) 梁模板。梁的特点是跨度大而宽度不大，梁底一般是架空的。梁模板的模板可采用木模板、定型组合钢模板等。

① 木模板的梁模板构造与安装。梁模板一般由底模、侧模、夹木及支架系统组成。混凝土对梁侧模板有侧压力，对梁底模板有垂直压力，因此梁模板及其支架必须能承受这些荷载，而不致发生超过规范允许的过大变形。为承受垂直荷载，在梁底模板下每隔一定间距(800~1200mm)用顶撑(琵琶撑)顶住。顶撑可以用圆木、方木或钢管制成，底要加垫一对木楔块调整标高。

② 定型组合钢模板的梁模板构造与安装。定型组合钢模板的梁模板也由三片模板组成，底模板及两侧模板用连接角模连接，梁侧模板顶部则用阴角模板与楼板模板相接。为了抵抗浇筑混凝土时的侧压力，并保持一定的梁宽，两侧模板之间应根据需要设置对拉螺栓。整个模板用支架支撑，支架应支设在垫板上，垫板厚5mm，长度至少要能支撑3个支架，其下的地基必须平整坚实。

如梁的跨度等于或大于4m，应使梁模板起拱，以防止新浇混凝土的荷载使跨中模板下挠。如设计无规定，则木模板起拱高度宜为全跨长度的1.5/1000~3/1000，钢模板起拱高度宜为全跨长度的1/1000~3/1000。

(4) 楼板模板。楼板的特点是面积较大而厚度相对比较薄，在混凝土浇筑过程中产生的侧向压力较小。楼板模板及其支架系统在施工过程中起着关键作用，它主要承受钢筋、模板自身以及新浇筑混凝土的自重荷载，同时还要承担施工人员、施工设备等产生的施工荷载。

楼板模板通常由面板、次楞和主楞组成。面板一般采用胶合板等材料，表面平整光滑，以保证混凝土的外观质量；次楞和主楞则多采用木方或钢管，起到支撑面板和传递荷载的作用。在安装时，先根据楼板的尺寸和标高在支撑系统上铺设主楞和次楞，调整好位置和标高后，再将面板铺设在次楞上，并用钉子或铁丝固定牢固。同时，要注意模板之间的拼接严密，避免出现漏浆现象。此外，还需设置必要的剪刀撑等加固措施，以增强模板系统的整体稳定性。

(5) 楼梯模板。楼梯模板的构造与楼板模板的构造有相似之处，但也存在明显不同。相似之处在于，它们都需要保证模板在荷载作用下不变形，确保结构的安全性和稳定性。不同点在于楼梯模板要倾斜支设，这是由于楼梯本身具有一定的坡度，以方便人员通行。而且，楼梯模板不仅要满足整体结构的支撑要求，还要能够精确地形成踏步的形状和尺寸，保证踏步的高度、宽度和坡度符合设计要求。

楼梯模板通常包括底模、侧模和踏步模板。底模铺设在楼梯的斜梁或支撑结构上，用于承受混凝土的自重和施工荷载；侧模则沿着楼梯的两侧设置，起到限制混凝土流动范围的作用；踏步模板是楼梯模板的关键部分，它需要根据踏步的设计尺寸进行精确制作和安装。在安装时，先搭设好楼梯的支撑系统，调整好支撑的高度和坡度，使其符合设计要求。然后依次安装底模、侧模和踏步模板，安装过程中要严格控制模板的尺寸和位置，确保踏步的准确成型。同时，要使用对拉螺栓等连接件将模板固定牢固，防止在混凝土浇筑过程中发生移位或变形。

(6) 墙模板。一般结构的墙模板由两片模板组成，每片模板由若干块平面模板拼成。这些平面模板可以竖拼也可以横拼，外面用竖横钢楞(木模板可用木楞)加固，并用斜撑保持稳定，用对拉螺栓(或钢拉杆)抵抗混凝土的侧压力并保持两片模板之间的间距(墙厚)。

安装墙模板时，首先沿边线抹水泥砂浆做好安装墙模板的基底处理工作，然后按配板图由一端向另一端，由下向上逐层拼装。钢模板也可先拼装成整块后再安装。

墙的钢筋可以在模板安装前绑扎，也可以在安装好一边的模板后再绑扎，最后安装另一边模板。

3.1.3.2 模板的拆除

模板的拆除日期取决于混凝土的强度、各个模板的用途、结构的性质、混凝土硬化时的气温等。及时拆模可以提高模板的周转率，也可为其他工种施工创造条件，但是过早拆模，混凝土会因强度不足，或受到外力作用而变形甚至断裂，造成重大质量事故。

(1) 模板拆除时的强度。现浇整体式结构的模板拆除期限应按设计规定，如设计无规定时，应满足下列要求：

① 侧模板，其混凝土强度应在其表面及棱角不致因拆模而受损坏时，方可拆除。

② 承重模板应在混凝土强度达到表 3.1 中所规定的强度时，始能拆除。

表 3.1 现浇结构拆模时所需混凝土强度

结构类型	结构跨度/m	达到设计的混凝土立方体抗压强度标准值的百分率/%
板	≤2	≥50
	>2，≤8	≥75
	>8	≥100

续表

结构类型	结构跨度/m	达到设计的混凝土立方体抗压强度标准值的百分率/%
梁、拱壳	≤8	≥75
	>8	≥100
悬臂构件	—	≥100

当混凝土强度达到拆模强度后，应对已拆除侧模板的结构及其支承结构进行检查，确认混凝土无影响结构性能的缺陷，而结构又有足够的承载能力后，方能拆除承重模板和支架。

(2) 模板的拆除顺序。模板的拆除顺序一般是：先支后拆，先拆除侧模版，后拆除底模板，重大复杂模板的拆除事先应制定拆模方案。对于肋形楼板的拆模，首先拆除柱模板，然后拆除楼板底模板、梁侧模板，最后拆除梁底模板。

3.2　钢筋工程施工

钢筋进场应按照现行规范要求进行外观检查和分批进行力学性能试验，入库的钢筋要合理储存以防锈蚀，使用钢筋时要先识读工程图纸、计算钢筋下料长度、编制配筋表。

混凝土结构中常用的钢筋按直径大小分为钢丝(ϕ3mm～ϕ5mm)、细钢筋(ϕ6mm～ϕ10mm)、中粗钢筋(ϕ12mm～ϕ20mm)和粗钢筋(ϕ>20mm)。

钢筋混凝土结构所用的钢筋按生产工艺分为：热轧钢筋、余热处理钢筋、冷轧钢筋、热处理钢筋、碳素钢丝、刻痕钢丝和钢绞线。热轧钢筋按力学性能分为：HPB235 级钢筋(强度标准值 235N/mm^2，抗拉强度设计值 210N/mm^2)，HRB335 级钢筋(强度标准值 335N/mm^2，抗拉强度设计值 300N/mm^2)，HRB400 级钢筋(强度标准值 400N/mm^2，抗拉强度设计值 360N/mm^2)，余热处理 RRB400 级钢筋(强度标准值 400N/mm^2，抗拉强度设计值 360N/mm^2)。热轧钢筋按轧制外形分为：光圆钢筋和变形钢筋(月牙形、螺旋形、人字形钢筋)。

3.2.1　钢筋的验收与储存

3.2.1.1　钢筋的验收

钢筋进场应具有厂证明书或试验报告单，每捆(盘)钢筋应具有出厂证明书或试验报告单，每捆(盘)钢筋应有标牌，同时应按有关标准和规定进行外观检查和分批进行力学性能试验。在使用钢筋时，如发现脆断、焊接性能不良或机械性能显著不正常等情况，则应进行钢筋化学成分检验。

钢筋的外观检查包括表面不得有裂缝、小刺、劈裂、结疤、折叠、机械损伤、氧化铁皮和油迹，钢筋表面的凸块不允许超过螺纹的高度，钢筋的外形尺寸应符合有关规范的规定。热轧钢筋的机械性能检验以 60t 为一批。在每批钢筋中任意抽出两根钢筋，在每根钢筋上各切取一套(两个)试件。取一个试件作拉力试验，测定其屈服点、抗拉强度、伸长率；另一试件作冷弯试验，检查其冷弯性能。4 个指标中如有一项经试验不合格，则另取双倍数量的试件，对不合格的项目做第二次试验，如仍有一个试件不合格，则该批钢筋判为不合格品，应重新分级。

3.2.1.2 钢筋的储存

钢筋进场后，必须严格按批分等级、牌号、直径、长度挂牌存放，不得混淆。钢筋应尽量堆入仓库或料棚内，条件不具备时，应选择地势较高、土质坚硬的场地存放。堆放时，钢筋下部应垫高，离地至少 20cm 高，以防钢筋锈蚀，在堆场周围应挖排水沟，以利排水。

3.2.2 钢筋的配料与代换

3.2.2.1 钢筋的配料

（1）钢筋配料计算。

① 钢筋长度。施工图（钢筋图）中所指的钢筋长度是钢筋外缘至外缘之间的长度，即外包尺寸。

② 混凝土保护层厚度。混凝土保护层厚度是指受力钢外缘至混凝土表面的距离，其作用是保护钢筋在混凝土中不被锈蚀。混凝土的保护层厚度一般用水泥砂浆垫块或塑料卡在钢筋与模板之间来控制。塑料卡的种类有塑料垫块和塑料环圈两种，塑料垫块用于水平构件，塑料环圈用于垂直构件。

③ 钢筋接头增加值。由于钢筋直条的供货长度一般为 6~10m，而有的钢筋混凝土结构的尺寸很大，因此需要对钢筋进行接长。钢筋接头增加值见表 3.2~表 3.4。

表 3.2 纵向受拉钢筋的最小搭接长度

钢筋类型		混凝土强度等级			
		C15	C20~C25	C30~C35	≥C0
光圆钢筋	HP235B、HPB300 级	$45d$	$35d$	$30d$	$25d$
带肋钢筋	HRB35 级	$55d$	$45d$	$35d$	$30d$
	HRB400、RRB400 级	—	$55d$	$40d$	$35d$

注：1. d 为钢筋直径。2. 两根不同直径钢筋的搭接长度，以较细钢筋直径计算。3. 本表适用于纵向受拉钢筋的绑扎搭接接头面积的百分率不大于 25%时。当纵向受拉钢筋据搭接接头面积的百分率大于 25%，但不大于 50%时，其最小搭接长度应按表中的数值乘以系数 1.2 取用，当接头面积百分率大于 50%时，应按表中的数值乘以系数 1.35 取用。4. 当符合下列条件时，纵向受拉钢筋的最小搭接长度应根据上述要求确定后，按下列规定进行修正：a. 当带肋钢筋的直径大于 25m 时，其最小搭接长度应按相应数值乘以系数 1.1 取用；b. 对环氧树脂涂层的带肋钢筋，其最小搭接长度应按相应数值乘以 1.25 取用；c. 当在混凝土凝固过程中受力钢筋易受扰动时（如滑模施工），其最小搭接长度应按相应数值乘以系数 1.1 取用；d. 对末端采用机械锚固措施的带肋钢筋，其最小搭接长度可按相应数值乘以系数 0.7 取用；e. 当带肋钢筋的混凝土保护层厚度大于搭接钢筋直径的 3 倍且配有箍筋时，其最小搭接长度可按相应数值乘以系数 0.8 取用；f. 对于有抗震设防要求的结构构件，其受力钢筋的最小搭接长度对一、二级抗震等级应按相数值乘以系数 1.15 取用，对三级抗震等级应按相应数值乘以系数 1.05 取用，在任何情况下，受拉钢筋的搭接长度应不小于 300mm。5. 纵向压力钢筋搭接时，其最小搭接长度应根据上述规定确定相应数值后，乘以系数 0.7 取用，在任何情况下，受压钢筋的搭接长度不应小于 200mm。

表 3.3 钢筋对焊长度损失值 单位：mm

钢筋直径	<16	16~25	>25
损失值	20	25	30

表 3.4 钢筋搭接焊最小搭接长度

焊接类型	HP235B、HPB300 级光圆钢筋	HRB335、HRB400 带肋钢筋
双面焊	$4d$	$5d$
单面焊	$8d$	$10d$

注：d 为钢筋直径。

④ 钢筋弯折量度差。钢筋有弯曲时，在弯曲处的内侧发生收缩而外皮出现延伸，但中心线却保持原有尺寸。钢筋长度的度量方法系指外包尺寸，因此钢筋弯曲以后，存在一个量度差值，在计算下料长度时必须加以扣除。

不同弯折角度的量度差值可分别取近似值如下：30°弯折时，取 $0.3d$（d 为钢筋直径）；45°弯折时，取 $0.5d$；60°弯折时，取 $0.85d$；90°弯折时，取 $2.0d$；135°弯折时，取 $3.0d$。

⑤ 弯钩增长值。弯钩形式最常用的有半弯钩、真弯钩和斜旁钩。受力钢筋的弯钩和弯折应符合下列要求：

a. HPB235 钢筋末端应做 180°弯钩，其弯弧内直径不应小于钢筋直径的 2.5 倍，弯钩的弯后平直部分长度不应小于钢筋直径的 3 倍。

b. 当设计要求钢筋末端需做 135°弯钩时，HRB35、HRB400 钢筋的弯弧内直径不应小于钢筋直径的 4 倍，弯钩的弯后平直部分长度应符合设计要求。

c. 钢筋做不大于 90°的弯折时，弯折处的弯弧内直径不应小于钢筋直径的 5 倍。

d. 钢筋混凝土施工及验收规范规定，HPB235 钢筋末端应做 180°弯钩，其弯钩内直径不应小于钢筋直径的 2.5 倍，弯钩的弯后平直部分长度不应小于钢筋直径的 3 倍。

⑥ 钢箍下料长度调整值。钢筋用 HPB235 光圆钢筋或冷拔低碳钢丝制作时，其末端需做弯钩，弯钩形式对有抗震要求和受扭的结构，应做 135°/135°弯钩；无抗震要求的结构，可做 90°/90°或 90°/180°弯钩。箍筋下料长度可用外包尺寸或内包尺寸两种计算方法。为简化计算，一般将箍筋弯钩增长值和弯折量度差值并成一项箍筋调整值。计算时先按外包或内包尺寸计算出筋的周长，再加上筋调整值即为钢筋下料长度。

⑦ 钢筋下料长度的计算。直线钢筋下料长度、弯起钢筋下料长度和箍筋下料长度的计算分别如式（3.1）~式（3.3）所示。

直线线钢筋下料长=构建长度-保护护层厚+弯钩钩增长 (3.1)

弯起钢起钢筋下料=直段长段+斜段长段-弯折量度差值+弯钩钩增长 (3.2)

箍筋下料长筋=直段长段+弯钩钩增长-弯折量度差值 (3.3)

（2）钢筋配料要点。钢筋配料是钢筋加工中的一项重要工作，合理地配料能使钢筋得到最大限度的利用，并使钢筋的出厂规格长度能够得以充分利用，或使库存的各种规格和长度的钢筋得以充分利用。

① 归整相同规格和材质的钢筋。下料长度计算完毕后，把相同规格和材质的钢筋进

行归整和组合，同时根据现有钢筋的长度及事实采购到的钢筋的长度进行合理的组合加工。

② 合理利用钢筋的接头位置。对有接头的配料，在满足构件接头的对焊或搭接长度接头错开的前提下，必须根据钢筋原材料的长度来考虑接头的布置。要充分考虑原材料被截下来的一段的合理使用，如果能够使一根钢筋正好分成几段下料长度的钢筋，则是最佳方案，但往往难以做到，所以在配料时，要尽量地使被截下的一段能够长一些，这样才不致使余料成为废料，使钢筋能得到充分利用。

（3）钢筋配料注意事项。配料计算时，要考虑钢筋的形状和尺寸在满足设计要求的前提下，有利于加工安装；配料时，要考虑施工需要的附加钢筋，如板双层钢筋中保证上层钢筋位置的撑脚、墩墙双层钢筋中固定钢筋间距的撑铁、柱钢筋骨架增加的四面斜撑等。

根据钢筋下料长度的计算结果，在选择配料后，汇总编制钢筋配单。在钢筋配料单中，必须反映出工程部位、构件名称、钢筋编号、钢筋简图及尺寸、钢筋直径、钢号、数量、下料长度、钢筋重量等。依据列入加工计划的配料单，给每一编号的钢筋制作一块料牌，作为钢筋加工的依据，并在安装中作为区别各工程部位、构件和各种编号钢筋的标志。钢筋配料单和料牌应严格校核，必须准确无误，以免返工浪费。

钢筋配料是根据构件的配筋图计算构件各钢筋的直线下料长度、根数及重量，然后编制钢筋配料单，作为钢筋备料加工的依据。构件配筋图中注明的尺寸一般是钢筋外轮廓尺寸，即从钢筋外皮到外皮量得的尺寸，称为外包尺寸。在钢筋加工时，一般也按外包尺寸进行验收。钢筋加工前直线下料。如果下料长度按钢筋外包尺寸的总和来计算，则加工后的钢筋尺寸将大于设计要求的外包尺寸或者由于弯钩平直段太长而造成材料的浪费。这是由于钢筋弯曲时外皮伸长，内皮缩短，只有中轴线长度不变。按外包尺寸总和下料是不准确的，只有按钢筋轴线长度尺寸下料加工，才能使加工后的钢筋形状、尺寸符合设计要求。

钢筋的外包尺寸和轴线长度之间存在一个差值，称为“量度差值”。钢筋的直线段外包尺寸等于轴线长度，两者无量度差值；而钢筋弯曲段，外包尺寸大于轴线长度，两者间存在量度差值。因此，钢筋下料时，其下料长度应为各段外包尺寸之和减去弯曲处的量度差值，再加上两端弯钩的增长值。

3.2.2.2 钢筋的代换

在施工中钢筋的级别、钢号和直径应按设计要求采用。如遇有钢筋级别、钢号和直径与设计要求不符而需要代换时，应征得设计单位的同意办理设计变更文件，以确保满足原结构设计的要求，并遵守《混凝土结构工程施工质量验收规范》（GB 50204—2015）的有关规定。

（1）钢筋代换原则。

① 等强度代换。构件配筋以强度控制时，按抗拉设计值相等的原则代换。代换时应满足式（3.4）的要求。

$$A_{s2} f_{y2} \geqslant A_{s1} f_{y1} \tag{3.4}$$

式中，A_{s1}为原设计钢筋总面积；A_{s2}为代换后钢筋总面积；即 $A_{s2} \geqslant A_{s1} f_{y1}/f_{y2}$；$f_{y1}$为原设计

钢筋的设计强度；f_{y2}为代换后钢筋的设计强度。

② 等面积代换。构件配筋以最小配筋率控制时，应按等面积原则进行代换，代换时应满足式(3.5)的要求。

$$A_{s2} \geqslant A_{s1} \tag{3.5}$$

式中，符号意义同前。

(2) 钢筋代换的有关规定。

① 钢筋代换后，应满足《混凝土结构设计标准(2024年版)》(GB/T 50010—2010)中所规定的钢筋间距、锚固长度、最小钢筋直径、根数的要求。

② 对重要受力构件如吊车梁、薄腹梁、屋架下弦等，不宜用HPB235级光面钢筋代换变形钢筋。

③ 梁的纵向受力钢筋与弯起钢筋应分别进行代换。

④ 当构件配筋受抗裂裂缝宽度或挠度控制时，钢筋代换后应进行抗裂裂缝宽度或挠度验算。

⑤ 有抗震要求的框架，不宜以强度等级较高的钢筋代替原设计中的钢筋。如必须代换时，其代换的钢筋检验所得的实际强度，尚应符合下列要求：a. 钢筋的实际抗拉强度实测值与屈服强度实测值的比值不应小于1.25；b. 钢筋的屈服强度实测值与钢筋强度标准值的比值，当按一、二级抗震要求设计时，不应大于1.30。

⑥ 预制构件吊环，必须采用未经冷拉的HPB235级热轧钢筋制作，严禁以其他钢筋代换。

⑦ 不同种类钢筋的代换，应按钢筋受拉承载力设计值相等的原则进行。

钢筋加工时，由于工地现有钢筋的种类、参数、型号等与设计不符，因此应在不影响使用性能的前提下进行代换。不同种类的钢筋代换，按抗拉设计值相等的原则进行代换；相同种类和级别的钢筋代换，按截面相等的原则进行代换。钢筋代换必须征得工程监理的同意。

3.2.3 钢筋的加工与连接

3.2.3.1 钢筋的加工

钢筋的加工包括钢筋的调直、除锈、切断、弯曲成型等。

(1) 钢筋调直。钢筋在使用前必须经过调直，否则会影响钢筋受力，甚至会使混凝土提前产生裂缝，比如未调直而直接下料，会影响钢筋的长度，并影响后续工序的质量。

钢筋调直宜采用机械方法，也可以采用冷拉。对局部曲折、弯曲或成盘的钢筋在使用前应加以调直。钢筋调直方法很多，常用的方法是使用卷扬机拉直和用调直机调直。HPB235级钢筋的冷拉率不宜大于4%；HRB335级、HRB400级和RRB400级钢筋冷拉率不大于1%。细钢筋及钢丝还可采用调直机调直；粗钢筋还可采用锤直或扳直的方法。

(2) 钢筋除锈。钢筋由于保管不善或存放时间过久，就会受潮生锈。在生锈初期，钢筋表面呈黄褐色，该黄褐色物质称为水锈或色锈，这种水锈在焊点附近必须清除外，一般可不处理，但是当钢筋锈蚀进一步发展，钢筋表面已形成一层锈皮，受锤击或碰撞可见其剥落时，这种铁锈不能很好地和混凝土黏结，影响钢筋和混凝土的握裹力，并且在混凝土中继续发展，因此需要清除。

如钢筋经过冷拉或调直机调直，则在冷拉或调直过程中完成除锈工作；如未经冷拉或冷拔，调直后保管不善而锈蚀的钢筋，可采用电动除锈机除锈，也可喷砂除锈、酸洗除锈或手工除锈(用钢丝刷、砂盘)。钢筋下料切断可用钢筋切断机(适用于直径40mm以下的钢筋)及手动液压机(适用于直径16mm以下的钢筋)。钢筋应按计算的下料长度下料，力求准确(受力钢筋顺长度方向全长的净尺寸允许偏差为±10mm)。

(3) 钢筋切断。钢筋切断有人工剪断、机械切断、氧气切割等三种方法。直径大于40mm的钢筋一般用氧气切割。钢筋切断机用于切断钢筋原材料或已调直的钢筋，其主要类型有机械式、液压式和手持式。机械式钢筋切断机有偏心轴立式、凸轮式和曲柄连杆式等。

(4) 钢筋弯曲成型。将已切断配好的钢筋弯曲成所规定的形状尺寸是钢筋加工的一道重要工序。钢筋弯曲成型要求加工的钢筋形状正确，平面上没有翘曲不平的现象，便于绑扎安装。钢筋弯曲成型一般采用钢筋弯曲机及弯箍机等，也可采用手摇扳手弯制钢箍，用卡筋与扳头弯制粗钢筋。钢筋弯曲前应先划线，形状复杂的钢筋应根据钢筋加工牌上标明的尺寸将各弯点划出，根据钢筋外包尺寸，扣除弯曲调整值(即量度差值，从相邻两段长度中各扣一半)，以保证弯曲成型后外包尺寸准确。钢筋弯曲成型后允许偏差为：全长±10mm。弯起钢筋弯折点位置允许偏差为：±20mm。箍筋内净尺寸允许偏差为：±5mm。

3.2.3.2 钢筋的连接

钢筋的连接方法有焊接、绑扎连接、机械连接。

(1) 钢筋焊接。钢筋的焊接接头，是节约钢材，提高钢筋混凝土结构和构件质量，加快工程进度的重要措施。钢筋常用的焊接方法有钢筋对焊、电阻点焊、电弧焊、电渣压力焊、埋弧压力焊、气压焊等。热轧钢筋的对接焊接，应采用钢筋对焊、电弧焊、电渣压力焊或气压焊；钢筋骨架和钢筋网片的交叉焊接应采用电阻点焊；钢筋与钢板的T形连接，宜采用埋弧压力焊或电弧焊。

① 钢筋对焊。钢筋对焊应采用闪光对焊，具有成本低、质量好、功效高及适用范围广等特点。钢筋对焊的原理是利用对焊机使两段钢筋接触，通以低电压的强电流，把电能转化为热能，当钢筋加热到接近熔点时，施加压力顶锻，使两根钢筋焊接在一起，形成对焊接头。闪光对焊广泛应用于热轧钢筋的接长及预应力钢筋与螺丝端杆的对接。冷拉钢筋采用闪光对焊接长时，对焊应在冷拉前进行。

② 电阻点焊。钢筋骨架和钢筋网片的交叉钢筋焊接采用电阻点焊。焊接时将钢筋的交叉点放入点焊机两极之间，通电使钢筋加热到一定温度后，加压使焊点处钢筋互相压入一定的深度(压入深度为两钢筋中较细者直径的1/4~2/5)，将焊点焊牢。采用点焊代替绑扎，可以提高工效，便于运输。在钢筋骨架和钢筋网成型时优先采用电阻点焊。

点焊质量的检查包括外观抽样检查和强度检验。外观抽样检查包括检查焊点有无脱落、漏焊、气孔、裂缝、空洞及明显的烧伤现象，点焊制品尺寸误差及焊点压入深度应符合有关规定，焊点处应挤出饱满的熔化金属等。强度检验应抽样做剪力试验。对冷加工钢筋制成的点焊制品还应抽样做拉力试验，试验结果应符合有关规定。

③ 电弧焊。电弧焊是利用电弧焊机使焊条和焊件之间产生高温电弧，熔化焊条和高温电弧范围内的焊件金属，熔化的金属凝固后形成焊接接头。电弧焊广泛应用于钢筋的接长、钢筋骨架的焊接、装配式结构钢筋接头焊接及钢筋与钢板、钢板与钢板的焊接等。

电弧焊的主要设备为弧焊机，分为直流弧焊机和交流弧焊机两类。工地多采用交流弧焊机(焊接变压器)。焊接时，先将焊件和焊条分别与焊机的两极相连，将焊条端部与焊件轻轻接触，随即提起2~4mm，引燃电弧，以熔化金属。

钢筋电弧焊接头主要有3种形式：搭接焊、帮条焊和坡口焊。

a. 搭接焊。搭接接头钢筋应先预弯，以保证两根钢筋的轴线在一条直线上。

b. 帮条焊。主筋端面间的间隙为2~5mm，帮条宜采用与主筋同级别、同直径的钢筋制作。如帮条级别与主筋相同时，帮条的直径可以比主筋直径小一个规格；如帮条直径与主筋相同时，帮条钢筋的级别可比主筋低一个级别。

c. 坡口焊。坡口接头多用于在施工现场焊接装配式结构接头处钢筋。坡口焊分为平焊和立焊。施焊前先将钢筋端部制成坡口。钢筋坡口平焊采用V形坡口，坡口夹角为60°，两根钢筋间的空隙为3~5mm，下垫钢板，然后施焊。钢筋坡口立焊采用40°~55°坡口。装配式结构接头钢筋坡口焊施焊时，应由两名焊工对称施焊，合理选择施焊顺序，以防止或减少由于施焊而引起的结构变形。

④ 电渣压力焊。电渣压力焊是利用电流通过渣池产生的电阻热将钢筋端部熔化，然后施加压力使钢筋焊接。这种方法多用于现浇钢筋混凝土结构竖向钢筋的接长，比电弧焊工效高、成本低，易于掌握。电渣压力焊可用手动电渣压力焊机或自动压力焊机。手动电渣压力焊机由焊接变压器、夹具及控制箱等组成。

施焊前先将钢筋端部120mm范围内的铁锈、杂质刷净，把钢筋安装于夹具钳口内夹紧，在两根钢筋接头处放一铁丝小球(钢筋端面较平整而焊机功率又较小时)或导电剂(钢筋直径较大时)，然后在焊剂盒内装满焊剂。施焊时，接通电源使小球(或导电剂)、钢筋端部及焊剂相继熔化，形成渣池。维持数秒后，用操纵压杆使钢筋缓缓下降，熔化量达到规定数值(用标尺控制)后，切断电路，用力迅速顶压，挤出金属熔渣和熔化金属，形成焊接接头，待冷却1~3min后，打开焊剂盒，卸下夹具。

⑤ 埋弧压力焊。埋弧压力焊是利用埋在焊接接头处的焊剂下的高温电弧，熔化两焊件焊接接头处的金属，然后加压顶锻形成焊接接头。埋弧压力焊用于钢筋与钢板丁字形接头的焊接。这种焊接方法工艺简单，比电弧焊工效高、质量好。

⑥ 气压焊。钢筋气压焊是采用氧-乙炔火焰对钢筋接缝处进行加热，使钢筋端部加热达到高温状态，并施加足够的轴向压力而形成牢固的对焊接头。钢筋气压焊接方法具有设备简单、焊接质量好、效果好，且不需要大功率电源等优点。

钢筋气压焊可用于直径40mm以下的HPB235和HRB335级热轧钢筋的纵向连接。当两钢筋直径不同时，其直径之差不得大于7mm。钢筋气压焊设备主要有氧-乙炔供气设备、加热器、加压器及钢筋卡具等。

施焊前钢筋要用砂轮锯下料并用磨光机打磨，边棱要适当倒角，端面要平，端面基本上要与轴线垂直。端面附近 50~100mm 范围内的铁锈、油污等必须清除干净，然后用卡具将两根被连接的钢筋对正夹紧。

（2）钢筋绑扎连接。基面终验清理完毕或施工缝处理完毕养护一定时间，且混凝土强度达到 2.5MPa 后，即进行钢筋的安装作业。钢筋的安设方法有两种：一种是将钢筋骨架在加工厂制好再运到现场安装，称为整装法；另一种是将加工好的散钢筋运到现场，再逐根安装，称为散装法。

① 钢筋绑扎工序。

a. 熟悉施工图纸。通过熟悉图纸，一方面校核钢筋加工中是否有遗漏或误差；另一方面也可以检查图纸中是否存在与实际情况不符的地方，以便及时改正。

b. 核对钢筋加工配料单和料牌。在熟悉施工图纸的过程中，应核对钢筋加工配料单和料牌，并检查已加工成型的成品的规格、形状、数量、间距是否和图纸一致。

c. 确定安装顺序。钢筋绑扎与安装的主要工作内容包括放样画线、排筋绑扎、垫撑铁和保护层垫块、检查校正及固定预埋件等，为保证工程顺利进行，在熟悉图纸的基础上，要考虑钢筋绑扎安装顺序。板类构件排筋顺序一般先排受力钢筋后排分布钢筋；梁类构件一般先摆纵筋(摆放有焊接接头和绑扎接头的钢筋应符合规定)，再排筋，最后固定；排放有焊接接头和绑扎接头的钢筋应符合规范规定；有变截面的箍筋，应事先将箍筋排列清楚，然后安装纵向钢筋。

d. 做好料、机具的准备。钢筋绑扎与安装的主要材料、机具包括钢筋钩、吊线垂球、木水平尺、麻我、长钢尺、钢卷尺、扎丝、垫保护层用的砂浆垫块或塑料卡、撬杆、绑扎架等。对于结构较大或形状较复杂的构件，为了固定钢筋还需一些钢筋支架、钢筋支撑。扎丝一般采用 18~22 号铁丝或镀锌铁丝，扎丝长度一般以钢筋钩拧 2~3 圈后，铁丝出头长度为 20cm 左右。

e. 放线。放线要从中心点开始向两边量距放点，定出级向钢筋的位置，水平筋的放线可放在纵向钢筋或模板上。

② 钢筋绑扎注意事项。钢筋的接长钢筋骨架或者钢筋网的成型应优先采用焊接或机械连接，如不能采用焊接(如缺乏电机或电机功率不够)或骨架过大过重不便于运安装时，可采用绑扎的方法，绑扎钢筋一般采用 20~22 号铁丝，铁丝过硬时可经退火处理。绑扎时应注意钢筋位置是否准确，绑扎是否牢固，搭接长度及绑扎点位置是否符合规范要求。板和墙的钢筋网除靠近外围两行钢筋的相交点全部扎牢固外，中间部分的相交点可相隔交错扎牢，但必须保证受力钢筋不移动。双向受力的钢筋须全部扎牢，梁和挂的箍筋，除设计有特殊要求外，应与受力钢筋垂直设置。箍筋弯钩叠合处，应沿受力钢筋方向错开设置：柱中的竖向钢筋搭接时，角部钢筋的弯钩应与模板呈 45°(多边形柱为模板内角的平分角，圆形柱应与模板切线垂直)；弯钩与模板的角度最小不得小于 15°。

当受力钢筋采用机械连接接头或焊接接头时，设置在同一构件内的接头宜相互错开。同一构件中相邻纵向受力钢筋的绑扎搭接接头宜相互错开。钢筋搭接处，应在中心和两端用铁丝扎牢。在要拉区域内，HPH235 级钢筋绑扎接头的末端应做弯钩。绑扎搭接接头中钢筋的横向净距不小于钢筋直径且不应小于 25mm；钢筋绑扎搭接接头中钢筋的横向间距不应小于钢筋直径，且不应小于25mm；钢筋绑扎搭接接头连接区段的长度为1.3L(L为搭接长度)，凡搭接接头中点位于该连接区段长度内的搭接接头均属于同一连接区段。同一连接区段内，纵向钢筋搭接接头面积百分率为该区段内有搭接接头的纵向受力钢筋截面面积与全部纵向受力钢筋截面面积的比值；同一连接区段内，纵向受拉钢筋搭接接头面积百分率应符合规范要求。

③ 钢筋绑扎操作方法。钢筋的绑扎应顺直均匀、位置正确。钢筋绑扎的操作方法有一面顺扣法、十字花扣法、反十字扣法、兜扣法、缠扣法、兜扣加法、套扣法等，较常用的是一面顺扣法。一面顺扣法的操作步骤是：首先将已切断的扎丝在中间折合成180°弯，然后将扎丝清理整齐。绑扎时，执在左手的扎丝应靠近钢筋绑扎点的底部，右手拿住钢筋钩，食指压在钩前部，用钩端钩住扎丝底扣处，并紧靠扎丝开口端，绕扎丝拧转两圈套半，在绑扎时扎丝扣伸出钢底部要短，并用钩尖将铁丝扣紧。为使绑扎后的钢筋骨架不变形，每个绑扎点进扎丝扣方向要求交替变换90°，钢筋加工的形状、尺寸、钢筋安置位置应符合设计要求，其偏差应符合规定。

(3) 钢筋机械连接。钢筋机械连接有挤压连接、锥螺纹连接和直螺纹连接。

① 挤压连接。钢筋挤压连接是把两根待接钢筋的端头先插入一个优质钢套筒内，然后用挤压连接设备沿径向或轴向挤压钢套筒，使之产生塑性变形，依靠变形后的钢套筒与被连接钢筋纵、横肋产生的机械咬合作用实现钢筋的连接。

挤压连接的优点是接头强度高、稳定可靠、安全、无明火且不受气候影响、适应性强，可用于垂直、水平、倾斜、高空、水下等的钢筋连接，还特别适用于不可焊钢筋、进口钢筋的连接，近年来推广应用迅速。挤压连接的主要缺点是设备移动不便，连接速度较慢。

挤压连接分径向挤压连接和轴向挤压连接。径向挤压连接是采用挤压机和压模，沿套筒直径方向，从套筒中间依次向两端挤压套筒，把插在套筒里的两根钢筋紧固成一体，形成机械接头。它适用于地震区和非地震区的钢筋混凝土结构的钢筋连接施工。轴向挤压连接是采用挤压和压模，沿钢筋轴线冷挤压金属套筒，把插入金属套筒里的两根待连接热轧钢筋紧固一体，形成机械接头。它适用于按一、二级抗震设防的地震区和非地震区的钢筋混凝土结构工程的钢筋连接施工。

挤压连接的主要设备有超高压泵、半挤压机、挤压机、压模、手板葫芦、画线尺、量规等。

② 锥螺纹连接。锥螺纹连接是将所连钢筋的对接端头在钢筋套丝机上加工成与套筒匹配的锥螺纹，然后将带锥形内丝的套筒用扭力扳手按一定力矩值把两根钢筋连接起来，通过钢筋与套筒内丝扣的机械咬合达到连接的目的。

③ 直螺纹连接。直螺纹连接是近年来开发的一种新接入方式，它先把钢端部镦粗，然后再削直螺纹，最后用套筒实行钢筋对接。由于镦粗段钢筋切削后的净截面仍大于钢筋原截面，即螺纹不削弱钢筋截面，从而确保接头强度大于母材强度。直螺纹不存在扭紧力矩对接头性能的影响，从而提高了连接的可靠性，也加快了施工速度。直螺纹接头比套筒挤压接头省钢70%，比锥螺纹接头省钢35%，技术经济效果显著。

3.3 混凝土工程施工

混凝土工程分为现浇混凝土工程和预制混凝土工程，是钢筋混凝土工程的3个重要组成部分之一。混凝土工程质量好坏是保证混凝土能否达到设计强度等级的关键，将直接影响钢筋混凝土结构的强度和耐久性。

混凝土工程施工工艺过程包括混凝土的配料、拌制、运输、浇筑、振捣、养护等，见图3.3。

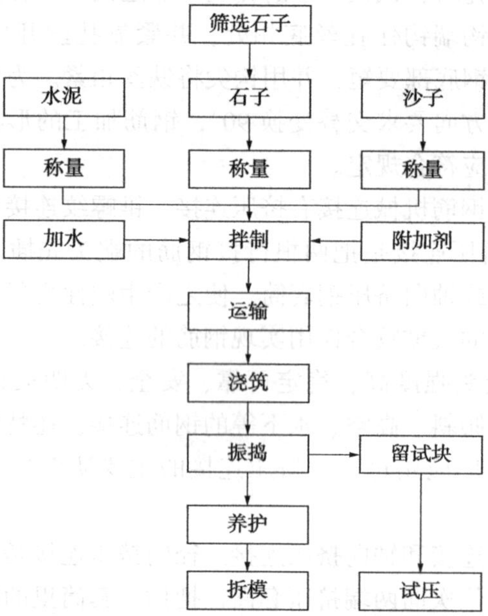

图3.3 混凝土工程施工工艺流程

3.3.1 混凝土的配料

3.3.1.1 混凝土试配强度

混凝土配合比的选择，是根据工程要求、组成材料的质量、施工方法等因素，通过试验室计算及试配后确定的。所确定的试验配合比应使拌制出的混凝土能保证达到结构设计中所要求的强度等级，并符合施工中对和易性的要求，同时还要合理地使用材料，节约水泥。

施工中按设计的混凝土强度等级的要求，正确确定混凝土配制强度，以保证混凝土工程质量。考虑到现场实际施工条件的差异和变化，因此，混凝土的试配强度应比设计的混凝土强度标准值提高一个数值，即式(3.6)。

$$f_{cu,0}=f_{cu,k}+1.645\sigma \quad (3.6)$$

式中，$f_{cu,0}$为混凝土配制强度，MPa；$f_{cu,k}$为设计的混凝土立方体抗压强度标准值，MPa；

σ 为施工单位的混凝土强度标准差，MPa。

对于混凝土强度的标准差 σ，应由强度等级相同，混凝土配合比和工艺条件基本相同的混凝土 28d 强度统计求得。其统计周期，对预拌混凝土工厂和预制混凝土构件厂，可取 1 个月。对现场拌制混凝土的施工单位，可根据实际情况确定，但不宜超过 3 个月。当混凝土为 C20 或 C25，如计算所得到的 $\sigma<2.5$MPa 时，则取 $\sigma=2.5$MPa；当混凝土为 C30 及其以上，如计算得到的 $\sigma<3.0$MPa 时，取 $\sigma=3.0$MPa。当施工单位无近期混凝土强度统计资料时，σ 可按表 3.5 取值。

表 3.5 矿值选用表

混凝土强度等级	≤C15	C20~C35	≥C40
δ/MPa	4.0	5.0	6.0

3.3.1.2 混凝土的施工配合比换算

混凝土的配合比是在实验室根据初步计算的配合比经过试配和调整而确定的，称为实验室配合比。确定实验室配合比所用的骨料——砂、石都是干燥的。施工现场使用的砂、石都具有一定的含水率，含水率大小随季节、气候不断变化。如果不考虑现场砂、石含水率，还按实验室配合比投料，其结果是改变了实际砂石用量和用水量，而造成各种原材料用量的实际比例不符合原来的配合比的要求。为保证混凝土工程质量，保证按配合比投料，在施工时要按砂、石实际含水率对原配合比进行修正。

根据施工现场砂、石含水率，调整以后的配合比称为施工配合比。

假定实验室配合比为：水泥∶砂∶石 $=1:x:y$，水灰比为：W/C；现场测得砂含水率为 W_s，石子含水率为 W_g，则施工配合比为：水泥∶砂∶石 $=1:x(1+W_s):y(1+W_g)$，水灰比 W/C 不变(但用水量要减去砂石中的含水量)。

3.3.2 混凝土的拌制

3.3.2.1 混凝土搅拌机

(1) 搅拌机的分类。混凝土搅拌机按其搅拌机理分为自落式搅拌机和强制式搅拌机两类。

自落式搅拌机搅拌筒内壁装有叶片，搅拌筒旋转，叶片将物料提升一定的高度后自由下落，各物料颗粒分散拌和，拌和成均匀的混合物。这种搅拌机体现的是重力拌和原理。自落式混凝土搅拌机按其搅拌筒的形状不同分为鼓筒式、锥形反转出料式和双锥形倾翻出料式 3 种类型。自落式搅拌机适用于搅拌流动性较大的混凝土(坍落度不小于 30mm)，锥形反转出料式和双锥形倾翻出料式搅料机既可搅拌流动性较大的混凝土，也适用于搅拌低流动性混凝土。

强制式搅拌机一般筒身固定，其轴上装有叶片，通过叶片强制搅拌装在搅拌筒中的物料，使物料沿环向、径向和竖向运动，拌和成均匀的混合物。这种搅拌机体现的是剪切拌和原理。强制式搅拌机按其构造特征分为立轴式和卧轴式两类。强制式搅拌机和自落式搅拌机相比，搅拌作用强烈，搅拌时间短，适用于搅拌低流动性混凝土、干硬性混凝土和轻骨料混凝土。

(2) 搅拌机的工艺参数。搅拌机每次(盘)可搅拌出的混凝土体积称为搅拌机的出料容量。每次可装入干料的体积称为进料容量。搅拌筒内部体积称为搅拌机的几何容量。为使搅拌筒内装料后仍有足够的搅拌空间，一般进料容量与几何容量的比值为0.22~0.50，称为搅拌筒的利用系数。出料容量与进料容量的比值称为出料系数，一般为0.60~0.7。在计算出料量时，可取出料系数0.65。常用混凝土搅拌机的主要参数见表3.6。

表3.6 混凝土搅拌机主要参数

项目	鼓筒式搅拌机				双锥反转出料搅拌机			
型号	J1-150	J1-250 J1-250A	J1-400 J1-400A J-400B	J5-800	J5A-500	J5B-500	J5C-500	J5-750
进料容量/L	240	250	400	1200	500	500	500	750
出料容量/L	150	160	260	800	330	335	335	500
搅拌筒转速/(r/min)	18	18	18	14	16.4	16.3	17	16
每次搅拌时间/s	120	120	70~110	90~120	117.5	103	150	—
生产率/(m^3/h)	3~5	3~5	5~8	14~24	10~12	10~12	10~12	10~13
项目	锥形倾翻出料搅拌机				强制式搅拌机			
型号	J3-100	J3-1600	J3-2400		J4-375A	J4-375	J4-1500	
进料容量/L	100	1600	2400		375	375	1500	
出料容量/L	60	1000	1500		250	250	1000	
搅拌筒转速/(r/min)	26~33	14	13		搅叶转数/(r/min)36	32	20	
每罐循环时间/s	—	—	—		72	120	—	
生产率/(m^3/h)	—	—	10~12		12.5	30	—	

搅拌机生产率P可从表3.6查得，也可用式(3.7)计算。

$$P=R3600/tq \tag{3.7}$$

式中，P为搅拌机生产率，m^3/h；t为搅拌机每一工作循环(装料-搅拌-卸料)所需时间，s；q为搅拌机的出料容量，m^3；R为时间利用系数，可取0.7~0.9。

3.3.2.2 混凝土搅拌

(1) 加料顺序。按原材料加入搅拌筒内的投料顺序的不同，普通混凝土的搅拌方法可分为一次投料法、二次投料法和水泥裹砂法。

搅拌时加料顺序普遍采用一次投料法，将砂、石、水泥和水一起加入搅拌筒内进行搅拌。搅拌混凝土前，先在料斗中装入石子(砂)，再装水泥及砂(石子)，这样可使水泥夹在石子和砂中间，有效地避免上料时所发生的水泥飞扬现象，同时也可使水泥及砂子不致黏住斗底。料斗将砂、石、水泥倾入搅拌机的同时加水搅拌。

二次投料法又分为预拌水泥砂浆法和预拌水泥净浆法。预拌水泥砂浆法是先将水泥、砂和水加入排筒内进行充分搅排，成为均匀的水混砂浆后再加入石子搅排成均匀的混凝土。国内一般是用强制式搅拌机拌制水泥砂浆约 1~1.5min，然后再加入石子搅拌约 1~1.5min。国内外的试验表明，二次投料法搅拌的混凝土与一次投料法相比较，混凝土的强度可提高 15%，在强度相同的情况下，可节约水混 15%~20%。

水泥裹砂法又称 SEC(Sand Enveloped with Cement)法，采用这种方法拌制的混凝土称为 SEC 混凝土或造壳混凝土。该法的搅拌程序是先加一定量的水使砂表面的含水量调到某一规定的数值后(一般为 15%~25%)再加入石子并与湿砂拌匀，然后将全部水泥投入与砂石共同搅拌使水泥在砂石表面形成一层低水灰比的水泥浆壳，最后将剩余的水和外加剂加入搅拌成混凝土。采用 SEC 法制备的混凝土与一次投料法相比较，强度可提高 20%~30%，混凝土不易产生离析和泌水现象，工作性好。

从原材料全部投入料筒到开始御料止，所经历的时间称为混凝土的搅拌时间，满足要求的混凝土所需的最低限度的搅拌时间称为最短搅拌时间，最短搅拌时间随搅拌机的类型与容量、骨料的品种、粒径及对混凝土的工作性要求等因素的不同而异。搅拌时间应满足表 3.7 中所示要求。

表 3.7 混凝土最短搅拌时间 s

混凝土的坍落度/cm	搅拌机机型	搅拌机容量/L		
		<250	250~500	>500
≤3	自落式	90	120	150
	强制式	60	90	120
>3	自落式	90	90	120
	强制式	60	60	90

(2) 搅拌时间。从砂、石、水泥和水等全部材料装入搅拌筒至开始卸料止所经历的时间称为混凝土的搅拌时间。为获得混合均匀强度和工作性能都能满足要求的混凝土所需的最低限度的搅拌时间称为最短搅拌时间。混凝土搅拌时间是影响混凝土的质量和搅拌机生产率的一个主要因素。如果搅拌时间短，混凝土搅拌得不均匀，将直接影响混凝土的强度；而搅拌时间过长，混凝土的匀质性并不能显著增加，相反会使混凝土和易性降低且影响混凝土搅拌机的生产率。混凝土搅拌的最短时间与搅拌机的类型和容量、骨料的品种、对混凝土流动性的要求等因素有关。

混凝土拌和物的搅拌质量应经常检查，颜色应均匀一致，无明显的砂粒、砂团及水泥团，石子完全被砂浆包裹，说明其搅拌质量较好。

每班作业后应对搅拌机进行全面清洗，并在搅拌筒内放入清水及石子运转 10~15min 后放出，再用竹扫帚洗刷外壁。搅拌筒内不得有积水，以免筒壁及叶片生锈，如遇冰冻季节应放尽水箱及水泵中的存水，以防冻裂。

每天工作完毕后，搅拌机料斗应放至最低位置不准悬于半空。电源必须切断，锁好电闸箱，保证各机构处于空位。

(3) 一次投料量。施工配合比换算是以 $1m^3$ 混凝土为计算单位的，搅拌时要根据搅拌机的出料容量(即一次可搅拌出的混凝土量)来确定一次投料量。搅拌混凝土时，根据计算出的各组成材料的一次投料量，按重量投料。投料时允许偏差不得超过下列规定：水泥、外掺混合材料为±2%；粗、细骨料为±3%；水、外加剂为±2%。各种衡器应定期检验，保持准确；骨料含水率应经常测定；雨天施工时应增加测定次数。

3.3.3 混凝土的运输

3.3.3.1 混凝土运输概述

混凝土的运输是整个混凝土施工中的一个重要环节，对工程质量和施工进度影响较大。由于混凝土料拌和后不能久存，而且在运输过程中对外界的影响敏感，因此运输方法不当或疏忽大意都会降低混凝土质量，甚至造成废品。

混凝土料在运输过程中应满足如下要求：运输设备不吸水、不漏浆，运输过程中不发生混凝土拌合物分离、严重泌水及坍落度过多降低；同时运输两种以上强度等级的混凝土时，在运输设备上设置标志，以免混淆；尽量缩短运输时间并减少转运次数。因故停歇过久，混凝土产生初凝时，应做废料处理。在任何情况下，严禁中途加水后运入仓内；运输道路基本平坦，避免拌合物振动离析分层；混凝土运输工具及浇筑地点必要时应有遮盖或保温设施，以避免因日晒、雨淋、水冻而影响混凝土的质量；混凝土拌和物自由下落高度以不大于 2m 为宜，超过此界限时应采用缓降措施。

混凝土由拌制地点运至浇筑地点的运输分为水平运输(地面水平运输和楼面水平运输)和垂直运输。常用的水平运输设备有手推车、机动翻斗车、混凝土搅拌运输车、自卸汽车等；施工现场拌制的混凝土，运距较小的场内运输宜采用手推车或机动翻斗车，从集中搅拌站或者商品混凝土工厂运至施工现场，宜采用搅拌运输车或者自卸汽车。常用的垂直运输设备有龙门架、井架、塔式起重机、混凝土泵等。

龙门架、井架运输适用于一般多层建筑施工。龙门架装有升降平台手推车可以直接推到升降平台上，由龙门架完成垂直运输，手推车完成混凝土运输设备的地面水平运输和楼面水平运输；井架装有升降平台或混凝土自动倾斜料斗(翻斗)，采用翻斗时，混凝土倾卸在翻斗内，垂直输送至楼面；塔式起重机作为混凝土的垂直运输工具一般均配有料斗，料斗容积一般为 $0.4m^3$，上部开口装料，下部安装扇形手动阀门，可直接把混凝土卸入模板中，当工地搅拌站设在塔式起重机工作半径范围内时，塔式起重机可完成地面垂直及楼面运输而不需要二次倒运。

混凝土运输设备的选择应根据建筑物的结构特点、运输的距离、运输量、地形及道路条件、现有设备情况等因素综合考虑确定。

3.3.3.2 对混凝土运输的要求

(1) 混凝土在运输过程中不产生分层、离析现象。如有离析现象，必须在浇筑前进行二次搅拌。运至浇筑地点后，应具有符合浇筑时所规定的坍落度，见表 3.8。

表 3.8 混凝土浇筑时的坍落度

结构种类	坍落度/mm
基础或地面等垫层，无配筋的厚大结构(挡土墙、基础或厚大的块体等)或配筋稀疏的结构	10~30
板、梁和大型及中型截面的结构	30~50
配筋密列的结构(薄壁、斗仓、筒仓、细柱等)	50~70
配筋特密的结构	70~90

(2) 混凝土应以最少的转运次数，最短的时间，从搅拌地点运至浇筑地点。保证混凝土从搅拌机中卸出后到浇筑完毕的延续时间不超过表 3.9 的规定。

表 3.9 混凝土从搅拌机中卸出后到浇筑完毕的延续时间 s

混凝土强度等级	延续时间/min	
	气温<25°	气温≥25°
≤C30	120	90
>C30	90	60

注：1. 掺用外加剂或采用快硬水泥拌制混凝土时，应按试验确定。2. 轻骨料混凝土的运输、浇筑延续时间应适当缩短。

(3) 运输工作应保证混凝土的浇筑工作连续进行。

(4) 运送混凝土的容器应严密、不漏浆，容器的内壁应平整光洁、不吸水。黏附的混凝土残渣应及时清除。

3.3.3.3 混凝土泵运输

混凝土泵运输又称泵送混凝土，是利用混凝土泵的压力将混凝土通过管道输送到浇筑地点，一次完成水平运输和垂直运输。混凝土泵运输具有输送能力大(最大水平输送距离可达 800m，最大垂直输送高度可达 300m)、效率高、连续作业、节省人力等优点，是施工现场运输混凝土的较先进的方法，今后必将得到广泛的应用。

(1) 泵送混凝土设备。泵送混凝土设备有混凝土泵、混凝土输送管和布料装置。

① 混凝土泵。混凝土泵按作用原理分为液压活塞式、挤压式和气压式 3 种。

液压活塞式混凝土泵是利用活塞的往复运动，将混凝土吸入和压出。将搅拌好的混凝土装入泵的料斗内，此时排出端片阀关闭，吸入端片阀开启，在液压作用下，活塞向液压缸体方向移动，混凝土在自重及真空吸力作用下，进入混凝土管内。然后活塞向混凝土缸体方向移动，吸入端片阀关闭，压出端片阀开启，混凝土被压入管道中，输送至浇筑地点。单缸混凝土泵出料是脉冲式的，所以一般混凝土泵都有并列两套缸体，交替出料，使出料稳定。

将混凝土泵装在汽车底盘上，组成混凝土泵车。混凝土泵车转移方便、灵活，适用于中小型工地施工。挤压式混凝土泵是利用泵室内的滚轮挤压装有混凝土的软管，软管受局部挤压使混凝土向前推移。泵室内保持高度真空，软管受挤压后扩张，管内形成负压，将料斗中混凝土不断吸入，滚轮不断挤压软管，使混凝土不断排出，如此连续运转。气压式混凝土泵是以压缩空气为动力使混凝土沿管道输送至浇筑地点。其设备由空气压缩机、储气罐、混凝土泵(亦称混凝土浇筑机或混凝土压送器)、输送管道、出料器等组成。

② 混凝土输送管。混凝土输送管有直管、弯管、锥形管和浇注软管等。直管、弯管的管径以100mm、125mm和$150mm^3$为主，直管标准长度以4.0m为主，另有3.0m、2.0m、1.0m、0.5m等4种管长作为调整布管长度用。弯管的角度有15°、30°、45°、60°、90°等5种，以适应管道改变方向的需要。

锥形管长度一般为1.0m，用于两种不同管径输送管的连接。直管、弯管、锥形管用合金钢制成，浇筑软管用橡胶与螺旋形弹性金属制成。软管接在管道出口处，在不移动钢干管的情况下，可扩大布料范围。

③ 布料装置。混凝土泵连续输送的混凝土量很大，为使输送的混凝土直接浇筑到模板内，应设置具有输送和布料两种功能的布料装置(称为布料杆)。布料装置应根据工地的实际情况和条件来选择，图3.4为一种移动式布料装置，放在楼面上使用，其臂架可回转360°，可将混凝土输送到其工作范围内的浇筑地点。此外，还可将布料杆装在塔式起重机上；也可将混凝土泵和布料杆装在汽车底盘上，组成布料杆泵车，用于基础工程或多层建筑混凝土浇筑。

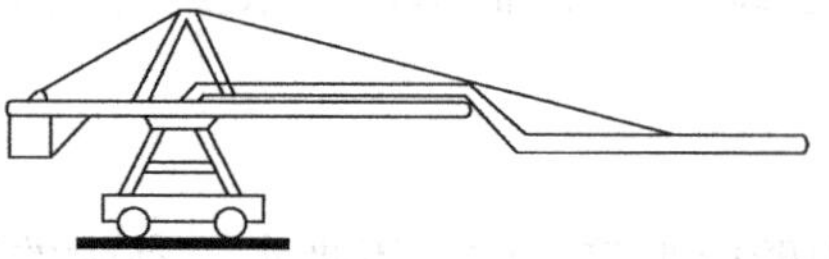

图3.4 移动式布料装置

(2) 泵送混凝土的原材料和配合比。混凝土在输送管内输送时应尽量减少与管壁间的摩阻力，使混凝土流通顺利，不产生离析现象。选择泵送混凝土的原料和配合比应满足泵送的要求。

① 粗骨料。粗骨料宜优先选用卵石，当水灰比相同时，卵石混凝土比碎石混凝土流动性好，与管道的摩阻力小。为减小混凝土与输送管道内壁的摩阻力，应限制粗骨料最大粒径d与输送管内径D之比值。一般粗骨料为碎石时，$d \leqslant D/3$;；粗骨料为卵石时，$d \leqslant D/2.5$。

② 细骨料。骨料颗粒级配对混凝土的流动性有很大影响。为提高混凝土的流动性和防止离析，泵送混凝土中通过0.315mm筛孔的砂应不小于15%，含砂率宜控制在40%~50%。

③ 水泥。水泥用量过少，混凝土易产生离析现象。泵送混凝土最小水泥用量为$300kg/m^3$。

④ 混凝土的坍落度。混凝土的流动性大小是影响混凝土与输送管内壁摩阻力大小的主要因素。泵送混凝土的坍落度宜为80~180mm。

⑤ 外加剂。为了提高混凝土的流动性，减小混凝土与输送管内壁摩阻力，防止混凝土离析，宜掺入适量的外加剂。

(3) 泵送混凝土施工的有关规定。泵送混凝土施工时，除事先拟定施工方案，选择泵送设备，做好施工准备工作外，在施工中应遵守如下规定：

① 混凝土的供应必须保证混凝土泵能连续工作。

② 输送管线的布置应尽量直，转弯宜少且缓，管与管接头严密。

③ 泵送前应先用适量的与混凝土内成分相同的水泥浆或水泥砂浆润滑输送管内壁。

④ 预计泵送间歇时间超过45min或混凝土出现离析现象时，应立即用压力水或其他方法冲管内残留的混凝土。

⑤ 泵送混凝土时，泵的受料斗内应经常有足够的混凝土，以防止吸入空气形成阻塞。

⑥ 输送混凝土时，应先输送远处混凝土，使管道随混凝土浇筑工作的逐步完成，逐步拆管。

⑦ 泵送结束后，要及时清洗泵体和管道。

3.3.4 混凝土的浇筑与振捣

3.3.4.1 浇筑前的准备工作

（1）模板和支架、钢筋和预埋件应进行检查并做好记录，符合设计要求后方能浇筑混凝土。模板应检查其尺寸、位置(轴线及标高)、垂直度是否正确，支撑系统是否牢固，模板接缝是否严密。浇筑混凝土前，模板内的垃圾、泥土应清除干净。木模板应浇水湿润，但不应有积水。钢筋应检查其种类、规格、位置和接头是否正确，钢筋上的油污是否清除干净，预埋件的位置和数量是否正确。检查完毕后做好隐蔽工程记录。

（2）在地基上浇筑混凝土，应清除淤泥和杂物，并有排水和防水措施；对干燥的非黏性土，应用水湿润；对未风化的岩石，应用水清洗，但其表面不得留有积水。

（3）准备和检查材料、机具及运输道路，注意天气预报，不宜在雨雪天气浇筑混凝土。

（4）做好施工组织工作和安全、技术交底。

3.3.4.2 混凝土浇筑

混凝土成型就是将混凝土拌合料浇筑在符合设计尺寸要求的模板内，加以捣实，使其具有良好的密实性，达到设计强度的要求。混凝土成型过程包括浇筑与振捣，它是混凝土工程施工的关键，将直接影响构件的质量和结构的整体性。因此，混凝土经浇筑捣实后应内实外光、尺寸准确、表面平整，钢筋及预埋件位置符合设计要求，新旧混凝土结合良好。

（1）浇筑工作的一般要求。为确保混凝土工程质量，混凝土浇筑工作必须遵守下列规定：

① 混凝土应在初凝前浇筑，如混凝土在浇筑前有离析现象，须重新拌和后才能浇筑。

② 浇筑时，素混凝土或少筋混凝土由料斗进行浇筑时，混凝土的自由倾落高度应超过2m；对于竖向结构(如柱、墙)浇筑混凝土的高度不超过3m；对于配筋较密或不便捣实的结构，不宜超过60cm，否则应采用串筒、溜槽和振动串筒下料，以防产生离析。

③ 浇筑竖向结构混凝土前，底部应先浇入50～100mm厚与混凝土成分相同的水泥砂浆，以避免产生蜂窝麻面现象。

④ 混凝土浇筑时的坍落度应符合设计要求。

⑤ 为了使混凝土振捣密实，必须分层浇筑混凝土。

⑥ 为保证混凝土的整体性，浇筑工作应连续进行。当由于技术上或施工组织上的原因必须间歇时，其间歇时间应尽可能缩短，并应在前层混凝土凝结之前，将次层混凝土浇筑完毕。间歇的最长时间应按所用水泥品种及混凝土条件确定。

⑦ 正确留置施工缝。施工缝位置应在混凝土浇筑之前确定，并宜留置在结构受剪力

较小且便于施工的部位。柱应留水平缝，梁、板、墙应留垂直缝。

⑧ 在混凝土浇筑过程中，应随时注意模板及其支架、钢筋、预埋件及预留孔洞的情况，当出现不正常的变形、位移时，应及时采取措施，以保证混凝土的施工质量。

⑨ 在混凝土浇筑过程中应及时、认真地填写施工记录。

(2) 混凝土的自由下落高度。浇筑混凝土时为避免发生离析现象，混凝土自高处倾落的自由高度(称自由下落高度)不应超过2m。自由下落高度较大时，应使用串筒或溜槽，以防混凝土产生离析。串筒用薄钢板制成，每节筒长700mm左右，用钩环连接，筒内设有缓冲挡板。溜槽一般用木板制作，表面包铁皮，使用时其水平倾角不宜超过30°。

(3) 混凝土分层浇筑。为了使混凝土能够振捣密实，浇筑时应分层浇灌、振捣，并在下层混凝土初凝之前，将上层混凝土浇灌并振捣完毕。如果在下层混凝土已经初凝以后，再浇筑上面一层混凝土，在振捣上层混凝土时，下层混凝土由于受振动，已凝结的混凝土结构就会遭到破坏。混凝土分层浇筑时每层的厚度应符合表3.10的规定。

表3.10 混凝土浇筑层的厚度

捣实混凝土的方法		浇筑层的厚度/mm	
插入式振捣		振捣器作用部分长度的1.25倍	
表面振捣		200	
人工振捣	在基础、无筋混凝土或配筋稀疏的结构中	250	
	在梁、墙板、柱结构中	200	
	在配筋密列的结构中	150	
—	轻骨料混凝土	插入式振捣	300
		表面振动(振动时需加荷)	200

(4) 竖向结构混凝土浇筑。竖向结构(墙、柱等)浇筑混凝土前，底部应先填50~100mm厚与混凝土内砂浆成分相同的水泥砂浆。浇筑时不得发生离析现象。当浇筑高度超过3m时，应采用串筒、溜槽或振动串筒下落。

(5) 梁和板混凝土的浇筑。在一般情况下，梁和板的混凝土应同时浇筑。较大尺寸的梁(梁的高度大于1m)、拱和类似的结构，可单独浇筑。

在浇筑与柱和墙连成整体的梁和板时，应在柱和墙浇筑完毕后停歇1~1.5h，使其获得初步沉实后，再继续浇筑梁和板。

(6) 施工缝。浇筑混凝土应连续进行，如必须间歇，间歇时间应尽量缩短。间歇的最长时间应按所用水泥品种及混凝土凝结条件确定。混凝土在浇筑过程中的最大间歇时间，不得超过表3.11的规定。

表3.11 混凝土浇筑中的最大间歇时间 min

混凝土强度等级	气温	
	<25℃	≥25℃
≤C30	210	180
>C30	180	150

由于技术上或组织上的原因，不能将混凝土结构一次连续筑完毕，而必须停歇较长的时间，如中间间歇时间超过了表 3. 11 规定的混凝土运输和浇筑所允许的延续时间，这时由于先浇筑的混凝土已经凝结，继续浇筑时，后浇筑的混凝土的振捣将破坏先浇筑的混凝土的凝结。在这种情况下应留置施工缝(新旧混凝土接槎处称为施工缝)。

① 施工缝的留设位置。施工缝设置的原则是一般宜留在结构受力(剪力)较小且便于施工的部位。柱子的施工缝宜留在基础与柱子交接处的水平面上或梁的下面、吊车梁牛腿的下面、吊车梁的上面、无梁楼盖柱帽的下面。高度大于 1m 的钢筋混凝土梁的水平施工缝应留在楼板底面下 20~30mm 处；对于有主次梁的楼板结构，宜顺着次梁方向浇筑，施工缝应留在次梁跨度的中间 1/3 范围内。

② 施工缝的处理。施工缝处继续浇筑混凝土时，应待混凝土的抗压强度不小于 1. 2MPa 后方可进行；施工缝浇筑混凝土之前，应除去施工缝表面的水泥薄膜、松动石子和软弱的混凝土层，处理方法有风砂枪喷毛、高压水冲毛、风镐凿毛或人工凿毛，并加以充分活润和彻底清洗，不得有积水；浇筑时，施工缝处宜先铺水泥(水泥：水为 1：0. 4)或与混凝土成分相同的水泥砂浆一层，厚度为 30~50mm，以保证接缝的质量；浇筑过程中，施工缝细致捣实，使其紧密结合。

3. 3. 4. 3 大体积混凝土浇筑

大体积混凝土是指厚度大于或等于 1. 5m，长宽较大，施工时水化热引起混凝土内的最高温度与外界温度之差不低于 25°的混凝土结构，如大型设备基础、桩基承台或基础底板，体积大，整体性要求高，一般要求连续浇筑，不留施工缝。如必须留设备施工缝时，应征得设计部门同意并应符合规范的有关规定。在施工时应分层浇筑振捣，并应考虑水化热对混凝土工程质量的影响。

(1) 混凝土浇筑方案。大体积混凝土浇筑时，为保证结构的整体性和施工的连续性，采用分层浇筑时，应保证在下层混凝土初凝前将上层混凝土浇筑完毕。一般有以下 3 种浇筑方案。

① 全面分层浇筑方案。在整个模板内，将结构分成若干个厚度相等的浇筑层，浇筑区的面积即为基础平面面积。浇筑混凝土时从短边开始，沿长边方向进行浇筑，要求在逐层浇筑过程中，第二层混凝土要在第一层混凝土初凝前浇筑完毕。为此要求每层浇筑都要有一定的速度(称浇筑强度)。

② 分段分层浇筑方案。当采用全面分层浇筑方案时，浇筑强度很大，现场混凝土搅拌机、运输和振捣设备均不能满足施工要求时，可采用分段分层浇筑方案。浇筑混凝土时，结构沿长边方向分成若干段，浇筑工作从底层开始，当第一层混凝土浇筑一段长度后，便回头浇筑第二层，当第二层浇筑一段长度后，回头浇筑第三层，如此向前呈阶梯形推进。分段分层方案适于结构厚度不大而面积或长度较大时采用。

③ 斜面分层浇筑方案。采用斜面分层浇筑方案时，混凝土一次浇筑到顶，混凝土自然流淌而形成斜面。混凝土振捣工作从浇筑层下端开始逐渐上移。斜面分层方案多用于长度较大的结构。

（2）水化热对大体积混凝土浇筑质量的影响。大体积混凝土浇筑完毕后，由于水泥水化作用所放出的热量而使混凝土内部温度逐渐升高。与一般结构相比较，大体积混凝土内部水化热不易散出，结构表面与内部温度不一致，外层混凝土热量很快散发，而内部混凝土热量散发较慢，内外温度不同，产生温度应力，在混凝土中产生拉应力。若拉应力超过混凝土的抗拉强度，混凝土表层将产生裂缝，影响混凝土的浇筑质量。在施工中为避免大体积混凝土由于温度应力作用而产生裂缝，可采取以下技术措施：

① 优先选用低水化热的矿渣水泥拌制混凝土，并适当使用缓凝减水剂。

② 在保证混凝土设计强度等级前提下，掺加粉煤灰，适当降低水灰比，减少水泥用量。

③ 降低混凝土的入模温度，控制混凝土内外的温差（当设计无要求时，控制在25℃以内）。采取的措施有降低拌和水温度（拌和水中加冰屑或用地下水），骨料用水冲洗降温，避免曝晒等。

④ 及时对混凝土覆盖保温、保湿材料。

⑤ 可预埋冷却水管，通过循环将混凝土内部热量带出，进行人工导热。

3.3.4.4 混凝土振捣

振捣是振动捣实的简称，它是保证混凝土浇筑质量的关键工序。振捣的目的是尽可能减少混凝土中的空隙，清除混凝土内部的孔洞，并使混凝土与模板、钢筋及埋件紧密结合，从而保证混凝土的最大密实度，提高混凝土质量。

当结构钢筋较密，振捣器难于施工或混凝土内有预埋件、观测设备，周围混凝土振捣力不宜过大时采用人工振捣。人工振捣要求混凝土拌和物坍落度大于5cm，铺料层厚度小于20cm。人工振捣工具有捣固锤、捣固杆和捣固铲。捣固锤主要用来捣固混凝土的表面；捣固铲用于插边，使砂浆与模板靠紧，防止表面出现麻面；捣固杆用于钢筋稠密的混凝土中，用以使钢筋被水泥砂浆包裹，增加混凝土与钢筋之间的握裹力。人工振捣工效低，混凝土质量不易保证。

混凝土浇灌到模板中后，由于骨料间的摩阻力和水泥浆的黏结作用，不能自动充满模板，内部还存在很多孔隙，不能达到要求的密实度。而混凝土的密实性直接影响其强度和耐久性。因此在混凝土浇灌到模板内后，必须进行捣实，使之具有设计要求的结构形状、尺寸和设计的强度等级。

混凝土捣实的方法有人工捣实和机械振捣，施工现场主要使用机械振捣。

（1）混凝土机械振捣原理。混凝土振捣主要采用振捣器进行，振捣器产生小振幅、高频率的振动，使混凝土在其振动的作用下，内摩擦力和黏结力大大降低，使干稠的混凝土获得了流动性，在重力的作用下骨料互相滑动而紧密排列，空隙由砂浆所填满，空气被排出，从而使混凝土密实，并填满模板内部空间，且与钢筋紧密结合。

混凝土振捣机械振动时，将具有一定频率和振幅的振动力传给混凝土，使混凝土发生强迫振动，新浇筑的混凝土在振动力作用下，颗粒之间的黏着力和摩阻力大大减小，流动性增加。振捣时，粗骨料在重力作用下下沉，水泥浆均匀分布填充骨料空隙，气泡逸出，孔隙减少，游离水分被挤压上长，使原来松散堆积的混凝土充满模型，提高密实度。振动停止后，混凝土重新恢复其凝聚状态，逐渐凝结硬化。机械振捣比人工振捣效果好，混凝土密实度提高，水灰比可以减小。

(2) 混凝土机械振捣设备。混凝土振捣机械按其传递振动的方式分为内部振动器、表面振动器、附着式振动器和振动台。在施工工地主要使用内部振动器和表面振动器。内部振动器又称为插入式振动器(振动棒)，多用于振捣现浇基础、柱、梁、墙等结构构件和厚大体积设备基础的混凝土捣实，采用插入式振动器捣实混凝土时，振动棒宜垂直插入混凝土中，为使上下层混凝土结合成整体，振动棒应插入下层混凝土 50mm。振动器移动间距不宜大于作用半径的 1.5 倍；振动器距离模板，不应大于振动器作用半径的 1/2。此外，应避免碰撞钢筋、模板、芯管、吊环或预埋件。

表面振动器又称平板式振动器，是将振动器安装在底板上，振捣时将振动器放在浇筑好的混凝土结构表面，振动力通过底板传给混凝土。使用时振动器底板与混凝土接触，每一位置振捣到混凝土不再下沉，表面返出水泥浆时为止，再移动到下一个位置。平板振动器的移动间距，应能保证振动器的底板覆盖已振实部分的边缘。

混凝土振捣在平仓之后立即进行，此时混凝土流动性好，振捣容易，捣实质量好。在选用振捣器时，对于素混凝土或钢筋稀疏的部位，宜用大直径的振捣棒；对于坍落度小的干硬性混凝土，宜选用高频和振幅较大的振捣器。振捣作业路线保持一致，并按顺序依次进行，以防漏振。振捣棒尽可能垂直地插入混凝土中，如振捣棒较长或把手位置较高，垂直插入感到操作不便时，也可略带倾斜，但与水平面夹角不宜小于 45°，且每次倾斜方向应保持一致，否则下部混凝土将会发生漏震。这时作用轴线应平行，如不平行也会出现漏震。

振捣棒应快插、慢拔。插入过慢，上部混凝土先实就会阻止下部混凝土中的空气和多余的水分向上逸出；插入过快，周围混凝土来不及填铺振捣棒留下的孔洞，将在每一层混凝土的上半部留下只有砂浆而无骨料的浆柱，影响混凝土的强度。为使上下层混凝土振捣密实均匀，可将振捣棒上下抽动，抽动幅度为 510cm。振捣棒的插入深度，在振捣第一层混凝土时，以振捣器头部不碰到基岩或老混凝土面，但相距不超过 5cm 为宜；在振捣上层混凝土时，则应插入下层混凝土 5cm 左右，使上下两层结合良好。在斜坡上浇筑混凝土时，振捣棒仍应垂直插入，并且应先振低处，再振高处，否则在振捣低处的混凝土时，已捣实的高处混凝土会自行向下流动，致使密实性受到破坏。软轴振捣棒插入深度为棒长的 3/4，过深软轴和振捣棒结合处容易损坏。

3.3.5 混凝土的养护

混凝土的凝结硬化是水泥水化作用的结果，而水泥的水化作用只有在适当的温度和湿度条件下才能顺利进行。混凝土的养护，就是创造一个具有适宜的温度和湿度的环境，使混凝土凝结硬化，逐渐达到设计要求的强度。混凝土表面水分不断蒸发，如果不设法减少水分损失，水化作用不能充分进行，混凝土的强度将受到影响，还可能产生干缩裂缝。因此混凝土养护的主要目的，一是创造有利条件，使水泥充分水化，加速混凝土的硬化；二是防止混凝土成型后因暴晒、风吹、干燥等自然因素的影响，出现不正常的收缩、裂缝等现象。

混凝土的养护方法很多，最常用的是对混凝土试块在标准条件下的养护，对一般现浇钢筋混凝土结构的自然养护，对预制构件的蒸汽养护等。

（1）标准条件下的养护。标准条件养护是为保证混凝土试块在规定龄期内达到设计强度，模拟实际使用环境的养护方式。

① 养护条件。温度：控制在20±2℃，确保混凝土在稳定温度环境中硬化。湿度：相对湿度需≥95%，避免试块因干燥产生裂缝。环境：试块置于标准养护室，或在20±2℃的$Ca(OH)_2$(氢氧化钙)饱和溶液中养护。

② 养护过程。试件处理：成型后立即用不透水薄膜覆盖表面，防止水分蒸发。静置与拆模：在20±5℃环境静置1~2昼夜，随后编号、拆模。放入养护室：拆模后移入标准养护室，或在恒温的$Ca(OH)_2$溶液中养护。试块放置：试块置于支架上，间隔10~20mm，保证空气流通和均匀养护。

③ 养护期限。标准养护龄期：28d(从搅拌加水开始计时)。此周期基于水泥水化反应规律，确保强度稳定，反映最终性能。

（2）自然养护。自然养护是在常温下(平均气温不低于+5℃)用适当的材料(如草帘)覆盖混凝土，并适当浇水，使混凝土在规定的时间内保持足够的湿润状态。混凝土的自然养护应符合下列规定：

① 在混凝土浇筑完毕后，应在12h以内加以覆盖和浇水。

② 混凝土的浇水养护日期：硅酸盐水泥、普通硅酸盐水泥和矿渣硅酸盐水泥拌制的混凝土，不得少于7d；掺用缓凝型外加剂或有抗渗性要求的混凝土，不得少于14d。

③ 浇水次数应能保持混凝土具有足够的润湿状态为准。养护初期，水泥水化作用进行较快，需水也较多，浇水次数要多；气温高时，也应增加浇水次数。

④ 养护用水的水质与拌制用水相同。

（3）蒸汽养护。蒸汽养护是将构件放在充有饱和蒸汽或蒸汽空气混合物的养护室内，在较高的温度和相对湿度的环境中进行养护，以加快混凝土的硬化。蒸汽养护制度包括养护阶段的划分，静停时间，升、降温速度，恒温养护温度与时间，养护室相对湿度等。常压蒸汽养护过程分为4个阶段：静停阶段、升温阶段、恒温阶段及降温阶段。

① 静停阶段构件在浇灌成型后先在常温下放一段时间，称为静停。静停时间一般为2~6h，以防止构件表面产生裂缝和疏松现象。

② 升温阶段为构件由常温升到养护温度的过程。升温温度不宜过快，以免由于构件表面和内部产生过大温差而出现裂缝。升温速度为：薄型构件不超过25℃/h，其他构件不超过20℃/h，用干硬性混凝土制作的构件，不得超过40℃/h。

③ 恒温阶段为温度保持不变的持续养护时间。恒温养护阶段应保持90%~100%的相对湿度，恒温养护温度不得大于95℃。恒温养护时间一般为3~8h。

④ 降温阶段是恒温养护结束后，构件由养护最高温度降至常温的散热降温过程。降温速度不得超过10℃/h，构件出池后，其表面温度与外界温差不得大于20℃。

对大面积结构可采用蓄水养护和塑料薄膜养护。大面积结构如地坪、楼板可采用蓄水养护。储水池一类结构，可在拆除内模板，混凝土达至一定强度后注水养护。

塑料薄膜养护是将塑料溶液喷涂在已凝结的混凝土表面上，挥发后，形成一层薄膜，使混凝土表面与空气隔绝，混凝土中的水分不再蒸发，内部保持湿润状态。这种方法多用于大面积混凝土工程。

3.4 预应力混凝土工程施工

3.4.1 先张法预应力混凝土工程

3.4.1.1 基本概念

先张法预应力混凝土工程是指在浇筑混凝土前，张拉预应力筋，并将张拉的预应力筋临时固定在台座上，然后浇筑混凝土，待混凝土达到一定强度，确保预应力筋与混凝土有足够的黏结力后，放张预应力筋，此时，预应力筋弹性回缩，使得与预应力筋黏结在一起的混凝土受压，产生压应力，如图 3.5 所示。先张法适用于生产定型的中小型构件，如空心板、屋面板、吊车梁、檩条等。先张法施工中常用的预应力筋有钢丝和钢筋两类。

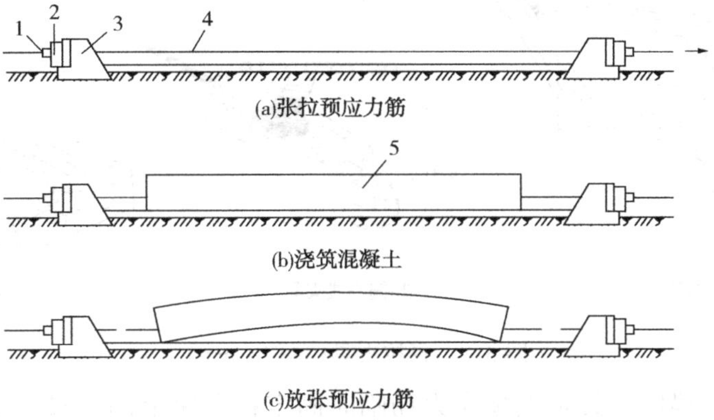

图 3.5 先张法预应力混凝土工程施工示意图

1—锚固夹具；2—横梁；3—台座；4—预应力筋；5—混凝土构件

3.4.1.2 先张法施工设备

(1) 台座。台座是先张法施工张拉和临时固定预应力筋的支撑结构，它承受预应力筋的全部张拉力，因此要具有足够的强度、刚度和稳定性。台座按照构造形式不同，可分为墩式台座和槽式台座。

① 墩式台座。如图 3.6 所示，墩式台座主要由台墩、台面和横梁组成，适用于张拉空心板、平板等构件。目前常用的墩式台座是用现浇钢筋混凝土制成的，由台墩与台面共同受力。

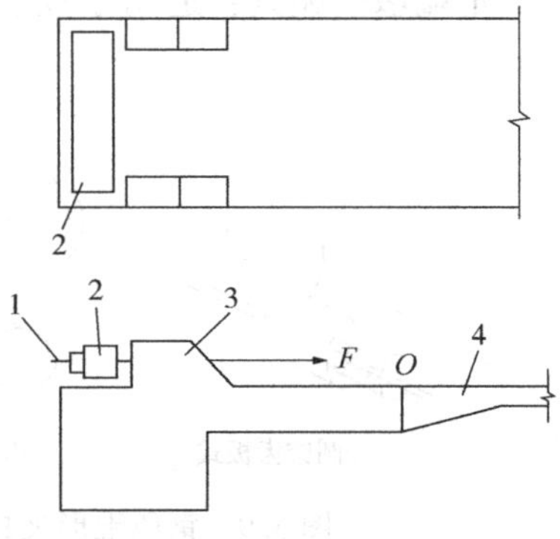

图 3.6 墩式台座

1—预应力筋；2—横梁；3—台墩；4—台面

② 槽式台座。如图 3.7 所示，槽式台座主要由端柱、砖墙、上横梁、下横梁、传力柱及柱垫等组

成。其中，端柱和传力柱是主要受力结构，采用钢筋混凝土制成；砖墙一般为一砖厚，起挡土作用，同时又是蒸汽养护的保温侧墙。槽式台座适用于张拉吨位较大的构件，如吊车梁等。

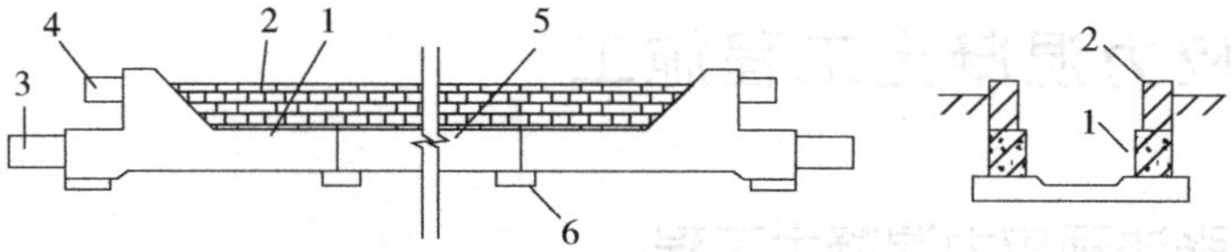

图 3.7 槽式台座

1—端柱；2—砖墙；3—下横梁；4—上横梁；5—传力柱；6—柱垫

(2) 夹具。夹具是预应力筋张拉和临时固定的锚固装置，其按照用途不同，可分为张拉夹具和锚固夹具。

① 张拉夹具。张拉夹具是将预应力筋与张拉机械连接起来的工具，常用的有月牙形夹具、偏心式夹具和楔形夹具等，如图 3.8 所示。

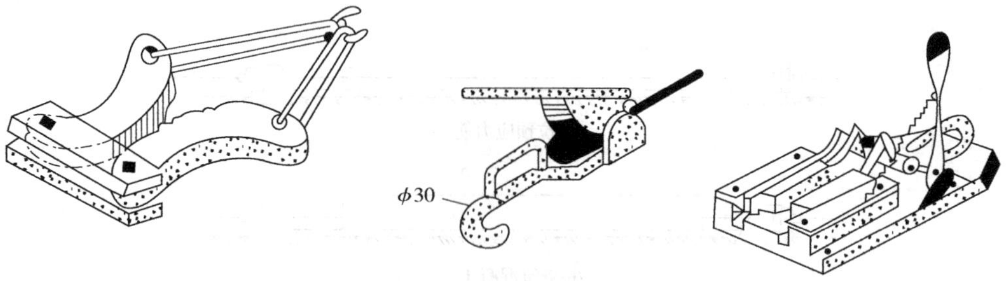

(a)月牙形夹具　(b)偏心式夹具　(c)楔形夹具

图 3.8 张拉夹具(单位：mm)

② 锚固夹具。锚固夹具是把预应力筋临时固定在台座上的工具，常用的有钢质锥形夹具和固定端墩头夹具。钢质锥形夹具：主要用来锚固直径为 3~5mm 的单根钢丝，如图 3.9 所示。

固定端墩头夹具：适用于预应力钢丝固定端的锚固，如图 3.10 所示。

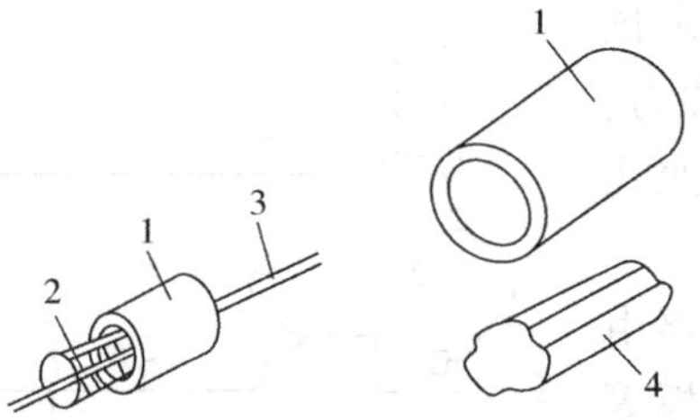

(a)圆锥齿板式　(b)圆锥槽式

图 3.9 钢质锥形夹具

1—套筒；2—齿板；3—钢丝；4—锥塞

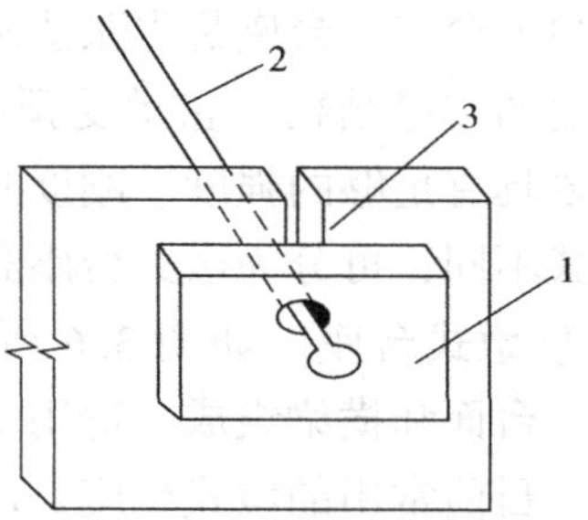

图 3.10 固定端墩头夹具

1—垫片；2—墩头钢丝；3—承力板

(3) 张拉设备。用来张拉预应力钢筋的专用设备称为张拉设备。先张法施工常用的张拉设备有卷扬机、电动螺杆张拉机和穿心式千斤顶等。其中，穿心式千斤顶也可用于后张法施工，在后文再进行讲述。此处主要介绍卷扬机和电动螺杆张拉机。

① 卷扬机。在台座上张拉小直径钢筋时，可采用卷扬机，用杠杆或弹簧测力，张拉过程如图 3. 11 所示。

② 电动螺杆张拉机。电动螺杆张拉机主要由螺杆、电动机、齿轮减速箱、测力计及顶杆等组成，其可张拉单根钢丝或钢筋。张拉时，顶杆支于台座横梁上，用张拉夹具夹紧钢筋后，开动电动机，由皮带、齿轮传动系统使螺杆做直线运动，从而张拉预应力筋，张拉过程如图 3. 12 所示。

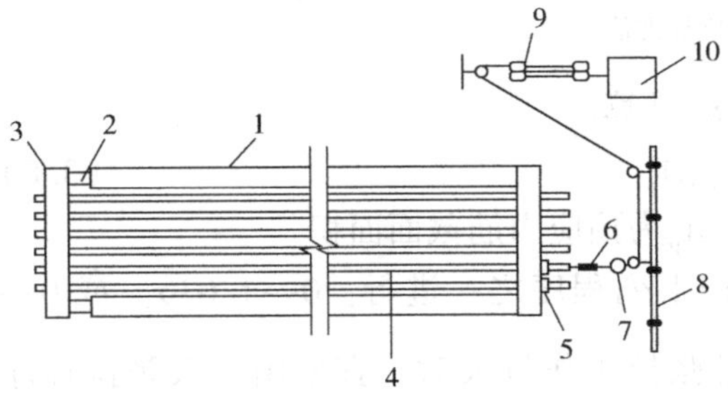

图 3. 11　卷扬机张拉预应力筋的过程

1—台座；2—放松装置；3—横梁；4—预应力筋；5—锚固夹具；6—垫块；7—测力计；8—固定梁；9—滑轮组；10—卷扬机

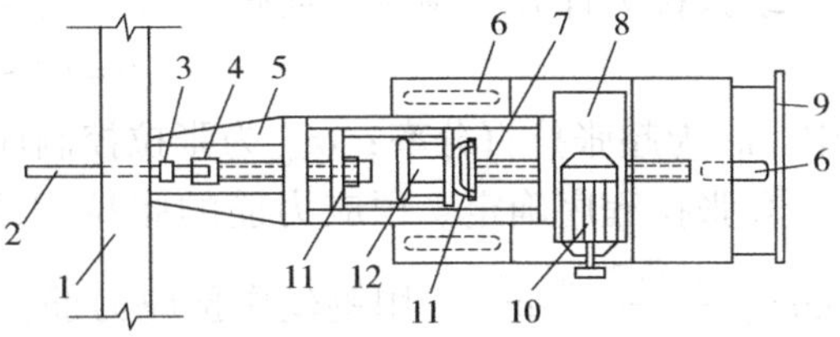

图 3. 12　电动螺杆张拉机张拉预应力筋的过程

1—横梁；2—预应力筋；3—锚固夹具；4—张拉夹具；5—顶杆；6—车轮；7—螺杆；8—齿轮减速箱；9—手把；10—电动机；11—拉力架；12—测力计

3. 4. 1. 3　先张法施工工艺

先张法施工工艺的流程如图 3. 13 所示。

下面主要介绍预应力筋铺设、预应力筋张拉、混凝土浇筑与养护、预应力筋放张等工序。

(1) 预应力筋铺设。预应力筋宜用牵引车铺设，若钢筋需接长，可采用连接器连接；若钢丝需接长，可借助钢丝拼接器，用 20~22 号铁丝密排绑扎。

为了便于脱模，在铺设预应力筋前，应在台座台面上涂刷隔离剂。涂刷的隔离剂不应使钢筋(丝)受污，以免影响钢筋(丝)与混凝土的黏结。

(2) 预应力筋张拉。预应力筋张拉是先张法施工的关键工序，在张拉中应严格控制张拉控制应力及张拉力，并选择合适

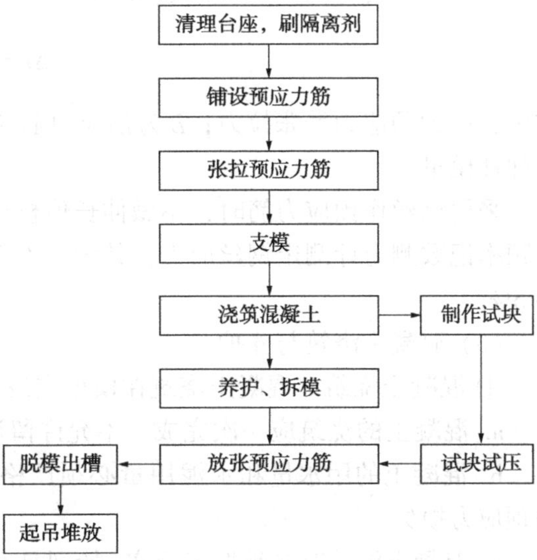

图 3. 13　先张法施工工艺流程

的张拉程序，最后还应对预应力筋伸长值进行校核。

① 张拉控制应力确定。张拉控制应力是指在张拉预应力筋时所达到的规定应力，其应符合设计要求。若施工中采用超张拉，则张拉控制应力应比设计要求高5%，但最大张拉控制应力不得超过表3.12所示的规定。

表3.12　最大张拉控制应力

预应力筋种类	最大张拉控制应力 σ_{con}
消除应力钢丝、钢绞线	$0.80f_{ptk}$
刻痕钢丝、中强度预应力钢丝	$0.75f_{ptk}$
预应力螺纹钢筋	$0.90f_{yk}$

注：f_{ptk}为预应力筋极限强度标准值；f_{pyk}为预应力筋屈服强度标准值。

② 张拉力计算。预应力筋张拉力P按式(3.8)计算。

$$P=(1+m)\sigma_{con}A_p \tag{3.8}$$

式中，m为超张拉百分率；σ_{con}为张拉控制应力；A_p为预应力筋截面面积。

③ 张拉程序确定。预应力筋的张拉程序可按下列程序之一进行：$0\to1.03\sigma_{con}$或$0\to1.05\sigma_{con}\xrightarrow{持荷2min}\sigma_{con}$。用钢丝作预应力筋，并且张拉工作量大时，宜采用一次张拉程序$0\to1.03\sigma_{con}$；用钢筋作预应力筋时，宜采用$0\to1.05\sigma_{con}\xrightarrow{持荷2min}\sigma_{con}$张拉程序。

超张拉0.03或0.05是为减少由于钢筋松弛变形造成的预应力损失；持荷2min是为了加速钢筋松弛的早期发展。

④ 预应力筋伸长值测定。预应力筋张拉完毕后，一般应测定其伸长值，实际测得的伸长值与计算的伸长值偏差不得超过±6%，若超过，应暂停张拉，在查明原因并采取措施予以调整后，方可继续张拉。

预应力筋的伸长值ΔL按式(3.9)计算。

$$\Delta L=\frac{F_pL}{A_pE_s} \tag{3.9}$$

式中，F_p为预应力筋张拉力；L为预应力筋长度；A_p为预应力筋截面面积；E_s为预应力筋的弹性模量。

采用钢丝作预应力筋时，不做伸长值校核，但应在钢丝锚固后，用钢丝测力计或半导体频率记数测力计测定钢丝应力，其偏差不得大于或小于按一个构件全部钢丝预应力总值的5%。

(3) 混凝土浇筑与养护。

① 混凝土浇筑。混凝土浇筑在模板支设后进行，浇筑时应注意以下几点。

a. 混凝土的浇筑应一次完成，不允许留设施工缝。

b. 混凝土的用水量和水泥用量必须严格控制，以减少混凝土由于收缩和徐变而引起的预应力损失。

c. 混凝土浇筑时必须振捣密实(特别是在构件的端部)，以保证预应力筋和混凝土之间的黏结力。

② 混凝土养护。

混凝土可采用自然养护或蒸汽养护。为减少温差造成的预应力损失，应保证混凝土在达到一定强度之前，温差不能太大(一般不超过20℃)。

(4) 预应力筋放张。

① 放张要求。当混凝土强度达到设计要求时，即可放张预应力筋；若设计无要求，则混凝土强度不得低于设计强度的75%。

② 放张顺序。预应力筋的放张顺序应满足设计要求，若设计无要求，则应满足下列规定：

a. 对于轴心受预压构件(如压杆、桩等)，应使所有预应力筋同时放张。

b. 对于偏心受预压构件(如梁等)，应先同时放张预压力较小区域的预应力筋，同时再放张预压力较大区域的预应力筋。

若不能按上述规定放张，则应分阶段、对称、相互交错地放张，以防止在放张过程中构件出现翘曲、裂纹及预应力筋断裂等现象。

③ 放张方法。

a. 配筋不多的预应力筋放张方法。

配筋不多的预应力钢丝：应采用剪切、割断和熔断的方法，自中间向两侧逐根进行放张，以减少回弹量，利于脱模。配筋不多的预应力钢筋：应逐根加热熔断或借助预先设置在钢筋锚固端的楔块进行单根放张。

b. 配筋较多的预应力筋放张方法。配筋较多的预应力筋放张，应采用同时放张的方法，同时放张的方法主要有楔块放张法和沙箱放张法。

楔块放张法如图3.14所示，台座与横梁之间设置楔块装置，放张时，旋转螺母使螺杆向上运动，带动楔块向上移动，使钢块间距变小，横梁向台座方向移动，从而同时放松预应力筋。

砂箱放张法如图3.15所示，钢制套箱内装石英砂或铁砂，放置在台座与横梁之间，放张时，将出砂口打开，砂缓慢流出，横梁逐渐向台座方向移动，从而使预应力筋同时缓慢放张。

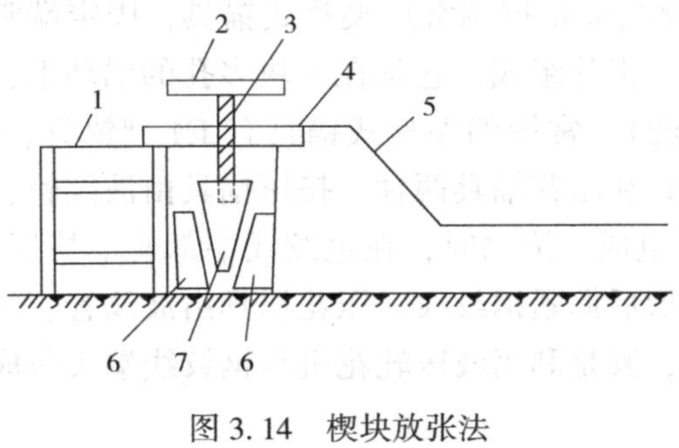

图3.14　楔块放张法

1—横梁；2—手轮；3—螺杆；4—承力板；5—台座；6—钢块；7—楔块

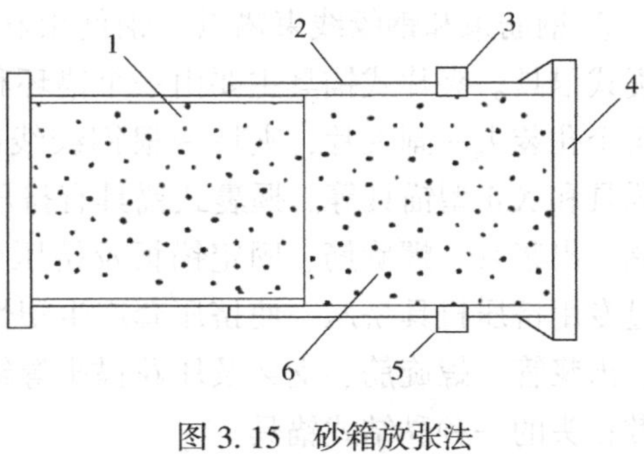

图3.15　砂箱放张法

1—活塞；2—套箱；3—进砂口；4—套箱底板；5—出砂口；6—砂

3.4.2 后张法有黏结预应力混凝土工程

3.4.2.1 基本概念

后张法有黏结预应力混凝土工程是指先制作混凝土构件，并在混凝土构件内按预应力筋的位置留出相应的孔道，待构件的混凝土强度达到规定的强度后，在预留孔道中穿入预应力筋进行张拉，并利用锚具把张拉后的预应力筋锚固在构件的端部，阻止钢筋回缩，从而使混凝土产生压应力，最后在孔道中灌入水泥浆，使预应力筋与混凝土构件形成整体，如图3.16所示。

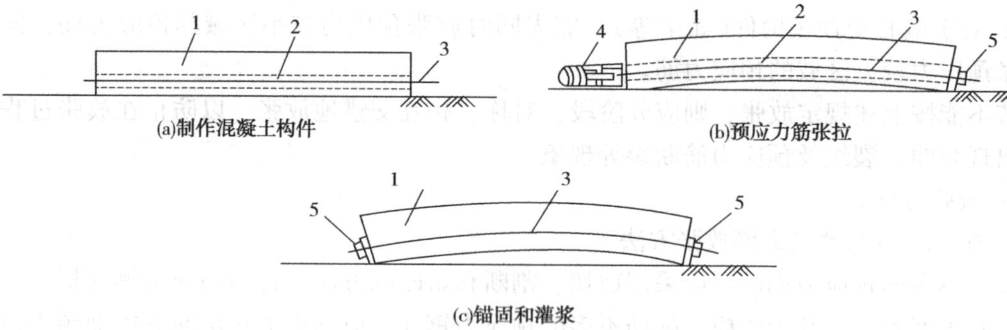

图3.16 后张法有黏结预应力混凝土工程施工示意图

1—混凝土构件；2—预留孔道；3—预应力筋；4—张拉设备；5—锚具

3.4.2.2 后张法施工设备

后张法施工常用的设备有锚具和张拉设备。

（1）锚具。锚具的种类很多，不同类型的预应力筋所配用的锚具不同。

① 单根钢筋锚具。单根钢筋锚具主要有螺丝端杆锚具和帮条锚具。螺丝端杆锚具由螺丝端杆、螺母和垫板组成，主要用来锚固张拉端。帮条锚具由衬板与三根帮条焊接而成，主要用来锚固固定端。单根钢筋如果采用一端张拉，则在张拉端用螺丝端杆锚具锚固，在固定端用帮条锚具锚固；如果采用两端张拉，则在两端均用螺丝端杆锚具锚固。

② 钢筋束和钢绞线束锚具。钢筋束和钢绞线束张拉端常用夹片式锚具，固定端常用握裹式锚具。夹片式锚具主要由一个锚环和若干夹片组成，它是在一块多孔的锚环上，利用每个孔装夹一副夹片，夹持一根钢绞线(钢筋)。常用的夹片式锚具有JM型锚具、QM型锚具和XM型锚具等。握裹式锚具有挤压锚具和压花锚具两种。挤压锚具由波纹管、约束圈、出浆管、螺旋筋、固定锚板及挤压套等组成。锚固时，在钢绞线端部套上挤压套，通过专用挤压机具挤压，使挤压套产生塑性变形后握紧钢绞线。压花锚具由波纹管、约束圈、出浆管、螺旋筋、支架及压花锚头等组成，其是利用液压轧花机将钢绞线端头压成梨形散花头的一种黏结式锚具。

③ 钢丝束锚具。钢丝束锚具主要有钢质锥形锚具、钢丝束墩头锚具和锥形螺杆锚具等。

a. 钢质锥形锚具。钢质锥形锚具由锚环和锚塞组成。其中，锚环在混凝土浇筑前埋置在构件端部，锚塞中间有小孔作锚固后灌浆用。锚固时，双作用千斤顶在张拉钢丝后将锚塞压入锚环内，利用钢丝在锚塞与锚环之间的摩擦力锚固钢丝。锚环内孔的锥度应与锚塞的锥度一致，锚塞上刻有细齿槽，可夹紧钢丝以防滑动。

b. 钢丝束墩头锚具。钢丝束墩头锚具分 A 型和 B 型两种。A 型钢丝束墩头锚具用于张拉端，由锚环和螺母组成，锚环内外壁均有丝扣。张拉时，张拉螺杆一端与锚环内丝扣连接，另一端与拉杆式千斤顶的拉头连接，当张拉到控制应力时，锚环被拉出，拧紧锚环外丝扣上的螺母加以锚固。B 型钢丝束墩头锚具用于固定端，仅有一块锚板。

c. 锥形螺杆锚具。锥形螺杆锚具由锥形螺杆、套筒、螺母及垫板等组成。锚固时，先将钢丝束均匀整齐地紧贴在螺杆锥体部分，然后用拉杆式千斤顶使螺杆锥体部分进入套筒并使套筒变形，从而锚紧钢丝束。

（2）张拉设备。后张法施工用到的张拉设备主要是千斤顶，常用拉杆式千斤顶、穿心式千斤顶及锥锚式千斤顶等三种。

① 拉杆式千斤顶。目前工地上常用的拉杆式千斤顶是 YL60 型，其行程为 150mm，最大拉力为 600kN，适用于张拉带螺丝端杆锚具的钢筋，以及带墩头锚具和锥形螺杆锚具的钢丝束等。

通过拉杆式千斤顶张拉预应力筋时，首先将连接器与预应力筋的螺丝端杆连接，并使顶杆支撑在构件端部的预埋钢板上，然后开动高压油泵使油液从主缸油嘴进入主缸，推动主缸活塞向右移动，同时活塞带动拉杆和螺丝端杆向右移动，从而拉伸预应力筋，达到张拉控制应力后，拧紧预应力筋端部的螺母，使预应力筋锚固在构件端部；锚固完毕后，改用副缸油嘴进油，推动主缸活塞和拉杆向左移动，回到开始张拉时的位置。

② 穿心式千斤顶。穿心式千斤顶是一种具有穿心孔，利用双液压缸张拉预应力筋和顶压锚具的双作用千斤顶，它适应性强，既可张拉用夹片式锚具锚固的钢绞线束，也可张拉用钢制锥形锚具锚固的钢丝束。常用的穿心式千斤顶是 YC60 型，其行程为 150mm，拉力为 600kN。

穿心式千斤顶的工作过程分四步，分别是张拉、顶压、张拉回程和顶压回程。张拉时，张拉缸油嘴进油，顶压油缸和其他部件连成一体右移顶住锚环，张拉油缸和其他部件连成一体带动工具锚左移张拉预应力筋；顶压锚固时，在保持张拉力稳定的条件下，顶压油缸油嘴进油，顶压活塞和其他部件连成一体右移将夹片强力顶入锚环内；张拉回程时，张拉缸油嘴回油、顶压缸油嘴进油；顶压回程时，张拉缸油嘴和顶压缸油嘴同时回油，顶压活塞在弹簧力作用下回程复位。

③ 锥锚式千斤顶。锥锚式千斤顶是一种具有张拉、顶锚和退楔等功能的三作用千斤顶，仅可用于张拉带锥形锚具的钢丝束。常用的锥锚液压千斤顶是 YZ85 型，其行程为 250mm，拉力为 850kN。

通过锥锚式千斤顶张拉预应力筋时，主缸进油，主缸被压移，使固定在其上的钢筋被张拉。钢筋张拉后，改由副缸进油，随即由副缸活塞将锚塞顶入锚环中。最后，主缸、副缸借助设置在主缸和副缸中弹簧作用同时回油复位。

3.4.2.3 有黏结预应力筋的制作

(1) 单根预应力筋的制作。单根预应力筋一般用热处理钢筋，其制作主要包括下料、对焊接长和冷拉等工序。单根预应力筋的下料长度通过计算确定，计算方法如下。

当两端均采用螺丝端杆锚具时，预应力筋下料长度 L 见式(3.10)。

$$L=\frac{l+2l_2-2l_1}{1+\gamma-\delta}+n\Delta \tag{3.10}$$

当一端采用螺丝端杆锚具，另一端采用帮条锚具时，预应力筋下料长度 L 见式(3.11)。

$$L=\frac{l+l_2+l_3-l_1}{1+\gamma-\delta}+n\Delta \tag{3.11}$$

式中，l 为构件的孔道长度；l_1 为螺丝端杆长度，一般为 320mm；l_2 为螺丝端杆伸出构件外的长度，按式(3.12)和式(3.13)计算；l_3 为帮条锚具所需钢筋长度；n 为对焊接头数量；Δ 为每个对焊接头的压缩量，一般为一个钢筋直径；γ 为预应力筋的冷拉率(由试验确定)；δ 为预应力筋的冷拉弹性回缩率，一般为 0.4%~0.6%。

张拉端：
$$l_2=2H+h+5(\text{mm}) \tag{3.12}$$

锚固端：
$$l_2=2H+h+10(\text{mm}) \tag{3.13}$$

式中，H 为螺母高度；h 为垫板厚度。

冷拉是指在常温条件下，以超过原来钢筋屈服点强度的拉应力，强行拉伸钢筋，使钢筋产生塑性变形，以达到提高钢筋屈服点强度和节约钢材的目的。

(2) 钢筋束及钢绞线束制作。钢筋束由直径为 10mm 的热处理钢筋编束而成，钢绞线束由直径为 12mm 或 15mm 的钢绞线编束而成。钢筋束及钢绞线束的制作一般包括开盘冷拉(预拉)、下料和编束等工序。钢筋下料前要进行冷拉；钢绞线比较长，一般卷成盘运到现场，在下料前为了减少构造变形和应力松弛损失，需要进行预拉。钢筋和钢绞线的下料长度计算如下。

一端张拉时，钢筋和钢绞线的下料长度 L 为式(3.14)。

$$L=l+a+b \tag{3.14}$$

两端张拉时，钢筋和钢绞线的下料长度 L 为式(3.15)。

$$L=l+2a \tag{3.15}$$

式中，l 为构件的孔道长度；a 为张拉端留量，与锚具和张拉千斤顶尺寸有关；b 为固定端留量，一般为 80mm。

为了保证钢筋或钢绞线穿入构件孔道和张拉时不发生扭结，应对其进行编束。编束时，一般把钢筋或钢绞线理顺后，用 18~22 号铁丝每隔 1m 左右绑扎一道，形成束状。

(3) 钢丝束的制作。钢丝束的制作随着锚具的不同而异，但一般都要经过调直、下料、编束和安装锚具等工序。下面以用墩头锚具为例，介绍钢丝束的下料、编束和安装锚具等工序。

当用墩头锚具时，一端张拉，钢丝下料长度 L 可按式(3.16)计算。

$$L=L_0+2a+2b-0.5(H-H_1)-\Delta L-C \tag{3.16}$$

式中，L_0为构件的孔道长度；a 为锚板厚度；b 为钢丝墩头留量，一般为钢筋直径的 2 倍；H 为锚环高度；H_1为螺母高度；ΔL 为张拉时钢丝伸长值；C 为混凝土弹性压缩(若很小可忽略不计)。

当用墩头锚具时，钢丝编束应考虑钢丝分圈布置的特点，编束时首先将内圈和外圈钢丝分别用铁丝顺序编扎，然后将内圈钢丝放在外圈钢丝内扎牢。钢丝编束好后，先在一端安装锚环并完成墩头工作；另一端的墩头，待钢丝束穿过孔道安装上锚板后再进行。

3.4.2.4　有黏结预应力施工工艺

有黏结预应力施工工艺的流程如图 3.17 所示。

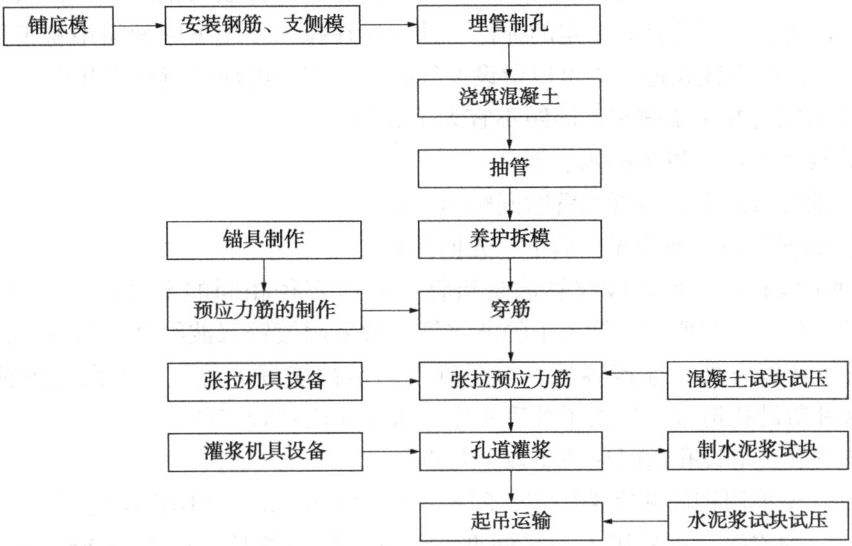

图 3.17　后张法有黏结预应力施工工艺流程

下面主要介绍孔道留设、预应力筋张拉和孔道灌浆等工序。

(1) 孔道留设。孔道留设是后张法施工的一个关键工序，留设方法一般有钢管抽芯法、胶管抽芯法和预埋波纹管法等三种。

① 钢管抽芯法。钢管抽芯法是指预先将钢管敷设在模板的孔道位置上，在混凝土浇筑后每隔一定时间慢慢转动钢管，以防它与混凝土黏住，在混凝土初凝后、终凝前抽出钢管形成孔道。

钢管抽芯法适用于留设直线孔道，留设时应注意以下几点：

a. 钢管要平直，表面必须圆滑，预埋前应先除锈、刷油。

b. 钢管的位置通常用钢筋井字架固定，井字架间距一般为 1~2m。

c. 每根钢管的长度最好不要超过 15m，以便于旋转或抽出。较长构件可用两根钢管接长，两根钢管的接头处可用 0.5mm 厚铁皮做成的套管连接。

d. 应恰当掌握抽管时间，抽管过早会造成坍孔事故；抽管过晚会使混凝土与钢管黏结过牢，造成抽管困难。常温下，抽管时间约在混凝土浇筑后3~6h。

e. 抽管顺序宜先上后下。抽管时，速度应均匀，边抽边转，并与孔道保持在一条直线上。

f. 抽管后，应及时检查孔道情况，做好孔道清理工作。

② 胶管抽芯法。胶管抽芯法是指制作混凝土构件时，预先在预应力筋的位置处埋设胶管，待混凝土硬结后再将胶管抽出。胶管有夹布胶管和钢丝网橡皮管两种。

夹布胶管质软，在使用前必须在管内充气或充水，其留设孔道的具体方法是：在浇筑混凝土前，胶管内充入压力为0.6~0.8MPa的压缩空气或压力水，管径增大约3mm。待浇筑的混凝土凝固后，放出压缩空气或压力水，管径缩小，与混凝土脱开，随即拔出胶管。

钢丝网橡皮管质硬，且有一定的弹性，其留设孔道的方法与钢管一样，只是浇筑混凝土后不需要转动，由于其具有一定的弹性，抽管时在拉力作用下断面缩小易于拔出。胶管抽芯法既可以留设直线孔道，也可以留设曲线孔道，留设时应注意以下几点：

a. 胶管用钢筋井字架固定，间距不宜大于0.5m。

b. 胶管要密封好，以免漏水、漏气。

c. 胶管抽管时间要比钢管抽管时间略迟一点。

d. 胶管抽管顺序一般为先上后下、先曲后直。

③ 预埋波纹管法。预埋波纹管法是指将与孔道直径相同的金属波纹管埋在构件中，无须抽出形成孔道。预埋波纹管法中的波纹管一般采用镀锌双波纹金属软管，其具有质量轻、刚度好、弯折方便、连接容易、与混凝土黏结性能好等优点，可做成各种形状的孔道，而且这种留设孔道方法省去了抽管工序，所以应用比较广泛。

预埋波纹管法留设孔道时应注意以下几点：

a. 波纹管要采用钢筋井字架固定，间距不宜大于0.8m，并用铁丝扎牢。

b. 波纹管的连接，可采用大一号同型波纹管，接头管长度应大于200mm，用密封胶带或塑料热塑管封口。

c. 使用波纹管时应尽量避免反复弯曲，以防管壁开裂，同时应防止电焊火花烧伤管壁。

d. 波纹管安装时，应检查有无渗漏现象。

（2）预应力筋张拉。

① 张拉前的准备工作。张拉前的准备工作主要包括对构件的强度、几何尺寸和孔道畅通情况进行检查，以及对张拉设备进行校验等。构件的混凝土强度应符合设计要求；若设计无要求时，不应低于设计强度的75%。

② 张拉控制应力确定。张拉控制应力应符合规定，不得超过表3.12所示的规定。

③ 张拉程序确定。后张法有黏结预应力筋的张拉程序应根据构件类型、锚固体系、预应力筋的松弛等因素来确定，一般可按下列情况来选用。

a. 当采用低松弛钢丝或钢绞线时，可采用张拉程序 $0 \rightarrow \sigma_{con}$。

b. 当采用普通松弛预应力筋时，可采用张拉程序 $0 \rightarrow 1.05\sigma_{con} \xrightarrow{\text{持荷 2min}} \sigma_{con}$。

c. 当采用夹片式锚具时，可采用张拉程序 $0 \rightarrow 1.03\sigma_{con}$。

④ 张拉顺序。张拉顺序应考虑使构件不扭转或侧弯，不产生过大偏心力等。一般预应力筋应同时张拉，若不能同时张拉，则应分批、分段对称张拉。

⑤ 张拉端设置。为了减少预应力筋与预留孔壁摩擦引起的预应力损失，后张法有黏结预应力筋应根据设计和专项施工方案的要求采用一端张拉或两端张拉。当设计无要求时，张拉端可按下列规定设置。

a. 有黏结预应力筋长度不大于 20m 时，可一端张拉；

b. 有黏结预应力筋长度大于 20m 时，宜两端张拉。

⑥ 预应力筋伸长值测定。在张拉过程中，应测定预应力筋的实际伸长值，用以校核预应力值，实际测得的伸长值与计算的伸长值偏差不得超过±6%，若超过，应暂停张拉，待查明原因及采取措施调整后，方可重新张拉。

(3) 孔道灌浆。预应力筋张拉后，应及时进行孔道灌浆。灌浆可以防止预应力筋锈蚀，减少预应力松弛损失，使预应力筋与混凝土构件黏结成整体，提高结构的抗裂性能和承载力。

孔道灌浆时，应注意以下几点：

① 灌浆前，应将预应力筋锚固后的外露多余长度采用机械方法切割(或用氧-乙炔焰切割)，其外露长度不宜小于预应力筋直径的 1.5 倍，且不应小于 30mm。

② 灌浆前，应全面检查构件孔道、排气兼泌水管及灌浆孔是否畅通。

③ 灌浆顺序宜先灌下层孔道，后灌上层孔道，以免漏浆堵塞。

④ 灌浆应缓慢连续进行，直至排气管排出的浆体稠度与注浆孔处相同且无气泡后，再顺浆体流动方向依次封闭排气孔。全部出浆口封闭后，宜继续加压 0.5~0.7MPa，稳压 2min 后，封闭灌浆口。

⑤ 灌浆用的水泥浆制备和使用应符合相关规范。

3.4.3　后张法无黏结预应力混凝土工程

后张法无黏结预应力混凝土工程是指在预应力筋表面刷涂料并包裹一层塑料布(管)后，将其铺设在支好的模板内，然后浇筑混凝土，待混凝土达到设计规定的强度后，进行预应力筋张拉和锚固。

无黏结预应力混凝土工程无须留孔灌浆，具有施工简便、摩擦损失小、预应力筋易弯成多跨曲线形状等优点，适用于大跨度的单、双向连续多跨曲线配筋梁板结构和屋盖。

3.4.3.1　无黏结预应力筋

(1) 无黏结预应力筋组成。如图 3.18 所示，无黏结预应力筋由预应力钢材、涂料层和外包层组成。其中，预应力钢材一般为钢丝或钢绞线；涂料层主要为沥青或油脂，其作用是使预应力筋与混凝土隔离，减少张拉时的摩擦损失，防止预应力筋腐蚀；外包层通常为塑料布或塑料管，其作用是使预应力筋外观挺直、规整，并具有一定刚度，以防预应力筋在运输、储存、铺设和浇筑混凝土时发生不可修复的损坏。

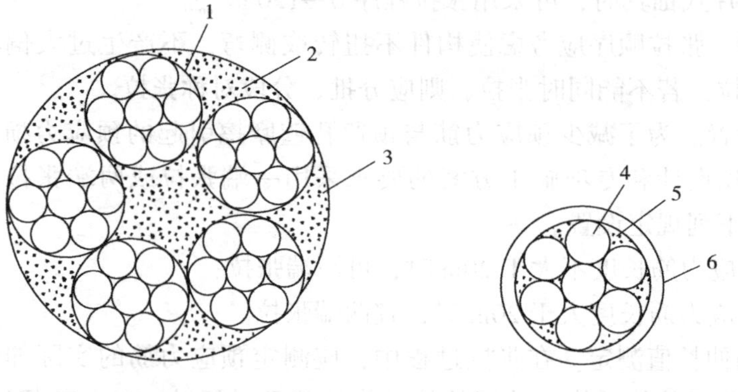

(a)无黏结钢绞线束　　(b)无黏结钢丝束或单根钢绞线

图 3.18　无黏结预应力筋横截面示意图

1—钢绞线；2—沥青涂料；3—塑料布外包层；4—钢丝；5—油脂涂料；6—塑料管外包层

(2) 无黏结预应力筋制作。无黏结筋的制作，一般采用涂包成形工艺和挤压涂层工艺。

① 涂包成形工艺。涂包成形工艺可以采用手工操作完成内涂刷沥青或油脂，外包塑料布，也可以在缠纸机上连续作业，完成编束、涂油、镦头、缠塑料布和切断等工序。

缠纸机由放线盘、梳子板、油枪、塑料布卷、切断机、滚道台及牵引装置等组成。施工时，钢丝放在放线盘上，穿过梳子板制成钢丝束，通过油枪均匀涂油后穿入锚环，用冷镦机冷镦锚头，带有锚环的成束钢丝用牵引机向前牵引，同时开动装有塑料布条的缠纸转盘，钢丝束一边前进一边进行缠绕塑料布条的工作。当钢丝束达到需要长度后进行切割，成为一完整的无黏结预应力筋。

② 挤压涂层工艺。挤压涂层工艺施工的设备主要由放线盘、涂油装置、塑料挤压机机头、风冷装置、水冷装置、牵引机和收线盘等组成。施工时，钢筋通过涂油装置涂油，涂过油的钢筋经过塑料挤压机机头，被挤压成形的塑料管包裹。

3.4.3.2　无黏结预应力筋施工工艺

无黏结预应力筋施工工艺主要包括预应力筋的铺设、混凝土浇筑与养护、预应力筋张拉及预应力筋端部处理等工序。

(1) 预应力筋的铺设。

① 准备工作。在铺设无黏结预应力筋前，应检查其外包层的完好程度，若轻微破损，则应用塑料带补包好；若严重破损，则应予以报废。

② 铺设。无黏结预应力筋的铺设是指在混凝土浇筑前将无黏结预应力筋铺设在模板内，铺设要点如下：

a. 无黏结预应力筋通常在底部非预应力筋铺设后、水电管线铺设前进行，支座处负弯矩钢筋在最后铺设。

b. 在单向板中，无黏结预应力筋的铺设与非预应力筋铺设基本相同；在双向板中，应先铺下面的预应力筋，再铺上面的预应力筋，以免预应力筋相互穿插。

c. 无黏结预应力筋应严格按照设计要求的曲线形状就位固定牢固。

d. 无黏结预应力筋的曲率可通过垫铁马凳控制。铁马凳高度应根据设计要求的曲率确定。铁马凳间隔不宜大于 2m，并应用铁丝将其与无黏结预应力筋扎紧；也可以用铁丝将无黏结预应力筋与非预应力钢筋绑扎牢固，以防止无黏结预应力筋在浇筑混凝土过程中发生位移，绑扎点的间距为 0.7~1.0m。

（2）混凝土浇筑与养护。无黏结预应力筋铺设固定完毕后，应进行隐蔽工程验收。在确认合格后，方可浇筑混凝土。混凝土浇筑时，严禁踏压、碰撞无黏结预应力筋、支撑钢筋及端部预埋件。混凝土应振捣密实，必须保证张拉端与固定端混凝土的浇捣质量。混凝土浇捣完毕后，进行混凝土养护。

（3）预应力筋张拉。在混凝土浇筑后，应进行无黏结预应力筋的张拉，张拉时应注意以下几点：

a. 预应力筋张拉时，混凝土强度应符合设计要求，当设计无要求时，混凝土的强度应达到设计强度的 75%。

b. 张拉程序一般采用 $0 \rightarrow 1.03\sigma_{con}$ 以减少无黏结预应力筋的松弛损失。

c. 张拉顺序应根据预应力筋的铺设顺序进行，先铺设的先张拉，后铺设的后张拉。

d. 当预应力筋的长度小于 25m 时，应采用一端张拉；当长度大于 25m 时，应采用两端张拉；当长度超过 50m 时，应采取分段张拉。

e. 在预应力平板结构中，预应力筋往往很长，应尽量减少其摩擦损失。施工时，为降低摩擦损失，可采用多次重复张拉方法。例如，成束无黏结预应力筋正式张拉前，一般先用千斤顶往复抽动 1~2 次。

f. 预应力筋的张拉伸长值应按设计要求进行控制。

（4）预应力筋端部处理。无黏结预应力筋张拉锚固后，端部会留下孔道，该部分预应力筋没有涂层，应封闭处理以进行保护。无黏结预应力筋张拉端的处理方法一般是在孔道中注入油脂或环氧树脂水泥砂浆，然后用细石混凝土封闭锚头部位。无黏结预应力筋的固定端可设置在构件内。

第4章　装配式混凝土结构施工

4.1　装配式混凝土构件吊装

装配式混凝土建筑是指以工厂化生产的混凝土预制构件为主，通过现场装配的方式设计建造的混凝土结构类房屋建筑。构件的装配方法一般有现场后交叠合层混凝土、钢筋锚固后浇混凝土连接等，钢筋连接可采用套筒灌浆连接、焊接、机械连接及预留孔洞搭接连接等做法。装配式混凝土建筑是建筑工业化最重要的方式，它具有提高质量、缩短工期、节约能源、减少消耗、清洁生产等许多优点。

4.1.1　装配式混凝土建筑概述

4.1.1.1　装配式混凝土建筑的特点

(1) 主要构件在工厂或现场预制，采用机械吊装，可与现场各专业施工同步进行，具有施工速度快、工程建设周期短、利于冬期施工的特点。

(2) 构件预制采用定型模板平面施工作业，代替现浇结构立体交叉作业，具有生产效率高、产品质量好、安全环保、有效降低成本等特点。

(3) 在预制构件生产环节可采用反打一次成型工艺或立模工艺将保温、装饰、门窗附件等特殊要求的功能高度集成，减少了物料损耗和施工工序。

(4) 由于对从业人员的技术管理能力和工程实践经验要求较高，装配式建筑的设计施工应做好前期策划，具体包括工期进度计划、构件标准深化设计及资源优化配置方案等。

4.1.1.2　装配式混凝土建筑的优势

装配式混凝土建筑在生产方式上的转变，主要体现为五化：即建筑设计标准化、部品生产工厂化、现场施工装配化、结构装修一体化和建造过程信息化。因此，与传统建筑相比，装配式混凝土建筑呈现出如下优势：

(1) 保证工程质量。装配式建筑构件在预制工厂生产，生产过程中可对温度、湿度等条件进行控制，构件的质量更容易得到保证。

(2) 降低安全隐患。装配式建筑的构件运输到现场后，由专业安装队伍严格遵循流程进行装配，大大提高了工程质量并降低了安全隐患。

(3) 提高生产效率。装配式建筑的构件由预制工厂批量采用钢模生产，减少脚手架和模板数量，尤其是生产形式较复杂的构件时，优势更为明显；同时省掉了相应的施工流程，大大提高了时间利用率。

(4) 降低人力成本。装配式建筑由于采用预制工厂施工，现场装配施工，机械化程度高，减少现场施工及管理人员数量，节省了人工费，提高了劳动生产率。

(5) 节能环保，减少污染。装配式建筑循环经济特征显著，由于采用的钢模板可循环使用，节省了大量脚手架和模板作业，节约了木材资源。此外，由于构件在工厂生产，现场作业少，大大减少了噪声和烟尘，对环境影响较小。

(6) 模数化设计，延长建筑寿命。装配式建筑进行建筑设计时，首先对户型进行优选，在选定户型的基础上进行模数化设计和生产。由于采用灵活的结构形式，住宅内部空间可进一步改造，延长了住宅使用寿命。

4.1.1.3　装配式混凝土建筑的分类

预制装配式混凝土建筑的预制构件主要有预制外墙、预制梁、预制柱、预制剪力墙、预制楼板、预制楼梯、预制露台等。装配式混凝土建筑按照预制构件的预制部位不同可分为全预制装配式混凝土结构体系和预制装配式整体式混凝土结构体系。

(1) 全预制装配式结构。全预制装配式结构，是指所有结构构件均在工厂内生产，运至现场进行装配。全预制装配式结构通常采用柔性连接技术，所谓柔性连接是指连接部位抗弯能力比预制构件低，因此，地震作用下弹塑性变形通常发生在连接处，而梁柱构件本身不会被破坏，或者是变形在弹性范围内。因此，全预制装配式结构的恢复性能好，震后只需对连接部位进行修复即可继续使用，具有较好的经济效益。

全装配式建筑的维护结构可以采用现场砌筑或浇筑，也可以采用预制墙板。它的主要优点是生产效率高，施工速度快，构件质量好，受季节性影响小，在建设量较大而又相对稳定的地区，采用工厂化生产可以取得较好的效果。

(2) 预制装配整体式结构。预制装配整体式结构，是指部分结构构件在工厂内生产，如预制外墙、预制内隔墙、半预制露台、半预制楼板、半预制梁、预制楼梯等预制构件，预制构件运至现场后，与主要竖向承重构件(预制或现浇梁柱、剪力墙等)通过叠合层现浇楼板浇筑成整体的结构体系。

预制装配整体式结构通常采用强连接节点，由于强连接的装配式结构在地震中依靠构件截面的非弹性变形耗能能力，因此能够达到与现浇混凝土现浇结构相同或相近的抗震能力，具有良好的整体性能，具有足够的强度、刚度和延性，能安全抵抗地震力。

预制装配整体式结构的主要优点是生产基地一次投资比全装配式少，适应性大，节省运输费用，便于推广。在一定条件下也可以缩短工期，实现大面积流水施工，结构的整体性良好，并能取得较好的经济效果。

4.1.1.4　装配式构件进场验收

(1) 预制构件进场首先检查构件合格证并附构件出厂混凝土同条件抗压强度报告。

(2) 预制构件进场检查构件标识是否准确、齐全。

① 型号标识：类别、连接方式、混凝土强度等级、尺寸。

② 安装标识：构件位置、连接位置。

③ 装配式构件质量验收项目，见表4.1。

表 4.1　装配式构件质量验收项目

序号	验收项目	验收要求
1	预制混凝土构件观感质量检验	满足要求
2	预制混凝土构件尺寸及其误差	满足要求
3	预制混凝土构件间结合构造	满足要求
4	预留连接孔洞的深度及垂直度	满足要求
5	灌浆孔与排气孔是否畅通	对应检查标识
6	预制混凝土构件端部各种线管出入口的位置	准确
7	吊装、安装预埋件的位置	准确
8	叠合面处理	符合要求

④装配式构件结构性能验收项目，见表 4.2。

表 4.2　装配式构件结构性能验收项目

验收项目	验收要求	验收项目	验收要求
预制混凝土构件的混凝土强度	符合设计要求	预制混凝土构件的隐蔽工程验收	合格
预制混凝土构件的钢筋力学性能	符合设计要求	预制混凝土构件的结构实体检验	合格

4.1.1.5　测量放线

测量放线是装配整体式混凝土施工中要求最为精确的一道工序，对确定预制构件安装位置起着重要作用，也是后序工作位置准确的保证。预制构件安装放线遵循先整体后局部的程序。先放大墙位置线，后放小墙位置线；先放承重墙位置线，后放非承重墙位置线。装配式工程测量放线必须准确无误。

4.1.2　预制混凝土柱施工

4.1.2.1　预制框架柱吊装施工流程

预制框架柱进场、验收→按图放线→安装吊具→预制框架柱扶直→预制框架柱吊装→预留钢筋就位→水平调整、竖向校正→安放斜支撑固定→摘钩。

4.1.2.2　施工要点

（1）检查预制框架柱进场的尺寸、规格，混凝土的强度是否符合设计和规范要求，检查柱上预留套管及预留钢筋是否满足图纸要求，套管内是否有杂物；同时做好记录，并与现场预留套管的检查记录进行核对。

（2）根据预制框架柱平面各轴的控制线和柱框线校核预埋套管位置的偏移情况，并做好记录，若预制框架柱有小距离的偏移需借助就位设备进行调整，无问题方可进行吊装。

（3）吊装前在柱四角放置金属垫块，以利于预制柱的垂直度校正，按照设计标高，结合柱子长度对偏差进行确认。用经纬仪控制垂直度，若有少许偏差运用千斤顶等进行调整。

（4）预制框架柱初步就位时应将预制柱下部钢筋套筒与下层预制柱的预留钢筋初步试对，无问题后准备进行固定。

(5) 预制框架柱接头连接采用套筒灌浆连接技术。

① 封边。柱脚四周采用坐浆材料封边，形成密闭灌浆腔，保证在最大灌浆压力(约1MPa)下密封有效。

② 灌浆。用灌浆泵(枪)从接头下方的灌浆孔处向套筒内压力灌浆，特别注意正常灌浆浆料要在自加水搅拌开始20~30min灌完，以尽量保留一定的操作应急时间。

③ 封堵。接头灌浆时，待接头上方的排浆孔流出浆料后，及时用专用橡胶塞封堵。灌浆泵(枪)口撤离灌浆孔时，也应立即封堵。通过水平缝连通腔一次向构件的多个接头灌浆时，应按浆料排出先后依次封堵灌浆排浆孔，封堵时灌浆泵(枪)一直保持灌浆压力，直至所有灌排浆孔出浆并封堵牢固后再停止灌浆。如有漏浆须立即补灌损失的浆料。在灌浆完成、浆料凝结前，应巡视检查已灌浆的接头，如有漏浆及时处理。

同一仓只能用一个灌浆孔灌浆，不能同时选择两个以上孔灌浆；同一仓应连续灌浆，不得中途停顿，如果中途停顿，再次灌浆时，应保证已灌入的浆料有足够的流动性，还需要将已经封堵的出浆孔打开，待灌浆料再次流出后逐个封堵出浆孔。

4.1.3 预制混凝土梁施工

4.1.3.1 预制框架梁吊装施工流程

预制框架梁进场、验收→按图纸要求放线(梁搁柱头边线)→设置梁底支撑→拉设安全绳→预制梁起吊→预制梁就位安放→微调控位→摘钩。

4.1.3.2 施工要点

(1) 弹控制线。测出柱顶与梁底标高误差，柱上弹出梁边控制线。

(2) 注写编号。在构件上标明每个构件所属的吊装顺序和编号，便于吊装人员辨认。

(3) 梁底支撑。梁底支撑采用立杆支撑+可调顶托+100mm×100mm木方，预制梁的标高通过支撑体系的顶丝来调节。

(4) 起吊。梁起吊时，用吊索钩住扁担梁的吊环，吊索应有足够的长度以保证吊索和扁担梁之间的角度≥60°。当梁初步就位后，两侧借助柱头上的梁定位线将梁精确校正，在调平的同时将下部可调支撑上紧，这时方可松去吊钩。主梁吊装结束后，根据柱上已放出的梁边和梁端控制线，检查主梁上的次梁缺口位置是否正确，如不正确，需做相应处理后方可吊装次梁，梁在吊装过程中要按柱对称吊装。

(5) 预制梁板柱接头连接(见图4.1)。

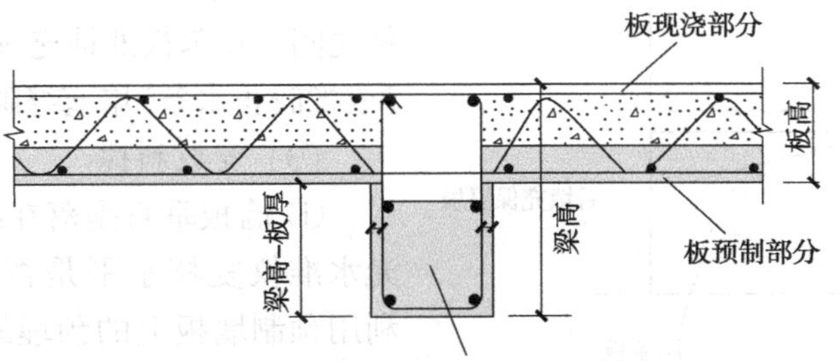

图4.1 预制板与梁之间的连接

键槽混凝土浇筑前应将键槽内的杂物清理干净，并提前24h浇水湿润。键槽钢筋绑扎时，为确保钢筋位置的准确，键槽预留U形开口箍，待梁柱钢筋绑扎完成，在键槽上安装门形开口箍与原预留U形开口箍双面焊接缝长度为$5d$(d为钢筋直径)。

4.1.4 预制混凝土墙施工

4.1.4.1 预制混凝土剪力墙吊装施工流程

预制剪力墙进场、验收→按图纸要求放线→安装吊具→预制剪力墙扶直→预制剪力墙吊装→预留钢筋插入就位→水平调整、竖向校正→安放斜支撑固定→摘钩。

4.1.4.2 预制混凝土剪力墙吊装施工要点

(1) 吊装准备。

① 吊装就位前将所有柱、墙的位置在地面弹好墨线，根据后置埋件布置图，采用后钻孔法安装预制构件定位卡具，并进行复核检查。

② 对起重设备进行安全检查，并在空载状态下对吊臂角度、负载能力、吊绳等进行检查，对吊装困难的部件进行空载实际演练(必须进行)，将手拉葫芦、斜撑杆、膨胀螺栓、扳手、2m靠尺、开孔电钻等工具准备齐全，操作人员对操作工具进行清点。

③ 检查预制构件预留灌浆套筒是否有缺陷、杂物和油污，保证灌浆套筒完好；提前架好经纬仪、激光水准仪并调平。

④ 填写施工准备情况登记表，施工现场负责人检查核对签字后方可开始吊装。

(2) 吊装。

① 吊装时采用带手拉葫芦的扁担式吊装设备，加设揽风绳。

② 顺着吊装前所弹墨线缓缓下放墙板，吊装经过的区域下方设置警戒区，施工人员应撤离，由信号工指挥，就位时待构件下降至距作业面1m左右高度时施工人员方可靠近操作，以保证操作人员的安全。

③ 墙板下放好金属垫块，垫块可保证墙板底标高的准确性(也可提前在预制墙板上安装定位角码，顺着定位角码的位置安放墙板)。

④ 墙板底部若局部套筒未对准，可使用手拉葫芦将墙板手动微调，重新对孔。

⑤ 底部没有灌浆套筒的外填充墙板直接顺着角码缓缓放下墙板。垫板造成的空隙可用坐浆方式填补。为防止坐浆料填充到外叶板之间，在苯板处补充50mm×20mm的保温板(或橡胶止水条)堵塞缝隙，如图4.2所示。

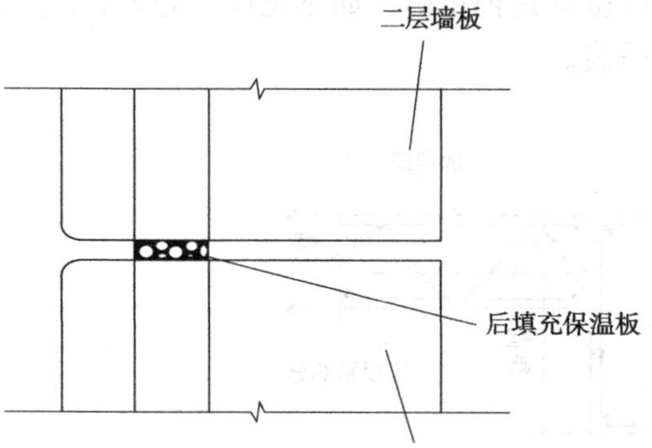

图4.2 后填充保温板

(3) 安放斜撑。

① 墙板垂直坐落在准确位置后，使用激光水准仪复核水平是否有偏差，无误差后，利用预制墙板上的预埋螺栓和地面后置膨胀螺栓安装斜支撑杆，检测预制墙体垂直度及复测墙顶标高后，利用斜撑杆调节好墙体的

垂直度，方可松开吊钩。

② 调节斜撑杆完毕后，再次校核墙体的水平位置和标高、垂直度、相邻墙体的平整度。其检查工具包括经纬仪、水准仪、靠尺、水平尺(或软管)、线坠、拉线等。

4.1.4.3 预制混凝土外墙挂板吊装施工流程

预制墙板进场、验收→放线→安装固定件→安装预制挂板→缝隙处理→安装完毕。

4.1.4.4 预制混凝土外墙挂板吊装施工要点

(1) 外墙挂板施工前准备。预制构件控制线应由轴线引出，每块预制构件应有纵横控制线两条；预制外墙挂板安装前应在墙板内侧弹出竖向线与水平线，安装时应与楼层上该墙板控制线相对应。当采用饰面砖外装饰时，饰面砖竖向、横向砖缝应引测。贯通到外墙内侧来控制相邻板与板之间、层与层之间饰面砖砖缝对直；预制外墙板垂直度测量，4 个角留设的测点为预制外墙板转换控制点，用靠尺以此 4 点在内侧进行垂直度校核和测量；应在预制外墙板顶部设置水平标高点，在上层预制外墙板吊装时，应先垫垫块或在构件上预埋标高控制调节件。

(2) 外墙挂板的吊装。预制构件应按照施工方案吊装顺序预先编号，严格按照编号顺序起吊；吊装应采用慢起、稳升、缓放的操作方式，应系好缆风绳控制构件转动；在吊装过程中，应保持稳定，不得偏斜、摇摆和扭转。

(3) 外墙挂板底部固定、外侧封堵。外墙挂板底部坐浆材料的强度等级不应小于被连接的构件强度，坐浆层的厚度不应大于 20mm，外墙挂板外侧为了防止坐浆料外漏，应在外侧保温板部位固定 50mm 宽×20mm 厚的具备 A 级保温性能的材料进行封堵。预制构件吊装到位后应立即进行下部螺栓固定并做好防腐防锈处理。上部预留钢筋与叠合板钢筋或框架梁预埋件焊接。

(4) 预制外墙挂板连接接缝防水密封胶施工。预制外墙挂板连接接缝采用防水密封胶施工时应符合下列规定：

① 预制外墙挂板外侧水平、竖直接缝的防水密封胶封堵前，侧壁应清理干净，保持干燥。嵌缝材料应与挂板牢固黏结，不得漏嵌和虚黏。

② 外侧竖缝及水平缝防水密封，防水密封胶应在预制外墙挂板校核固定后嵌填，先安放填充材料，然后注胶。防水密封胶应均匀顺直，饱满密实，表面光滑连续。

③ 外墙挂板“十”字拼缝处的防水密封胶注胶连续完成。

4.1.4.5 预制内隔墙吊装施工流程

预制内隔墙板进场、验收→按图纸要求放线→安装固定件→安装预制内墙隔板→灌浆→粘贴网格布→勾缝→安放完毕。

4.1.4.6 预制内隔墙吊装施工要点

(1) 对照图纸在现场弹出轴线，并按设计标明每块板的位置。

(2) 按照施工方案吊装顺序预先编号。将安装位洒水润湿，地面上、墙板下放好垫块。沿着所弹墨线缓缓下放，直至坐浆密实，利用预制墙板上的预埋螺栓和地面后置膨胀螺栓安装斜支撑杆，复测墙板顶标高后方可松开吊钩。利用斜撑杆调节墙板垂直度；刮平并补齐底部缝隙的坐浆；复核墙体的水平位置和标高、垂直度、相邻墙体的平整度。

（3）内填充墙底部坐浆、墙体临时支撑。坐浆层的厚度不应大于20mm，预制构件吊装到位后，应立即进行墙体的临时支撑工作，每个预制构件的临时支撑不宜少于2道，其支撑点距离板底的距离不宜小于构件高度的2/3，且不应小于构件高度的1/2，安装好斜支撑后，通过微调临时斜支撑使预制构件的位置和垂直度满足规范要求，最后拆除吊钩，进行下一块墙板的吊装工作。

4.1.5 预制混凝土楼板施工

4.1.5.1 预制混凝土楼板吊装施工流程

预制叠合板进场、验收→放线(板搁梁边线)→搭设叠合板底支撑→预制叠合板吊装→预制叠合板就位→预制叠合板微调定位→摘钩。

4.1.5.2 预制混凝土楼板施工要点

（1）进场验收。

① 进场验收主要检查资料和外观质量，防止在运输过程中发生损坏现象。

② 预制叠合板进入工地现场，堆放场地应夯实平整，并应防止地面不均匀下沉。预制带肋底板应按照不同型号、规格分类堆放。预制带肋底板应采用板肋朝上叠放的堆放方式，严禁倒置，各层预制带肋底板下部应设置垫木，垫木应上下对齐，不得脱空。

（2）弹控制线和注写编号。在每条吊装完成的梁或墙上测量并弹出相应预制板四周控制线，并在构件上标明每个构件所属的吊装顺序和编号，便于吊装人员辨认。

（3）板底支撑。在叠合板两端部位设置临时可调节支撑杆，预制楼板的支撑设置应符合以下要求：

① 支撑架体应具有足够的承载能力、刚度和稳定性，应能可靠地承受混凝土构件的自重和施工过程中所产生的荷载及风荷载。

② 确保支撑系统的间距及距离墙、柱、梁边的净距符合系统验算要求，上下层支撑应在同一直线上。板下支撑间距不大于3.3m，当支撑间距大于3.3m且板面施工荷载较大时，跨中需在预制板中间加设支撑。

（4）起吊。

① 在可调节顶撑上架设木方，调节木方顶面至板底设计标高，开始吊装预制楼板。

② 预制带肋底板的吊点位置应合理设置，起吊就位应垂直平稳，两点起吊或多点起吊时吊索与板水平面所成夹角不应小于45°。

③ 吊装应按顺序连续进行，板吊至柱上方3~6cm后，调整板位置使锚固筋与梁箍筋错开便于就位，板边线基本与控制线吻合。将预制楼板坐落在木方顶面，及时检查板底与预制叠合梁的接缝是否到位，预制楼板钢筋入墙长度是否符合要求，直至吊装完成。

4.1.6 预制混凝土楼梯施工

4.1.6.1 预制混凝土楼梯吊装施工流程

预制楼梯进场、验收→放线→预制楼梯吊装→预制楼梯安装就位→预制楼梯微调定位→吊具拆除。

4.1.6.2 预制混凝土楼梯吊装施工要点

(1) 确定控制线。楼梯间周边梁板叠合后，测量并弹出相应楼梯构件端部和侧边的控制线。

(2) 试吊。调整索具铁链长度，使楼梯段休息平台处于水平位置，试吊预制楼梯板，检查吊点位置是否准确，吊索受力是否均匀等；试起吊高度不应超过1m。

(3) 吊装。

① 楼梯吊至梁上方30~50cm后，调整楼梯位置使上下平台锚固筋与梁箍筋错开，板边线基本与控制线吻合。

② 根据楼梯控制线，用就位协助设备等将构件根据控制线精确就位，先保证楼梯两侧准确就位，再使用水平尺和手拉葫芦调节楼梯水平。

4.2 钢筋套筒灌浆连接

钢筋套筒灌浆是通过空气压缩机将空气由气管输送至灌有搅拌充分的钢筋连接用高性能灌浆料的灌浆压力罐，在压力的作用下，将罐内的灌浆料拌合物压出，通过导管从灌浆孔压入封堵严密的预制构件灌浆仓，从而完成灌浆。

硬化后的灌浆料分别与钢筋和灌浆套筒产生握裹作用，将一根钢筋中的力传递至另一根钢筋，实现钢筋连续可靠传力。

4.2.1 钢筋套筒灌浆连接接头材料组成与灌浆套筒型号组成

钢筋套筒灌浆连接接头由钢筋、灌浆套筒、灌浆料三种材料组成，其中，灌浆套筒按加工方式分为铸造灌浆套筒和机械加工灌浆套筒；按结构形式分为半灌浆套筒和全灌浆套筒(见图4.3)，半灌浆套筒连接的接头一端为灌浆连接，另一端为机械连接，全灌浆套筒接头两端均采用灌浆方式连接钢筋。

灌浆套筒型号由名称代号、分类代号、主参数代号和产品更新变形代号组成。灌浆套筒主参数为被连接钢筋的强度级别和直径。灌浆套筒型号如图4.4所示。

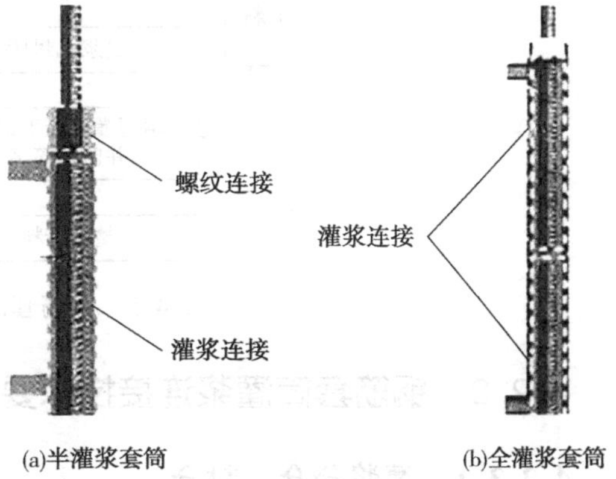

图4.3 钢筋套筒灌浆连接

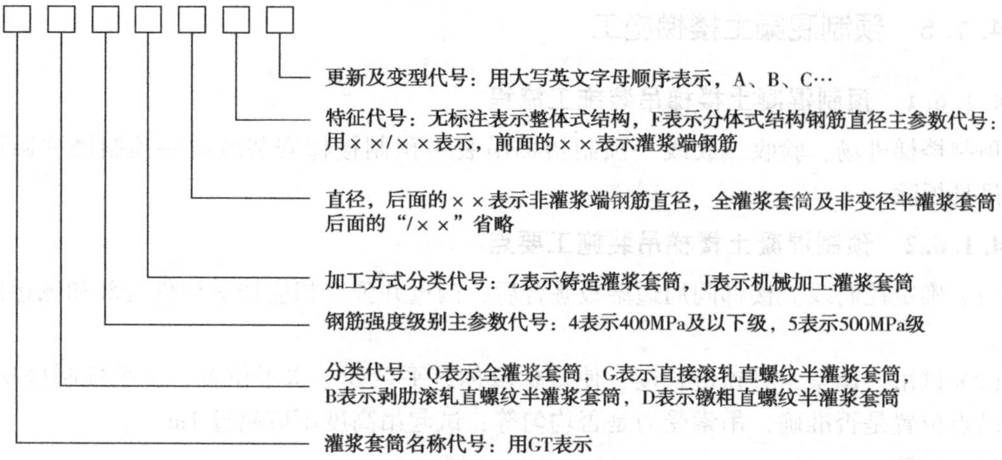

图 4.4　灌浆套筒型号

例如：GTQ4Z-40 表示连接标准屈服强度为 400MPa，钢筋直径为 40mm，采用铸造加工的整体式全灌浆套筒；GTB5J-36/32A 表示连接标准屈服强度为 500MPa，灌浆端连接直径 36mm 钢筋，非灌浆端连接直径 32mm 钢筋，采用机械加工方式加工的剥肋滚轧直螺纹半灌浆套筒的第一次变型。

4.2.2　钢筋套筒灌浆连接施工流程

钢筋套筒灌浆连接施工流程如图 4.5 所示。

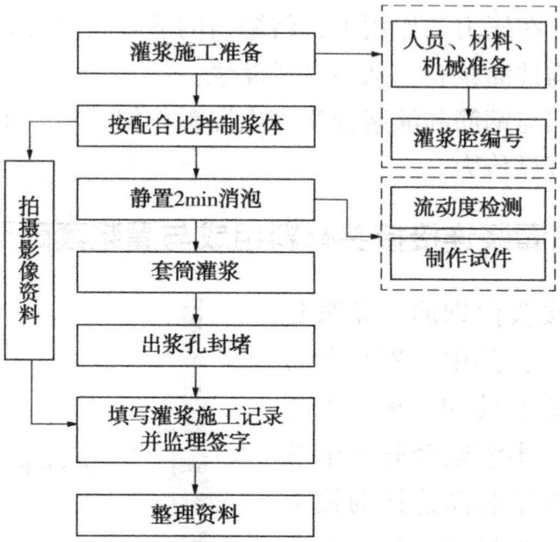

图 4.5　钢筋套筒灌浆连接施工流程

4.2.3　钢筋套筒灌浆连接技术要点

4.2.3.1　灌浆分仓、封仓

预制墙板吊装就位，调校完成后，进行坐浆砂浆分仓、封仓等工序施工。当用连通腔灌浆方式时，每个连通灌浆区域(仓室长度)不宜超过1500mm。有套筒群部位则整个套筒群可独立作为一个灌浆仓。先将专用工具塞入预制墙板下方20mm缝隙。将坐浆砂浆放置于托板上。用另一专用工具塞填砂浆。分仓砂浆带宽度为30~50mm，分仓完成后进行封仓施工。首先将封仓专用工具伸入20mm缝隙，作为抹封仓砂浆的挡板，伸入墙体长度控制为5~10mm，保证套筒插筋的保护层厚度满足规范要求。然后用搅拌好的坐浆砂浆进行封仓施工。

4.2.3.2 制备灌浆料

钢筋连接用套筒灌浆料是以水泥为基本材料，配以细集料及混凝土外加剂和其他材料组成的干混料，加水搅拌后具有良好的流动性、早强、高强、微膨胀等性能，填充于套筒和带肋钢筋间，简称“套筒灌浆料”。

(1) 灌浆料性能指标。《钢筋连接用套筒灌浆料》(JG/T 408—2019)中规定了灌浆料在标准温度和湿度条件下的各项性能指标的要求(见表4.3)。其中抗压强度值越高，对灌浆接头连接性能越有帮助；流动度越高对施工作业越方便，接头灌浆饱满度越容易保证。

表4.3 钢筋连接用套筒灌浆料主要性能指标

检测项目		性能指标
流动度/mm	初始	≥300
	30min	≥260
抗压强度/MPa	1d	≥35
	3d	≥60
	28d	≥85
竖向膨胀率/%	3h	0.02~2
	24h与3h差值	0.02~0.4
28d自干燥收缩/%		≤0.045
氯离子含量/%		≤0.03
泌水率/%		0

注：氯离子含量以灌浆料总量为基准。

(2) 灌浆料使用注意事项。灌浆料是通过加水拌和均匀后使用的材料，不同厂家的产品配方设计不同，虽然都可以满足《钢筋连接用套筒灌浆料》(JG/T 408—2019)所规定的性能指标，但具有不同的工作性能，对环境条件的适应能力不同，灌浆施工的工艺也会有所差异。

为了确保灌浆料使用时达到产品设计指标，具备灌浆连接施工所需要的工作性能，最终并能顺利地灌注到预制构件的灌浆套筒，实现钢筋的可靠连接，操作人员需要严格掌握并准确执行产品使用说明书规定的操作要求。实际施工中需要注意的要点如下：

① 灌浆料使用时应检查产品包装上印制的有效期和产品外观，无过期情况和异常现象后方可开袋使用。

② 严格按照规定配合比及拌合工艺拌制灌浆材料。干料和搅拌水的用量比为1：0.12

(质量比)，即2袋(25kg/包)灌浆料加入6kg水。首先在搅拌设备中加入部分水，再倒入2袋灌浆料，最后添加剩余的水量，搅拌时间约10min。

③ 待搅拌至10min并出现均匀一致的浆体，静置2min，浆体需静置消泡后方可使用。

④ 浆体随用随搅拌，搅拌完成的浆体必须在30min内用完，搅拌完成后不得再次加水，以防后续灌浆遇到意外情况时灌浆料可流动的操作时间不足。

⑤ 流动度检测。灌浆料流动度是保证灌浆连接施工的关键性能指标，灌浆施工环境的温、湿度差异，影响着灌浆的可操作性。在任何情况下，流动度低于要求值的灌浆料都不能用于灌浆连接施工，以防止构件灌浆失败造成事故。

为此在灌浆施工前，应首先进行流动度的检测，在流动度值满足要求后方可施工。

每工作班应检查灌浆料拌合物初始流动度不少于1次，确认合格后，方可用于灌浆。

⑥ 灌浆试块、试件制作。每工作班灌浆施工过程中，灌浆料拌合物现场制作40mm×40mm×160mm的试块3组。灌浆过程中，每一工作班同一规格，每500个灌浆套筒连接接头制作3个相同灌浆工艺的平行试件，进行抗拉强度检验。检验结果应符合《钢筋机械连接技术规程》(JGJ 107—2016)的要求。

4.2.3.3 灌浆

首先将搅拌好的灌浆料倒入灌浆筒，盖严拧紧灌浆筒封盖。连接灌浆筒与空压机通气管。灌浆管插入灌浆孔，空压机开始增压。调节进气阀门，采用低压力灌浆工艺，通过控制灌浆筒内压力来控制灌浆过程、浆体流速。灌浆料拌合物经灌浆筒增压，通过导管经注浆孔流入腔体与套筒。当灌浆料拌合物从构件其他灌浆孔、出浆孔流出且无气泡后及时用橡胶塞封堵。

同一块预制墙板有多个灌浆仓，当存在无灌浆套筒的灌浆仓时，首先灌注无套筒的灌浆仓，有套筒的灌浆仓注浆时选择靠近无套筒的灌浆仓一侧的注浆孔。如果离无套筒的灌浆仓最近的注浆孔不便封堵，则可向相反方向顺延一个。所有灌浆套筒的出浆孔均排出浆体并封堵后，调低灌浆设备的压力，开始保压(0.1MPa)1min。保压期间随机拔掉少数出浆孔橡胶塞。观察到灌浆料从出浆孔喷涌出时，要迅速再次封堵。经保压后拔除灌浆管。拔除灌浆管到封堵橡胶塞时间，间隔不得超过1s，避免灌浆仓内经过保压的浆体溢出灌浆仓，造成灌浆不实。

4.2.3.4 填写灌浆施工检查记录表

灌浆施工必须由专职质检人员及经理人员全过程旁站监督，每块预制墙板均要填写《灌浆施工检查记录表》，并留存照片和视频资料。灌浆施工检查记录表由灌浆作业人员、施工专职质检人员及监理人员共同签字确认。

4.2.3.5 作业面清理

施工完成后及时清理作业面，对于不可循环使用的建筑垃圾，应收集到现场封闭式垃圾站。做到工完场清，以便后续工序施工，散落的灌浆料拌合物不得二次使用。剩余的拌合物不得再次添加灌浆料、水后混合使用。

4.2.3.6 漏浆、无法出浆处理

当灌浆完成后发现渗漏，必须进行二次补浆，二次补浆压力应比注浆时压力稍低，补浆时需打开靠近漏浆部位的出浆孔。

选择距漏浆部位最近的灌浆孔进行注浆，待浆体流出，无气泡后用橡胶塞封堵，然后打开最近的出浆孔，待浆体流出，且无气泡后用橡胶塞封堵，依次进行。当灌浆施工发生无法出浆的情况时，在灌浆料加水拌和30min内应首选在灌浆孔补灌，当灌浆料拌合物已无法流动时，可从出浆孔补灌，并应采用手动设备结合细管压力灌浆。

4.2.3.7 后续工序施工

灌浆料同条件养护试件抗压强度达到35N/mm^{2}后，方可进行对预制墙板有扰动的后续施工。

4.3 后浇混凝土施工

4.3.1 竖向构件

4.3.1.1 装配整体式混凝土结构后浇混凝土模板及支撑要求

(1) 装配整体式混凝土结构的模板与支撑应根据工程结构形式、预制构件类型、荷载大小、施工设备和材料供应等条件确定，应具有足够的承载力、刚度和稳定性。

(2) 模板与支撑安装应保证工程结构的构件各部分形状、尺寸和位置的准确，模板安装应牢固、严密、不漏浆，且应便于钢筋安装和混凝土浇筑、养护。

(3) 预制构件接缝处宜采用与预制构件可靠连接的定型模板。定型模板与预制构件之间应用黏结密封条，在混凝土浇筑时节点处模板不应产生明显变形和漏浆。

(4) 模板宜采用水性脱模剂。脱模剂应能有效减小混凝土与模板间的吸附力，并应有一定的成模强度，且不应影响脱模后混凝土表面的后期装饰。

(5) 模板与支撑安装。

① 安装预制墙板、预制柱等竖向构件时，应采用可调斜支撑临时固定；斜支撑的位置应避免与模板支架、相邻支撑冲突。

② 夹心保温外墙板竖缝采用后浇混凝土连接时，宜采用工具式定型模板支撑，并应符合规定：定型模板应通过螺栓或预留孔洞拉结的方式与预制构件可靠连接；定型模板安装应避免遮挡预墙板下部灌浆预留孔洞；夹心墙板的外叶板应采用螺栓拉结或夹板等加固；墙板接缝部位及与定型模板连接处均应采取可靠的密封防漏浆措施；对夹心保温外墙板拼接竖缝节点后浇混凝土采用定型模板做了规定，通过在模板与预制构件、预制构件与预制构件之间采取可靠的密封防漏措施，使后浇混凝土与预制混凝土相接表面平整度符合验收要求。

③ 采用预制保温作为免拆除外墙模板进行支模时，预制外墙模板的尺寸参数及与相邻外墙板之间拼接宽度应符合设计要求。安装时与内侧模板或相邻构件应连接牢固并采取

可靠的密封防漏浆措施。预制梁柱节点区域后浇筑混凝土部分采用定型模板支模时，宜采用螺栓与预制构件可靠连接固定，模板与预制构件之间应采取可靠的密封防漏浆措施。

（6）模板与支撑拆除。

① 模板拆除时，应按照先拆非承重模板、后拆承重模板的顺序。水平结构模板应由跨中向两端拆除，竖向结构模板应自上而下进行拆除；多个楼层间连续支模的底层支架拆除时间，应根据连续支撑的楼层间荷载分配和后浇混凝土强度的增长情况确定；当后浇混凝土强度能保证构件表面及棱角不受损伤时，方可拆除侧模模板。

② 叠合构件的后浇混凝土同条件立方体抗压强度达到设计要求时，方可拆除龙骨及下一层支撑；当设计无要求时，同条件养护后浇混凝土立方体试件抗压强度应符合规范规定。

③ 预制墙板斜支撑和限位装置应在连接节点和连接接缝部位后浇混凝土或灌浆料强度达到设计要求后拆除；当设计无具体要求时，后浇混凝土或灌浆料应达到设计强度的75%以上方可拆除。

④ 预制柱斜支撑应在预制柱与连接节点部位后浇混凝土或灌浆料强度达到设计要求且上部构件吊装完成后进行拆除。

⑤ 拆除的模板和支撑应分散堆放并及时清运，应采取措施避免施工集中堆载。

4.3.1.2 装配整体式混凝土结构竖向构件后浇混凝土的钢筋要求

（1）预制构件的钢筋连接可选用钢筋套筒灌浆连接接头。采用直螺纹钢筋灌浆套筒时，钢筋的直螺纹连接部分应符合现行行业标准《钢筋机械连接技术规程》（JGJ 107—2016）的规定；钢筋套筒灌浆连接部分应符合设计要求及建筑工业行业标准《钢筋连接用灌浆套筒》（JG/T 398—2019）和《钢筋连接用套筒灌浆料》（JG/T 408—2019）的规定。

（2）钢筋连接如果采用钢筋焊缝连接，接头应符合现行行业标准《钢筋焊接及验收规程》（JGJ 18—2012）的有关规定；如果采用钢筋机械连接接头应符合现行行业标准《钢筋机械连接技术规程》（JGJ 107—2016）的有关规定，机械连接接头部位的混凝土保护层厚度宜符合现行国家标准《混凝土结构设计标准（2024 年版）》（GB/T 50010—2010）中受力钢筋的混凝土保护层最小厚度的规定，且不得小于 15mm；接头之间的横向净距不宜小于 25mm；当钢筋采用弯钩或机械锚固措施时，钢筋锚固端的锚固长度应符合现行国家标准《混凝土结构设计标准（2024 年版）》（GB/T 50010—2010）的有关规定；采用钢筋锚固板时，应符合现行行业标准《钢筋锚固板应用技术规程》（JGJ 256—2011）的有关规定。

（3）钢筋套筒灌浆连接接头的预留钢筋应采用专用模具进行定位，并应符合下列规定：

① 定位钢筋中心位置存在细微偏差时，宜采用钢套管方式进行细微调整；

② 定位钢筋中心位置存在严重偏差影响预制构件安装时，应按设计单位确认的技术方案处理，应采用可靠的绑扎固定措施对连接钢筋的外露长度进行控制。

（4）预制构件的外露钢筋应防止弯曲变形，并在预制构件吊装完成后，对其位置进行校核与调整。

4.3.1.3　装配整体式混凝土结构竖向构件后浇混凝土要求

(1) 装配整体式混凝土结构施工应采用预拌混凝土。预拌混凝土应符合现行相关标准的规定。

(2) 装配整体式混凝土结构施工中的结合部位或接缝处混凝土的工作性能应符合设计施工规定；当采用自密实混凝土时，应符合现行相关标准的规定。

(3) 装配整体式混凝土结构工程在浇筑混凝土前应进行隐蔽项目的现场检查与验收。

(4) 混凝土浇筑完毕后，应按施工技术方案要求及时采取有效的养护措施，并应符合规定：应在浇筑完毕后的12h以内对混凝土加以覆盖并养护；浇水次数应能保持混凝土处于湿润状态；采用塑料薄膜覆盖养护的混凝土，其敞露的全部表面应覆盖严密，并应保持塑料薄膜内有凝结水；叠合层及构件连接处后浇混凝土的养护时间不应少于14d；混凝土强度达到1.2MPa前，不得在其上踩踏或安装模板及支架。

4.3.1.4　后浇混凝土预制构件的表面处理

混凝土连接主要是预制构件与后浇混凝土的连接。为加强预制构件与后浇混凝土间的连接，预制构件与后浇混凝土的结合面要设置相应粗糙面和抗剪键槽。粗糙面处理即通过外力使预制构件与后浇混凝土结合处变得粗糙，露出碎石等集料。通常有人工凿毛法、机械凿毛法、缓凝水冲法三种方法。

(1) 人工凿毛法。人工凿毛法是指工人使用铁锤和凿子剔除预制部件结合面的表皮，露出碎石集料，增加结合面的黏结粗糙度。此方法的优点是简单、易于操作；缺点是费工费时，效率低。

(2) 机械凿毛法。机械凿毛法是使用专门的小型凿岩机配置梅花平头钻，剔除结合面混凝土的表皮，增加结合面的黏结粗糙度。此方法优点是方便快捷，机械小巧，易于操作；缺点是操作人员的作业环境差，有粉尘污染。

(3) 缓凝水冲法。缓凝水冲法是混凝土结合面粗糙度处理的一种新工艺，是指在构件混凝土浇筑前，将含有缓凝剂的浆液涂刷在模板壁上；浇筑混凝土后，利用已浸润缓凝剂的表面混凝土与内部混凝土的凝结时间差，用高压水冲洗未凝固的表层混凝土，冲掉表面浮浆，显露出集料，形成粗糙的表面。此法具有成本低、效果佳、功效高且易于操作的优点，应用广泛。

4.3.2　水平构件

4.3.2.1　装配整体式混凝土结构后浇混凝土模板及支撑要求

模板与支撑安装除满足竖向构件现浇连接部位的相关规定外，还应满足以下要求：

(1) 叠合楼板施工要求。叠合楼板的预制底板安装时，可采用龙骨及配套支撑，龙骨及配套支撑应进行设计计算；宜选用可调整标高的定型独立钢支柱作为支撑，龙骨的顶面标高应符合设计要求；应准确控制预制底板搁置面的标高；浇筑叠合层混凝土时，预制底板上部应避免集中堆载。

(2) 叠合梁施工要求。预制梁下部的竖向支撑可采取点式支撑，支撑位置与间距应根据施工验算确定；预制梁竖向支撑宜选用可调标高的定型独立钢支架；预制梁的搁置长度及搁置面的标高应符合设计要求。

4.3.2.2 装配整体式混凝土结构水平构件后浇混凝土钢筋要求

（1）预制梁柱节点区的钢筋安装要求。节点区柱箍筋应预先安装于预制柱钢筋上，随预制柱一同安装就位；预制叠合梁采用封闭箍筋时，预制梁上部纵筋应预先穿入箍筋内临时固定，并随预制梁一同安装就位；预制叠合梁采用开口箍筋时，预制梁上部纵筋可在现场安装。

（2）叠合板上部后浇混凝土中的钢筋宜采用成型钢筋网片整体安装就位。

（3）装配整体式混凝土结构后浇混凝土施工时，应采取可靠的保护措施，防止钢筋偏移及受到污染。

4.3.2.3 装配整体式混凝土结构水平构件后浇混凝土要求

后浇混凝土除满足竖向构件现浇连接部位的相关规定外，还应满足以下要求：

（1）叠合构件混凝土浇筑前，应清除叠合面上的杂物、浮浆及松散集料，表面干燥时应洒水润湿，洒水后不得留有积水。

（2）叠合构件混凝土浇筑前，应检查并校正预制构件的外露钢筋。

（3）叠合构件混凝土浇筑时，应采取由中间向两边的方式。

（4）叠合构件与周边现浇混凝土结构连接处，浇筑混凝土时应加密振捣点；叠合构件混凝土浇筑时，不应移动预埋件的位置，且不得污染预埋外露连接部位。

（5）叠合构件上一层混凝土剪力墙吊装施工，应在剪力墙锚固的叠合构件后浇混凝土达到足够强度后进行。

（6）水平构件连接混凝土还应满足以下要求：

① 装配整体式混凝土结构中预制构件的连接处混凝土强度等级不应低于所连接的各预制构件混凝土强度等级中的较大值。如预制梁、柱混凝土强度等级不同时，预制梁柱节点区混凝土应按强度等级高的混凝土浇筑。

② 用于预制构件连接处的混凝土或砂浆，宜采用无收缩混凝土或砂浆，并宜采取提高混凝土或砂浆早期强度的措施；在浇筑过程中应振捣密实。

第5章　建筑工程项目进度管理

5.1　项目进度管理概述

5.1.1　项目进度管理的概念与影响项目进度的因素

5.1.1.1　项目进度管理的概念

建筑工程项目进度控制是项目施工中的重点控制内容之一，它是保证施工项目按期完成，合理安排资源供应，节约工程成本的重要措施。建筑工程项目进度管理即在经确认的进度计划的基础上实施工程各项具体工作，在一定的控制期内检查实际进度完成情况，并将其与进度计划相比较，若出现偏差，便分析其产生的原因和对工期的影响程度，找出必要的调整措施，修改原计划，不断如此循环，直至工程项目竣工验收。施工项目进度控制的总目标是确保施工项目既定目标工期的实现，或者在保证施工质量和不因此而增加施工实际成本的条件下，适当缩短施工工期。

5.1.1.2　影响项目进度的因素

由于建筑工程项目自身的特点，尤其是较大和复杂的工程项目工期较长，影响进度因素较多。编制计划和执行控制施工进度计划时必须充分认识和估计这些因素，才能克服其影响，使施工进度尽可能按计划进行，当出现偏差时，应考虑有关影响因素，分析产生的原因。

(1) 有关单位的影响。建筑工程项目的主要施工单位对施工进度起决定性作用，但是建设单位与业主、设计单位、银行信贷部门、材料设备供应部门、运输部门、水和电供应部门以及政府的有关主管部门等都可能给施工某些方面造成困难而影响施工进度。其中设计单位不按时提供图纸或图纸有错误，以及有关部门或业主对设计方案的变动是影响施工进度最大的因素。材料和设备不能按期供应，或质量、规格不符合要求，会使施工停顿；资金不能保证也会使施工进度中断或速度减慢等。

(2) 施工条件的变化。工程地质条件和水文地质条件与勘察设计的不符(如地质断层、溶洞、地下障碍物、软弱地基等)以及恶劣的气候(如暴雨、高温和洪水等)都对施工进度产生影响，造成临时停工或破坏。

(3) 技术失误。施工单位采用技术措施不当，施工中发生技术事故，应用新技术、新材料、新结构缺乏经验，不能保证质量等，都会影响施工进度。

(4) 施工组织管理不利。流水施工组织不合理、劳动力和施工机械调配不当、施工平面布置不合理等将影响施工进度计划的执行。

（5）意外事件以及不可抗力因素。施工中如果出现意外的事件，如战争、严重自然灾害、火灾、重大工程事故、工人罢工等都会影响施工进度计划。

5.1.2 项目进度管理的程序与体系

5.1.2.1 进度管理的程序

（1）确定进度目标，明确计划开工日期、计划总工期和计划竣工日期，并确定项目分期分批的开工、竣工日期。

（2）编制施工进度计划，并使其得到各个方面如施工企业、业主、监理工程师的批准。

（3）实施施工进度计划，由项目经理部的工程部调配各项施工项目资源，组织和安排各工程队按进度计划的要求实施工程项目。

（4）施工项目进度控制，在施工项目部计划、质量、成本、安全、材料、合同等各个职能部门的协调下，定期检查各项活动的完成情况，记录项目实施过程中的各项信息，用进度控制比较方法判断项目进度完成情况，如进度出现偏差，则应调整进度计划，以实现项目进度的动态管理。

（5）阶段性任务或全部任务完成后，应进行进度控制总结，并编写进度控制报告。

5.1.2.2 工程施工项目进度管理体系

（1）施工准备工作计划。施工准备工作的主要任务是为建设工程的施工创造必要的技术和物资条件，统筹安排施工力量和施工现场。

施工准备的工作内容通常包括技术准备、物资准备、劳动组织准备、施工现场准备和施工场外准备。为落实各项施工准备工作，加强检查和监督，应根据各项施工准备工作的内容、时间和人员，编制施工准备工作计划。

（2）施工总进度计划。施工总进度计划是根据施工部署中施工方案和工程项目的开展程序，对全工地所有单位工程做出时间上的安排。

施工总进度计划在于确定各单位工程及全工地性工程的施工期限及开竣工日期，进而确定施工现场劳动力、材料、成品、半成品、施工机械的需要数量和调配情况，以及现场临时设施的数量、水电供应量及能源需求量等。

科学、合理地编制施工总进度计划，是保证整个建设工程按期交付使用、充分发挥投资效益、降低建设工程成本的重要条件。

（3）单位工程施工进度计划。单位工程施工进度计划是在既定施工方案的基础上，根据规定的工期和各种资源供应条件，遵循各施工过程的合理施工顺序，对单位工程中的各施工过程做出时间和空间上的安排，并以此为依据，确定施工作业所必需的劳动力、施工机具和材料供应计划。合理安排单位工程施工进度，是保证在规定工期内完成符合质量要求的工程任务的重要前提，也为编制各种资源需要量计划和施工准备工作计划提供依据。

（4）分部、分项工程进度计划。分部、分项工程进度计划是针对工程量较大或施工技术比较复杂的分部、分项工程，在依据工程具体情况所制定的施工方案的基础上，对其各施工过程所做出的时间安排。

5.2 项目进度计划

5.2.1 项目进度计划的编制

5.2.1.1 建筑工程项目进度计划的分类

(1) 按照项目范围(编制对象)分类。

① 施工总进度计划。它是以整个建设项目为对象来编制的，确定各单项工程的施工顺序和开、竣工时间以及相互衔接关系。施工总进度计划属于概略的控制性进度计划，综合平衡各施工阶段工程的工程量和投资分配。其内容包括编制说明、编制依据、编制步骤和内容；进度总计划表，可以采用横道图或者网络图形式；分期分批施工工程的开、竣工日期，工期一览表；资源供应平衡表，即为满足进度控制而需要的资源供应计划。

② 单位工程施工进度计划。单位工程施工进度计划是对单位工程中的各分部、分项工程的计划安排，以此为依据确定施工作业所必需的劳动力和各种技术物资供应计划。其内容包括编制说明，包括编制依据、编制步骤和内容；单位工程进度计划表；单位工程施工进度计划的风险分析及控制措施，包括由于不可预见因素，如不可抗力、工程变更等原因致使计划无法按时完成而采取的措施。

③ 分部分项工程进度计划。分部分项工程进度计划是针对项目中某一部分或某一专业工种的计划安排。

(2) 按照项目参与方分类。建筑工程施工进度计划按照项目参与方划分，可分为业主方进度计划、设计方进度计划、施工方进度计划、供货方进度计划和建设项目总承包方进度计划。

(3) 按照时间分类。建筑工程施工进度计划按照时间划分，可分为年度进度计划，季度进度计划和月、旬作业计划。

(4) 按照计划表达形式分类。建筑工程施工进度计划按照计划表达形式划分，可分为文字说明计划和以横道图、网络图等表达的图表式进度计划。

上述分类形式具体如图 5.1 所示。

5.2.1.2 建筑工程项目进度计划的编制步骤

建筑工程项目进度计划系统是由多个相互关联的进度计划组成的系统，它是项目进度控制的依据。由于各种进度计划编制所需要的必要资料是在项目进展过程中逐步形成的，因此项目进度计划系统的建立和完善也有一个过程，它也是逐步形成的。根据项目进度控制不同的需要和不同的用途，各参与方可以构建多个不同的建筑工程项目进度计划系统，如不同计划深度的进度计划组成的计划系统(施工总进度计划、单位工程施工进度计划)；不同计划功能的进度计划组成的计划系统(控制性、指导性、实施性进度计划)；不同项目参与方的进度计划组成的计划系统(业主方、设计方、施工方、供货方进度计划）；不同计划周期的进度计划组成的计划系统（年度进度计划，季度进度计划，月、旬作业计划）。

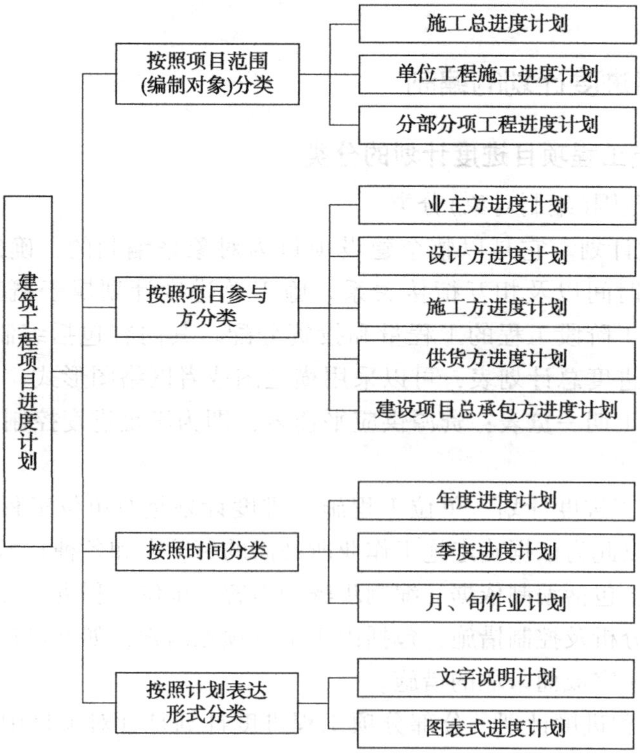

图 5.1　施工进度计划分类

（1）施工总进度计划的编制步骤。

① 收集编制依据。

a. 工程项目承包合同及招投标书（工程项目承包合同中的施工组织设计，合同工期，开、竣工日期，有关工期提前或延误调整的约定，工程材料，设备的订货、供货合同等）。

b. 工程项目全部设计施工图纸及变更洽商（建设项目的扩大初步设计、技术设计、施工图设计、设计说明书、建筑总平面图及变更洽商等）。

c. 工程项目所在地区位置的自然条件和技术经济条件（施工地质、环境、交通、水电条件等，建筑施工企业的人力、设备、技术和管理水平等）。

d. 施工部署及主要工程施工方案（施工顺序、流水段划分等）。

e. 工程项目需要的主要资源（劳动力状况、机具设备能力、物资供应来源条件等）。

f. 建设方及上级主管部门对施工的要求。

g. 现行规范、规程及有关技术规定（国家现行的施工及验收规范、操作规程、技术规定和技术经济指标）。

h. 其他资料（如类似工程的进度计划）。

② 确定进度控制目标。根据施工合同确定单位工程的先后施工顺序，作为进度控制目标。

③ 计算工程量。根据批准的工程项目一览表，按单位工程分别计算各主要项目的实物工程量。工程量的计算可以按照初步设计图纸和有关定额手册或资料进行。

④ 确定各单位工程施工工期。各单位工程的施工工期应根据合同工期确定。影响单位工程施工工期的因素很多，如建筑类型、结构特征和工程规模，施工方法、施工技术和施工管理水平，劳动力和材料供应情况，以及施工现场的地形、地质条件等。各单位工程的工期应根据现场具体条件，综合考虑上述影响因素后予以确定。

⑤ 确定各单位工程搭接关系。同一时期施工的项目不宜过多，以避免人力、物力过于分散。尽量做到均衡施工，以使劳动力、施工机械和主要材料的供应在整个工期范围内达到均衡。尽量提前建设可供工程施工使用的永久性工程，以节省临时施工费用。对于某些技术复杂、施工工期较长、施工困难较多的工程，应安排提前施工，以利于整个工程项目按期交付使用。施工顺序必须与主要生产系统投入生产的先后次序相吻合，同时还要安排好配套工程的施工时间，以保证建成的工程能迅速投入生产或交付使用。应注意季节对施工顺序的影响，要确保施工季节不导致工期拖延，不影响工程质量。应使主要工种和主要施工机械能连续施工。

⑥ 编制施工总进度计划。首先，根据各施工项目的工期与搭接时间，以工程量大、工期长的单位工程为主导，编制初步施工总进度计划。其次，按照流水施工与综合平衡的要求，检查总工期是否符合要求，资源使用是否均衡且供应是否能得到满足，调整进度计划。最后，编制正式的施工总进度计划。

（2）单位工程施工进度计划的编制步骤。单位工程施工进度计划是施工单位在既定施工方案的基础上，根据规定的工期和各种资源供应条件，对单位工程中的各分部分项工程的施工顺序、施工起止时间及衔接关系进行合理安排。

① 确定对单位工程施工进度计划的要求。研究施工图、施工组织设计、施工总进度计划，调查施工条件，以确定对单位工程施工进度计划的要求。

② 划分施工过程。任何项目都是由许多施工过程所组成的，施工过程是施工进度计划的基本组成单元。编制单位工程施工进度计划时，应按照图纸和施工顺序将拟建工程的各个施工过程列出，并结合施工方法、施工条件、劳动组织等因素，加以适当调整。施工过程的划分应考虑以下因素：

a. 施工进度计划的性质和作用。一般来说，对规模大、工程复杂、工期长的建筑工程，编制控制性施工进度计划，施工过程划分可粗一些，综合性可大些，一般可按分部工程划分施工过程，如开工前准备、打桩工程、基础工程、主体结构工程等。

b. 施工方案及工程结构。不同的结构体系，其施工过程划分及其内容也各不相同。

c. 结构性质及劳动组织。施工过程的划分与施工班组的组织形式有关，如玻璃与油漆的施工，如果是单一工种组成的施工班组，可以划分为玻璃、油漆两个施工过程；同时为了组织流水施工的方便或需要，也可合并成一个施工过程，这时施工班组是由多工种混合的混合班组。

d. 对施工过程进行适当合并，达到简明清晰。将一些次要的、穿插性的施工过程合并到主要施工过程中去，将一些虽然重要但是工程量不大的施工过程与相邻的施工过程合并，同一时期由同一工种施工的施工项目也可以合并在一起，将一些关系比较密切、不容易分出先后的施工过程进行合并。

e. 设备安装应单独列项。民用建筑的水、暖、煤、卫、电等房屋设备安装是建筑工程的重要组成部分，应单独列项；工业厂房的各种机电等设备安装也要单独列项。

f. 明确施工过程对施工进度的影响程度。有些施工过程直接在拟建工程上进行作业，施工所占用的时间、资源，对工程的完成与否起着决定性的作用。它在条件允许的情况下，可以缩短或延长工期。这类施工过程必须列入施工进度计划，如砌筑、安装、混凝土的养护等。另外有些施工过程不占用拟建工程的工作面，虽需要一定的时间和消耗一定的资源，但不占用工期，所以不列入施工进度计划，如构件制作和运输等。

③ 编排合理的施工顺序。施工顺序一般按照所选的施工方法和施工机械的要求来确定。设计施工顺序时，必须根据工程的特点、技术上和组织上的要求以及施工方案等进行研究。

④ 计算各施工过程的工程量。施工过程确定之后，应根据施工图纸、有关工程量计算规则及相应的施工方法，分别计算各个施工过程的工程量。

⑤ 确定劳动量和机械需用量及持续时间。根据计算的工程量和实际采用的施工定额水平，即可进行劳动量和机械台班量的计算。施工项目工作持续时间的计算方法一般有经验估计法、定额计算法和倒排计划法。

⑥ 编制施工进度计划。编制施工进度计划可使用网络计划图，也可使用横道计划图。施工进度计划初步方案编制后，应检查各施工过程之间的施工顺序是否合理、工期是否满足要求、劳动力等资源需要量是否均衡，然后再进行调整，正式形成施工进度计划。

⑦ 编制劳动力和物资计划。有了施工进度计划后，还需要编制劳动力和物资需用量计划，附于施工进度计划之后。

5.2.1.3 建筑工程进度计划的表示方法

建筑工程进度计划的表示方法有多种，常用的有横道图和网络图两类。

(1) 横道图。横道图进度计划法是传统的进度计划方法，横道计划图是按时间坐标绘出的，横向线条表示工程各工序的施工起止时间先后顺序，整个计划由一系列横道线组成。横道图计划表中的进度线(横道)与时间坐标相对应，简单易懂，在相对简单、短期的项目中，横道图都得到了最广泛的运用，如表5.1所示。

表5.1 横道图实例

编码	项目名称	时间/月	费用强度/(万元/月)	工程进度/月											
				01	02	03	04	05	06	07	08	09	10	11	12
11	场地平整	1	20												
12	基础施工	3	15												

续表

编码	项目名称	时间/月	费用强度/（万元/月）	工程进度/月											
				01	02	03	04	05	06	07	08	09	10	11	12
13	主体工程施工	5	30												
14	砌筑工程施工	3	20												
15	屋面工程施工	2	30												
16	楼地面施工	2	20												
17	室内设施安装	1	30												
18	室内装饰	1	20												
19	室外装饰	1	10												
20	其他工程	1	10												

横道图进度计划法的优点是比较容易编辑，简单、明了、直观、易懂；结合时间坐标，各项工作的起止时间、作业时间、工作进度、总工期都能一目了然；流水情况表示得清清楚楚。横道图的编制程序如下：

① 将构成整个工程的全部分项工程纵向排列填入表中。

② 横轴表示可能利用的工期。

③ 分别计算所有分项工程施工所需要的时间。

④ 如果在工期内能完成整个工程，则将第“③”项所计算出来的各分项工程所需工期安排在图表上，编排出日程表。这个日程的分配是为了要在预定的工期内完成整个工程，对各分项工程的所需时间和施工日期进行试算分配。

（2）网络图。与横道图进度计划方法相反，网络图进度计划方法能明确地反映出工程各组成工序之间的相互制约和依赖关系，可以用它进行时间分析，确定出哪些工序是影响工期的关键工序，以便施工管理人员集中精力抓施工中的主要矛盾，减少盲目性。而且它是一个定义明确的数学模型，可以建立各种调整优化方法，并可利用计算机进行分析计算。

网络计划技术作为现代管理的方法，与传统的计划管理方法相比较，具有明显优点，主要表现为：利用网络图模型，明确表达各项工作的逻辑关系，即全面而明确地反映出各项工作之间的相互依赖、相互制约的关系；通过网络图时间参数计算，确定关键工作和关键线路，便于在施工中集中力量抓住主要矛盾，确保竣工工期，避免盲目施工；显示了机动时间，能从网络计划中预见其对后续工作及总工期的影响程度，便于采取措施，进行资源合理分配；能够利用计算机绘图、计算和跟踪管理，便于对计划的调整与控制；便于优化和调整，加强管理，取得好、快、省的全面效果。

① 网络计划的编制程序。在项目施工中用来指导施工，控制进度的施工进度网络计划，就是经过适当优化的施工网络。其编制程序如下：

a. 调查研究。了解和分析工程任务的构成和施工的客观条件，掌握编制进度计划所需的各种资料，特别要对施工图进行透彻研究，并尽可能对施工中可能发生的问题作出预测，考虑解决问题的对策等。

b. 确定方案。确定方案主要是指确定项目施工总体部署，划分施工阶段，制定施工方法，明确工艺流程，决定施工顺序等。这些一般都是施工组织设计中施工方案说明中的内容，且施工方案说明一般应在施工进度计划之前完成，故可直接从有关文件中获得。

c. 划分工序。根据工程内容和施工方案，将工程任务划分为若干道工序。一个项目划分为多少道工序，由项目的规模和复杂程度，以及计划管理的需要来决定，只要能满足工作需要就可以了，不必分得过细。大体上要求每一道工序都有明确的任务内容，有一定的实物工程量和形象进度目标，能够满足指导施工作业的需要，完成与否有明确的判别标志。

d. 估算时间。估算时间即估算完成每道工序所需要的工作时间，也就是每项工作延续时间。这是对计划进行定量分析的基础。

e. 编工序表。将项目的所有工序依次列成表格，编排序号，以便于查对是否遗漏或重复，并分析相互之间的逻辑制约关系。

f. 画网络图。根据工序表画出网络图。工序表中所列出的工序逻辑关系既包括工艺逻辑，也包含由施工组织方法决定的组织逻辑。

g. 画时标网络图。给上面的网络图加上时间横坐标，这时的网络图就叫时标网络图。在时标网络图中，表示工序的箭线长度受时间坐标的限制，一道工序的箭线长度在时间坐标轴上的水平投影长度就是该工序延续时间的长短；工序的时差用波形线表示；虚工序延续时间为零，因而虚箭线在时间坐标轴上的投影长度也为零；虚工序的时差也用波形线表示。这种时标网络可以按工序的最早开工时间来画，也可以按工序的最迟开工时间来画，在实际应用中多采用前者。

h. 画资源曲线。根据时标网络图可画出施工主要资源的计划用量曲线。

i. 可行性判断。可行性判断主要是判别资源的计划用量是否超过实际可能的投入量。如果超过了，这个计划是不可行的，要进行调整，无非是要将施工高峰错开，削减资源用量高峰；或者改变施工方法，减少资源用量。这时就要增加或改变某些组织逻辑关系，重新绘制时间坐标网络图；如果资源计划用量不超过实际拥有量，那么这个计划是可行的。

j. 优化程度判别。可行的计划不一定是最优的计划。计划的优化是提高经济效益的关键步骤。所以，要判别计划是否最优。如果不是，就要进一步优化，如果计划的优化程度已经可以令人满意(往往不一定是最优)，就得到了可以用来指导施工、控制进度的施工网络图了。

我国《工程网络计划技术规程》(JGJ/T 121—2015)中推荐的常用的工程网络计划类型包括双代号网络计划、单代号网络计划、双代号时标网络计划和单代号搭接网络计划。

下文主要对双代号网络计划进行详细阐述。

② 双代号网络计划图的组成。双代号网络计划图是由箭线、节点和线路组成的，用来表示工作流程的有向、有序网状图形。一个网络计划图表示一项计划任务。双代号网络计划图用两个圆圈和一个箭杆表示一个工序，工作名称写在箭杆上面，持续时间写在箭杆下面，箭尾表示工序的开始，箭头表示结束，圆圈表示先后两工序之间的连接，在网络图中叫节点，节点可以填入工序开始和结束时间，也可以表示代号。

a. 箭线：一条箭线表示一项工作，如砌墙、抹灰等。工作所包括的范围可大可小，既可以是一道工序，也可以是一个分项工程或一个分部工程，甚至是一个单位工程。在无时标的网络图中，箭线的长短并不反映该工作占用时间的长短。箭线的方向表示工作进行的方向和前进的路线，箭线的尾端表示该项工作的开始，箭头端则表示该项工作的结束。箭线可以画成直线、斜线或折线。虚箭线可以起到联系和断路的作用。指向某个节点的箭线称为该节点的内向箭线；从某节点引出的箭线称为该节点的外向箭线。

b. 节点：节点代表一项工作的开始或结束。除起点节点和终点节点外，任何中间节点既是前面工作的结束节点，也是后面工作的开始节点。节点是前后两项工作的交接点，它既不消耗时间也不消耗资源。双代号网络计划图中，一项工作可以用其箭线两端节点内的号码来表示。对一项工作来说，其箭头节点的编号应大于箭尾节点的编号，即顺着箭线方向由小到大。

c. 线路：网络图中从起点节点开始，沿箭头方向顺序通过一系列箭线与节点，最后到达终点节点的通路称为线路。线路上所有工作的持续时间总和称为该线路的总持续时间。总持续时间最长的线路称为关键线路，关键线路的长度就是网络计划的总工期。关键线路上的工作称为关键工作。关键工作的实际进度是建筑工程进度控制工作中的重点。在网络计划中，关键线路可能不止一条。在网络计划执行过程中，关键线路还会发生转移。

③ 绘制双代号网络计划图的基本原则。网络计划图的绘制是网络计划方法应用的关键，要正确绘制网络计划图，必须正确反映各项工作之间的逻辑关系，遵守绘图的基本规则。各工作间的逻辑关系既包括客观上的由工艺所决定的工作上的先后顺序关系，也包括施工组织所要求的工作之间相互制约、相互依赖的关系。逻辑关系表达得是否正确，是网络计划图能否反映工程实际情况的关键，而且逻辑关系搞错，图中各项工作参数的计算以及关键线路和工程工期都将随之出现错误。

a. 逻辑关系。逻辑关系是指项目中各工作之间的先后顺序关系，具体包括工艺关系和组织关系。工艺关系：生产性工作之间由工艺过程决定的、非生产性工作之间由工作程序决定的先后顺序关系称为工艺关系。组织关系：工作之间由于组织安排需要或资源(劳动力、原材料、施工机具等)调配需要而规定的先后顺序关系称为组织关系。在绘制网络图时，应特别注意虚箭线的使用。在某些情况下，必须借助虚箭线才能正确表达工作之间的逻辑关系，表5.2和图5.2给出了常见逻辑关系及其表示方法。

表 5.2 常见逻辑关系及其表示方法

序号	工作之间的逻辑关系	网络图中的表示方法
1	A 完成后进行 B 和 C	见图 5.2(a)
2	A、B 均完成后进行 C	见图 5.2(b)
3	A、B 均完成后同时进行 C 和 D	见图 5.2(C)
4	A 完成后进行 C A、B 均完成后进行 D	见图 5.2(d)
5	A、B 均完成后进行 D A、B、C 均完成后进行 E D、E 均完成后进行 F	见图 5.2(e)
6	A、B 均完成后进行 C B、D 均完成后进行 E	见图 5.2(f)
7	A、B、C 均完成后进行 D B、C 均完成后进行 E	见图 5.2(g)
8	A 完成后进行 C A、B 均完成后进行 D B 完成后进行 E	见图 5.2(h)
9	A、B 两项工作分成三个施工段，分段流水施工： A_3完成后进行 A_2、B_1 A_2完成后进行 A_1、B_2 A_1、B_2完成后进行 B B_2、B_1完成后进行 B_2	见图 5.2(i)(j)

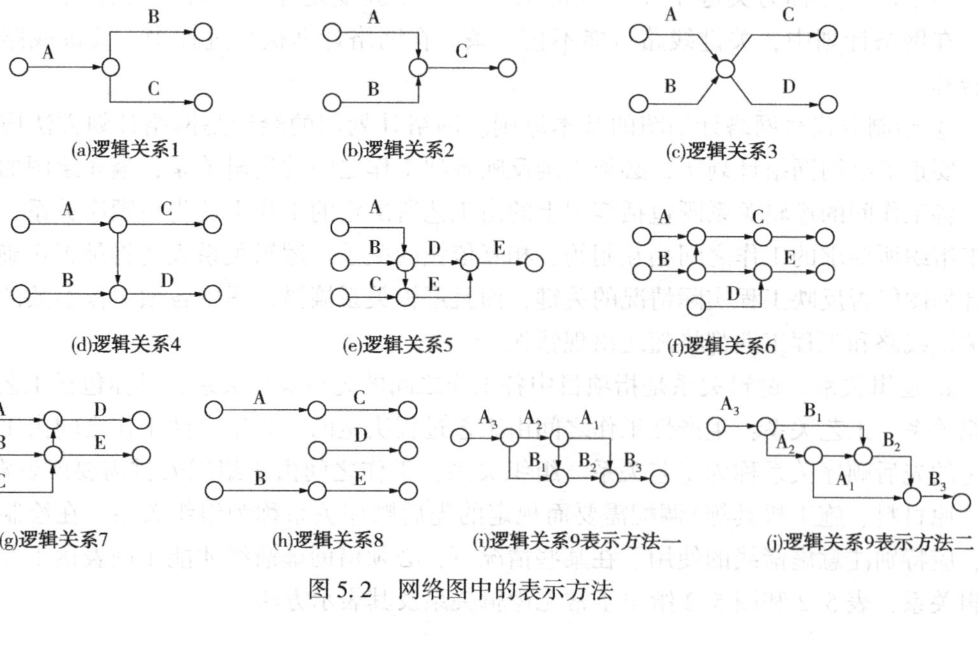

图 5.2 网络图中的表示方法

b. 绘图规则。

(a) 网络计划图中严禁出现从一个节点出发，顺箭头方向又回到原出发点的循环回路。如果出现循环回路，逻辑关系将混乱，工作无法按顺序进行。当然，此时节点编号也会出现错误。网络计划图中的箭线(包括虚箭线，以下同)应保持自左向右的方向，不应出现箭头指向左方的水平箭线和箭头偏向左方的斜向箭线(见图 5.3)。若遵循该规则绘制网络图，就不会出现循环回路。

(b) 网络计划图中严禁出现双向箭头和无箭头的连线。因为工作进行的方向不明确，因而不能达到网络图有向的要求，如图 5.4 所示。

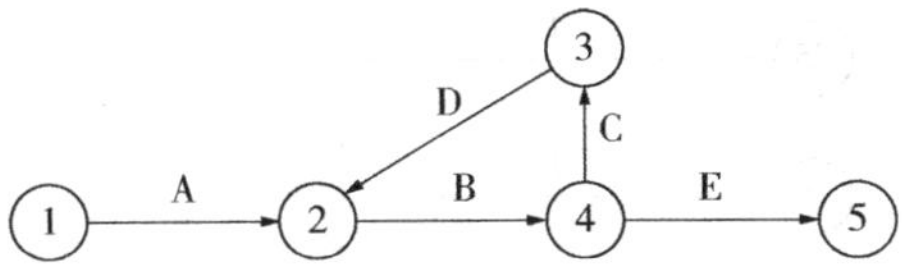

图 5.3 出现循环回路

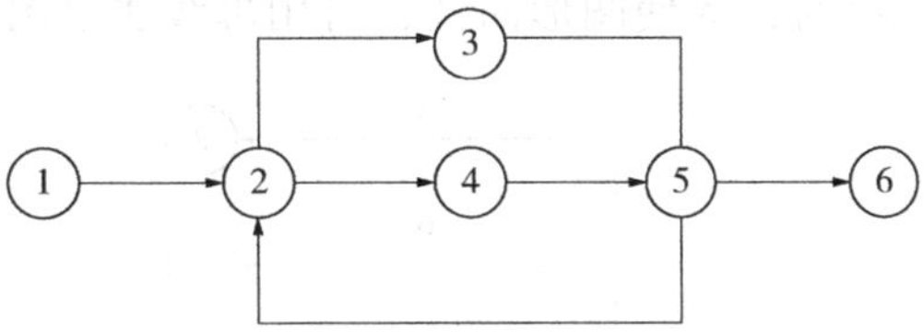

图 5.4 出现双向箭头和无箭头的连线

(c) 网络图中严禁出现没有箭尾节点的箭线和没有箭头节点的箭线。图 5.5 所示即为错误的画法。

图 5.5 出现没有箭尾节点的箭线和没有箭头节点的箭线

(d) 严禁在箭线上引入或引出箭线，图 5.6 所示即为错误的画法。

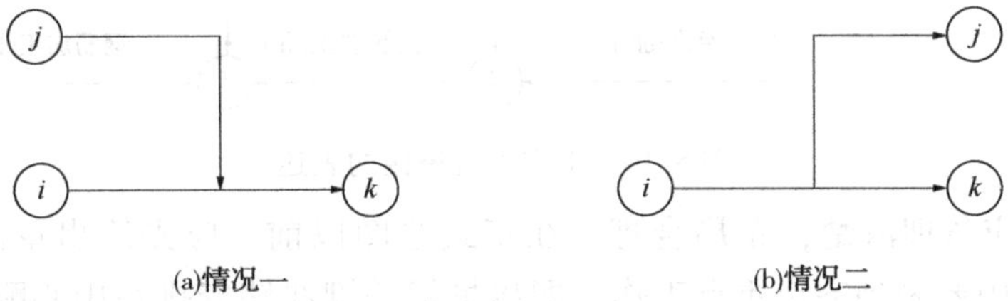

图 5.6 在箭线上引入或引出箭线

(e) 应尽量避免网络图中工作箭线的交叉。当交叉不可避免时，可以采用过桥法处理，如图 5.7 所示。

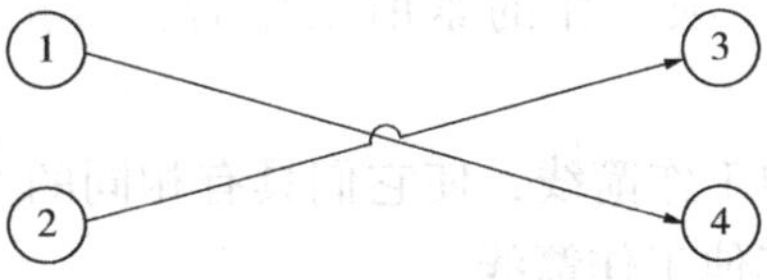

图 5.7 过桥法

(f) 网络图中应只有一个起点节点或一个终点节点，图 5.8 所示即为错误的画法。

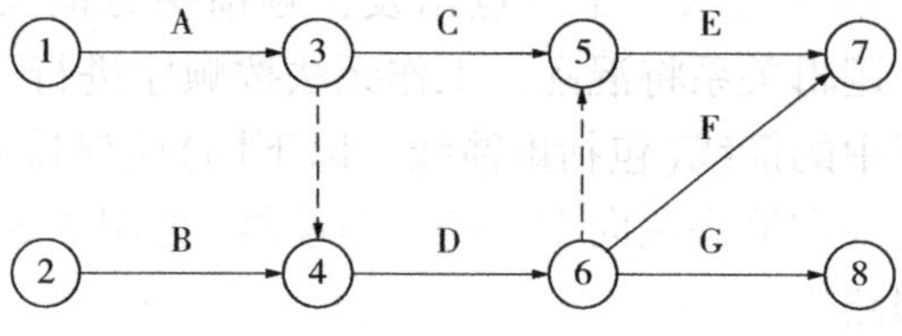

图 5.8　存在多个起点节点和终点节点

(g) 当网络图的起点节点有多条箭线引出(外向箭线)或终点节点有多条箭线引入(内向箭线)时，为使图形简洁，可用母线法绘图，如图 5.9 所示。

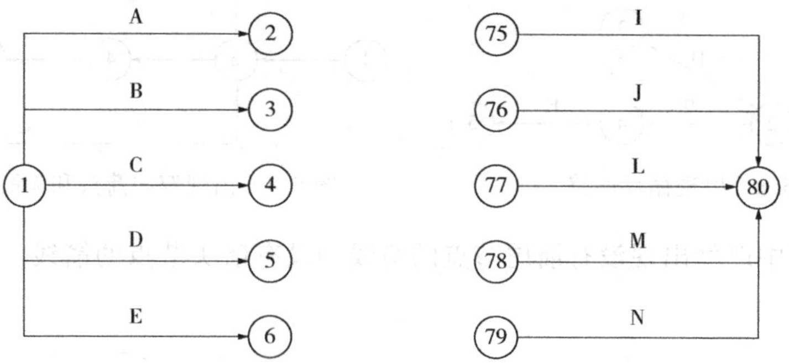

(a)情况一　　(b)情况二

图 5.9　母线法

(h) 对平行搭接进行的工作，在双代号网络计划图中，应分段表达。图 5.10 中所包含的工作为钢筋加工和钢筋绑扎，其分为三个施工段进行施工。

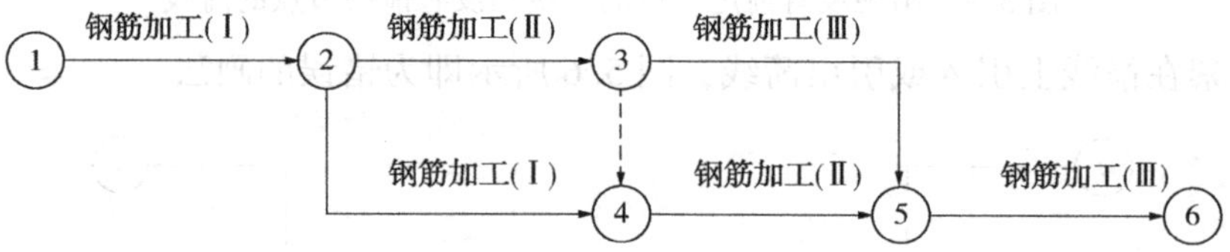

图 5.10　工作平行搭接的表达

(i) 网络图应条理清楚，布局合理。在正式绘图以前，应先绘出草图，然后再做调整，在调整过程中要做到突出重点工作，即尽量把关键线路安排在中心醒目的位置(如何找出关键线路见后面的有关内容)，把联系紧密的工作尽量安排在一起，使整个网络条理清楚，布局合理。如图 5.11 所示，(b)图由(a)图整理而得，看起来(b)图比(a)图整齐而合理。

c. 绘图步骤。当已知每一项工作的紧前工作时，可按下述步骤绘制双代号网络计划图：

(a) 绘制没有紧前工作的工作箭线，使它们具有相同的开始节点。

(b) 从左至右依次绘制其他工作箭线。

绘制工作箭线按下列原则进行：当所要绘制的工作只有一项紧前工作时，将该工作箭

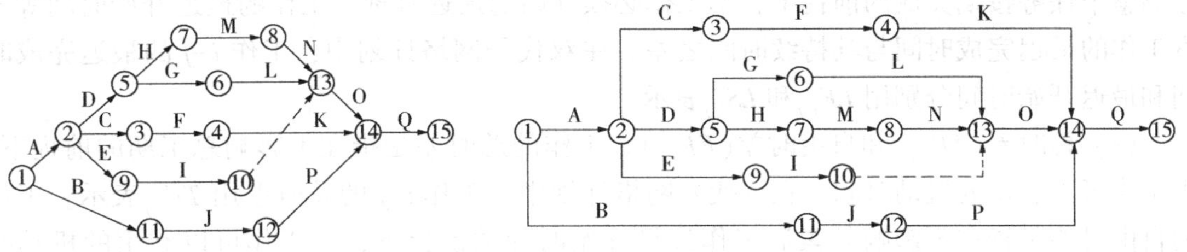

(a)原始图　　　(b)整理后的图

图 5.11　网络图的布局

线直接画在其紧前工作箭线之后即可；当所要绘制的工作有多项紧前工作时，应按不同情况分别予以考虑；当各项工作箭线都绘制出来之后，应合并那些没有紧后工作之工作箭线的箭头节点，以保证网络图只有一个终点节点；当确认所绘制的网络图正确后，即可进行节点编号；当已知每一项工作的紧后工作时，绘制方法类似，只是其绘图的顺序由上述的从左向右改为从右向左。

④ 双代号网络计划时间参数的概念。所谓时间参数，是指网络计划、工作及节点所具有的各种时间值。网络计划的时间参数是确定工程计划工期、确定关键线路、关键工作的基础，也是判定非关键工作机动时间和进行优化、计划管理的依据。

时间参数计算应在各项工作的持续时间确定之后进行。双代号网络计划的时间参数主要有：

a. 工作持续时间和工期。工作持续时间是指一项工作从开始到完成的时间。在双代号网络计划中，工作 i 持续时间用 $i–j$ 表示。

工期泛指完成一项任务所需要的时间。在网络计划中，工期一般有以下三种：

(a) 计算工期。计算工期是根据网络计划时间参数计算而得到的工期，用 T_c 表示。

(b) 要求工期。要求工期是任务委托人所提出的指令性工期，用 T_r 表示。

(c) 计划工期。计划工期是指根据要求工期和计算工期所确定的作为实施目标的工期，用 T_p 表示。

当已规定了要求工期时，计划工期不应超过要求工期。

当未规定要求工期时，可令计划工期等于计算工期。

b. 工作的六个时间参数。除工作持续时间外，网络计划中工作的六个时间参数是：最早开始时间、最早完成时间、最迟完成时间、最迟开始时间、总时差和自由时差。

(a) 最早开始时间(ES_{i-j})和最早完成时间(EF_{i-j})。工作的最早开始时间是指在其所有紧前工作全部完成后，本工作有可能开始的最早时刻。工作的最早完成时间是指在其所有紧前工作全部完成后，本工作有可能完成的最早时刻。工作的最早完成时间等于本工作的最早开始时间与其持续时间之和。在双代号网络计划中，工作 $i–j$ 的最早开始时间和最早完成时间分别用 ES_{i-j} 和 EF_{i-j} 表示。

(b) 最迟完成时间(LF_{i-j})和最迟开始时间(LS_{i-j})。工作的最迟完成时间是指在不影响整个任务按期完成的前提下，本工作必须完成的最迟时刻。工作的最迟开始时间是指在不影响整个任务按期完成的前提下，本工作必须开始的最迟时刻。工作的最迟开始时间等于本工作的最迟完成时间与其持续时间之差。在双代号网络计划中，工作 i–j 的最迟完成时间和最迟开始时间分别用 LF_{i-j} 和 LS_{i-j} 表示。

（c）总时差（TF_{i-j}）和自由时差（FF_{i-j}）。工作的总时差是指在不影响总工期的前提下，本工作可以利用的机动时间。在双代号网络计划中，工作 i–j 的总时差用 TF_{i-j} 表示。工作的自由时差是指在不影响其紧后工作最早开始时间的前提下，本工作可以利用的机动时间。在双代号网络计划中，工作 i–j 的自由时差用 FF_{i-j} 表示。

⑤ 双代号网络计划时间参数的计算。双代号网络计划时间参数的计算有按工作计算法和按节点计算法两种，因篇幅关系，下文仅介绍按工作计算法计算时间参数。

按工作计算法是指以网络计划中的工作为对象，直接计算各项工作的时间参数。为了简化计算，网络计划时间参数中的开始时间和完成时间都应以时间单位的终了时刻为标准。如第 4 天开始即是指第 4 天终了（下班）时刻开始，实际上是第 5 天上班时刻才开始；第 6 天完成即是指第 6 天终了（下班）时刻完成。按工作计算法计算时间参数的过程如下：

a. 计算工作的最早开始时间和最早完成时间。

工作的最早开始时间是指其所有紧前工作全部完成后，本工作最早可能的开始时刻。工作的最早开始时间用 ES_{i-j} 表示。规定：工作的最早开始时间应从网络计划的起点节点开始，顺着箭线方向自左向右依次逐项计算，直到终点节点为止。必须先计算其紧前工作，然后再计算本工作。工作最早完成时间是工作最早开始时间加上工作持续时间所得到时间。

（a）网络计划起点节点为开始节点的工作，当未规定其最早开始时间时，其最早开始时间为零。

（b）工作的最早完成时间 EF_{i-j} 可利用式（5.1）进行计算。

$$EF_{i-j}=ES_{i-j}+D_{i-j} \tag{5.1}$$

式中，D_{i-j} 为工作的持续时间；其余符号意义同前。

（c）其他工作的最早开始时间应等于其紧前工作最早完成时间的最大值。

（d）网络计划的计算工期应等于以网络计划终点节点为完成节点的工作的最早完成时间的最大值。

b. 确定网络计划的计划工期。网络计划的计划工期是指根据网络计划的时间参数计算出的，从起点节点到终点节点的最长路径所决定的时间长度，即整个项目计划完成所需的总时间。确定计划工期是网络计划编制中的关键步骤，它直接关系到项目能否按期完成。

在确定计划工期时，应综合考虑项目合同要求、资源供应情况、工作环境条件等多种因素。如果项目合同或相关文件中明确规定了完成时间，则该时间即为计划工期。若未规定具体工期，则通常以网络计划计算工期（即关键线路的总持续时间）作为计划工期。此时，计划工期反映了在现有条件下，项目可能的最短完成时间。

计划工期一旦确定，将成为网络计划执行的基准。后续工作的时间参数计算、资源分配、进度控制等都将围绕计划工期展开。因此，合理确定计划工期对于保证项目顺利实施具有重要意义。

c. 计算工作的最迟完成时间和最迟开始时间。工作最迟完成时间和最迟开始时间的计算应从网络计划的终点节点开始，逆着箭线方向依次进行。其计算步骤如下：

(a) 以网络计划终点节点为完成节点的工作，其最迟完成时间等于网络计划的计划工期。计算见式(5.2)。

$$LF_{i-j}=T_p \tag{5.2}$$

式中，T_p为网络计划的计划工期；其余符号意义同前。

(b) 工作的最迟开始时间可利用式(5.3)进行计算。

$$LS_{i-j}=LF_{i-j}-D_{i-j} \tag{5.3}$$

式中，符号意义同前。

(c) 其他工作的最迟完成时间应等于其紧后工作最迟开始时间的最小值。

d. 计算工作的总时差。工作的总时差等于该工作最迟完成时间与最早完成时间之差，或该工作最迟开始时间与最早开始时间之差。

e. 计算工作的自由时差。工作自由时差的计算应按以下两种情况分别考虑：

(a) 对于有紧后工作的工作，其自由时差等于本工作紧后工作最早开始时间减去本工作最早完成时间所得差的最小值。

(b) 对于无紧后工作的工作，也就是以网络计划终点节点为完成节点的工作，其自由时差等于计划工期与本工作最早完成时间之差。

需要指出的是，对于网络计划中以终点节点为完成节点的工作，其自由时差与总时差相等。此外，由于工作的自由时差是其总时差的构成部分，所以，当工作的总时差为零时，其自由时差必然为零，可不必进行专门计算。

f. 确定关键工作和关键线路。在网络计划中，总时差最小的工作为关键工作。特别地，当网络计划的计划工期等于计算工期时，总时差为零的工作就是关键工作。

找出关键工作之后，将这些关键工作首尾相连，便构成从起点节点到终点节点的通路，位于该通路上各项工作的持续时间总和最大，这条通路就是关键线路。在关键线路上可能有虚工作存在。

关键线路一般用粗箭线或双线箭线标出，也可以用彩色箭线标出。关键线路上各项工作的持续时间总和应等于网络计划的计算工期，这一特点也是判别关键线路是否正确的准则。

5.2.2 项目进度计划的实施

实施施工进度计划，应逐级落实年、季、月、旬、周施工进度计划，最终通过施工任务书由班组实施，记录现场的实际情况以及调整、控制进度计划。

5.2.2.1 编制年(季)、月(旬、周)施工进度计划和施工任务书

(1) 年(季)度施工进度计划。大型施工项目的施工，工期往往要几年。这就需要编制年(季)度施工进度计划，以实现施工总进度计划，该计划可采用表5.3的格式进行编制。

表 5.3 ××项目年度施工进度计划表

单位工程名称	工程量	总产值/万元	开工日期	计划完工日期	本年完成数量	本年形象进度

(2) 月(旬、周)施工进度计划。对于单位工程来说，月(旬、周)计划有指导作业的作用，因此要具体编制成作业计划，应在单位工程施工进度计划的基础上分段细化编制。格式可参考表 5.4，施工进度每格代表天数根据月、旬、周分别确定。旬、周计划不必全编，可任选一种。

表 5.4 ××项目年度施工进度计划表

分项工程名称	工程量		本月完成工程量	需要人工数（机械数量）	施工进度						
	单位	数量									

(3) 施工任务书。施工任务书是向作业班组下达施工任务的一种工具。它是计划管理和施工管理的重要基础依据，也是向班组进行质量、安全、技术、节约等交底的好形式，可作为原始记录文件供业务核算使用。随施工任务书下达的限额领料单是进行材料管理和核算的良好手段。

5.2.2.2 记录现场的实际情况

在施工中要如实做好施工记录，记录好各项工作的开、竣工日期和施工工期，记录每日完成的工程量，施工现场发生的事件及解决情况，可为计划实施的检查、分析、调整、总结提供原始资料。

5.2.2.3 调整、控制进度计划

检查作业计划执行中出现的各种问题，找出原因并采取措施解决；监督供货商按照进度计划要求按时供料；控制施工现场各项设施的使用；按照进度计划做好各项施工准备工作。

5.2.3 项目进度计划的检查

在建筑工程项目的实施过程中，为了进行进度控制，进度控制人员应经常、定期地跟踪检查施工实际进度情况。施工进度的检查与进度计划的执行是融合在一起的，施工进度

的检查应与施工进度记录结合进行。计划检查是计划执行信息的主要来源，是施工进度调整和分析的依据，是进度控制的关键步骤。具体应主要检查工作量的完成情况、工作时间的执行情况、资源使用及与进度的互相配合情况等。进行进度统计整理和对比分析，确定实际进度与计划进度之间的关系，并视实际情况对计划进行调整，其主要工作如图 5.12 所示。

(1) 跟踪检查施工实际进度，收集实际进度数据。跟踪检查施工实际进度是项目施工进度控制的关键措施。其目的是收集实际施工进度的有关数据。跟踪检查的时间和收集数据的质量，直接影响控制工作的质量和效果。

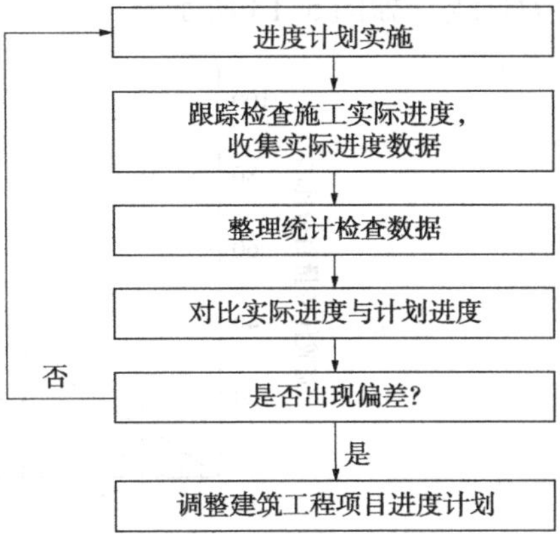

图 5.12 建筑工程项目进度计划的调整

(2) 整理统计检查数据。为了进行实际进度与计划进度的比较，必须对收集到的实际进度数据进行加工处理，形成与计划进度具有可比性的数据。例如，对检查时段实际完成工作量的进度数据进行整理、统计和分析，确定本期累计完成的工作量、本期已完成的工作量占计划总工作量的百分比等。

(3) 对比实际进度与计划进度。进度计划的检查方法主要是对比法，即把实际进度与计划进度进行对比，从而发现偏差。将实际进度数据与计划进度数据进行比较，可以确定建筑工程实际执行状况与计划目标之间的差距。为了直观反映实际进度偏差，通常采用表格或图形进行实际进度与计划进度的对比分析，从而得出实际进度比计划进度超前、滞后还是一致的结论。

实践中，可采用横道图比较法、S 形曲线比较法、香蕉形曲线比较法、前锋线比较法、列表比较法等，详见下文“5.2.4 项目进度计划的比较”的内容。

(4) 调整建筑工程项目进度计划。若产生的偏差对总工期或后续工作产生了影响，经研究后需对原进度计划进行调整，以保证进度目标的实现。

5.2.4 项目进度计划的比较

5.2.4.1 横道图比较法

用横道图编制施工进度计划，指导施工的实施已是人们常用的、很熟悉的方法。它简明、形象和直观，编制方法简单，使用方便。

横道图比较法，是把在项目施工中检查实际进度收集的信息，经整理后直接用横道线与原计划的横道线并列标于一起，进行直观比较的方法。通过上述记录与比较，为进度控制者提供了实际施工进度与计划进度之间的偏差，为采取调整措施提供了明确的任务。这是人们施工中进行施工项目进度控制经常使用的一种最简单的方法。

完成任务量可以用实物工程量、劳动消耗量和工作量三种物理量表示，为了方便比较，一般用它们实际完成量的累计百分比与计划的应完成量的累计百分比进行比较。

用横道图法进行实际进度和计划进度的比较，该比较方法仅适用于工程项目中的各项工作都是均匀进展的情况，即每项工作在单位时间内完成的任务量都相等的情况。事实上，工程项目中各项工作的进展不一定是匀速的。根据施工项目施工中各项工作的速度不一定相同，以及进度控制要求和提供的进度信息不同，可以采用下列几种方法。

(1) 匀速进展横道图比较法。匀速进展是指施工项目中，每项工作的施工进展速度都是匀速的，即在单位时间内完成的任务量都是相等的，累计完成的任务量与时间的关系曲线为直线，如图 5.13 所示。

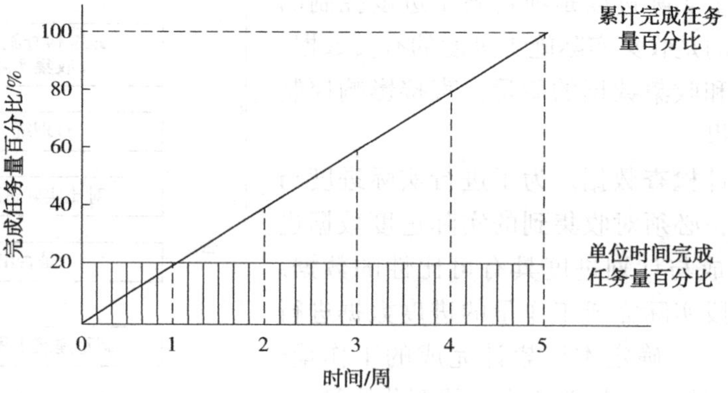

图 5.13　工作匀速进展时完成任务量与时间关系曲线

采用匀速进展横道图比较法(见图 5.14)时，其步骤为：

① 编制横道图进度计划。

② 在进度计划上标出检查日期。

③ 将检查收集的实际进度数据，按比例用涂黑的粗线标于计划进度线的下方。

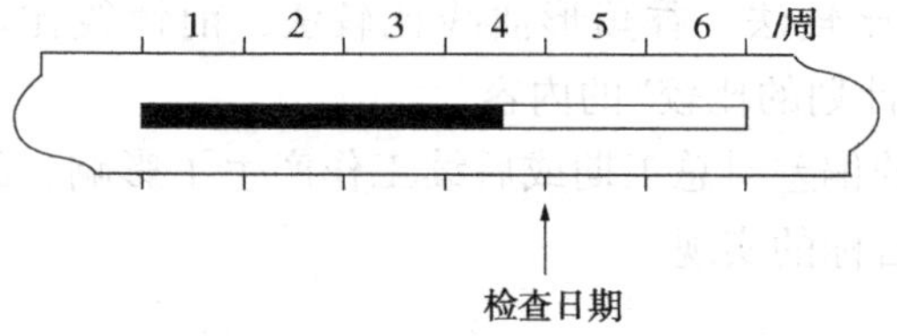

图 5.14　匀速进展横道图比较法

④ 比较分析实际进度与计划进度：涂黑的粗线右端与检查日期相重合，表明实际进度与施工计划进度相一致；涂黑的粗线右端在检查日期左侧，表明实际进度拖后；涂黑的粗线右端在检查日期右侧，表明实际进度超前。

该方法只适用于工作从开始到完成的整个过程中，其施工速度是不变的，累计完成任务量与时间成正比。若工作的施工速度是变化的，则这种方法不能进行工作的实际进度与计划进度之间的比较。

(2) 非匀速进展横道图比较法。非匀速进展横道图比较法是适用于工作进度按变速进展的情况下，工作实际进度与计划进度进行比较的一种方法。这种方法是在表示工作实际进度的涂黑粗线的同时，标出其对应时刻完成任务量的累计百分比，将该百分比与其同时刻计划完成任务量累计百分比相比较，判断工作的实际进度与计划进度之间的关系的一种方法。

其比较方法的步骤为：

① 编制横道图进度计划。

② 在横道线上方标出每周(月)计划累计成任务量百分比。

③ 在计划横道线的下方标出至检查日期实际完成的任务累计百分比。

④ 用涂黑粗线标出实际进度线，并从开工日标起，同时反映出施工过程中工作的连续与间断情况。

⑤ 通过比较同一时刻实际完成任务量累计百分比和计划完成任务量累计百分比，判断工作实际进度与计划进度之间的关系：若同一时刻上下两个累计百分比相等，则实际进度与计划进度一致；若同一时刻上面的累计百分比大于下面的累计百分比，则该时刻实际施工进度拖后，拖后的量为二者之差；若同一时刻上面的累计百分比小于下面累计百分比，则表明该时刻实际施工进度超前，超前的量为二者之差。

5.2.4.2 S形曲线比较法

S形曲线比较法与横道图比较法不同，它不是在编制的横道图进度计划上进行实际进度与计划进度比较，而是以横坐标表示时间，纵坐标表示累计完成任务量，绘制出一条按计划时间累计完成任务量的S形曲线，将工程项目实施过程中各检查时间实际累计完成任务量的S形曲线也绘制在同一坐标系中，并进行实际进度与计划进度相比较的一种方法。

对整个施工项目的施工全过程而言，一般在开始和结尾阶段，单位时间投入的资源量较少，中间阶段单位时间投入的资源量较多，与其相关，单位时间完成的任务量也是同样变化的，而随时间进展累计完成的任务量就应该呈S形变化。由于形似英文字母“S”，S形曲线因此而得名。

(1) S形曲线绘制。S形曲线的绘制步骤：确定单位时间计划完成任务量；计算规定时间j计划累计完成的任务量。其计算方法等于各单位时间完成的任务量累加求和；按各规定时间的Q_j值(累计完成任务量)绘制S形曲线。

(2) S形曲线比较。S形曲线比较法同横道图比较法一样，是在图上直观地进行施工项目实际进度与计划进度比较。一般情况下，计划进度控制人员在计划实施前绘制出S形曲线。在项目施工过程中，按规定时间将检查的实际完成情况与计划S形曲线绘制在同一张图上，可得出实际进度S形曲线，如图5.15所示。

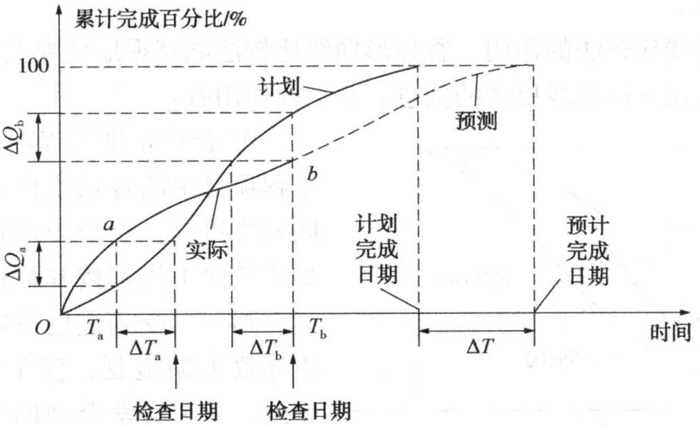

图5.15　S形曲线比较图

比较两条S形曲线，可以得到以下信息：

① 工程项目实际进展状况。如果工程实际进展点落在计划S形曲线左侧，表明此时实际进度比计划进度超前，如图5.15中的a点；如果工程实际进展点落在计划S形曲线右侧，表明此时实际进度拖后，如图5.15中的b点；如果工程实际进展点正好落在计划S形曲线上，则表示此时实际进度与计划进度一致。

② 工程项目实际进度超前或拖后的时间。在S形曲线比较图中可以直接读出实际进度比计划进度超前或拖后的时间。如图5.15所示，ΔT_a表示T_a时刻实际进度超前的时间；ΔT_b表示T_b时刻实际进度拖后的时间。

③ 工程项目实际超额或拖欠的任务量。在S形曲线比较图中也可直接读出实际进度比计划进度超额或拖欠的任务量。如图5.15所示，ΔQ_a表示T_a时刻超额完成的任务量，ΔQ_b表示T_b时刻拖欠的任务量。

④ 后期工程进度预测。如果后期工程按原计划速度进行，则可做出后期工程计划S形曲线，如图5.15中虚线所示，从而可以确定工期拖延预测值ΔT。

5.2.4.3 香蕉形曲线比较法

（1）香蕉形曲线的绘制。香蕉形曲线是由两条S形曲线组合成的闭合曲线。从S形曲线比较法中得知，按某一时间开始的施工项目的进度计划，其计划实施过程中进行时间与累计完成工作量的关系都可以用一条S形曲线表示。一个施工项目的网络计划，在理论上总是分为最早和最迟两种开始与完成时间的。因此，一般情况下，任何一个施工项目的网络计划，都可以绘制出两条曲线：其一是计划以各项工作的最早开始时间安排进度而绘制的S形曲线，称为*ES*曲线；其二是计划以各项工作的最迟开始时间安排进度而绘制的S形曲线，称为*LS*曲线。

两条S形曲线都是从计划的开始时刻开始和完成时刻结束，因此两条曲线是闭合的。一般情况，其余时刻*ES*曲线上的各点均落在*LS*曲线相应点的左侧，形成一个形如“香蕉”的曲线，故此称为香蕉形曲线，如图5.16所示。

在项目的实施中，进度控制的理想状况是任一时刻按实际进度描绘的点，应落在该香蕉形曲线的区域内。

（2）香蕉形曲线比较法的作用。香蕉形曲线比较法能直观地反映工程项目的实际进展情况，并可以获得比S形曲线更多的信息。其主要作用有：

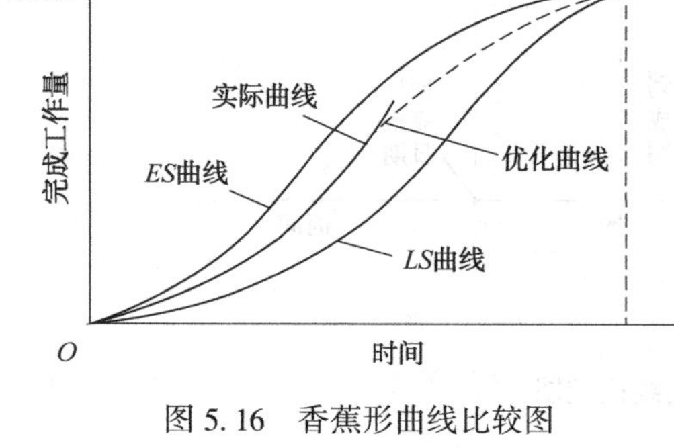

图5.16　香蕉形曲线比较图

① 合理安排工程项目进度计划。如果工程项目中的各项工作均按其最早开始时间安排进度，将导致项目的成本加大；而如果各项工作都按其最迟开始时间安排进度，则一旦受到进度影响因素的干扰，又将导致工期拖延，使工程进度风险加大。因此，一个科学合理的进度计划优化曲线应处于香蕉形曲线所包络的区域之内。

② 进行施工实际进度与计划进度比

较。在工程项目的实施过程中，根据每次检查收集到的实际完成任务量，绘制出实际进度S形曲线，便可以与计划进度进行比较。工程项目实施进度的理想状态是任一时刻工程实际进展点应落在香蕉形曲线图的范围之内。如果工程实际进展点落在*ES*曲线的左侧，表明此刻实际进度比各项工作按其最早开始时间安排的计划进度超前；如果工程实际进展点落在*LS*曲线的右侧，则表明此刻实际进度比各项工作按其最迟开始时间安排的计划进度拖后。

③ 利用香蕉形曲线可以对后期工程的进展情况进行预测。确定在检查状态下，后期工程的*ES*曲线和*LS*曲线的发展趋势。

(3) 香蕉形曲线的作图步骤。香蕉形曲线的作图方法与S形曲线的作图方法基本一致，所不同之处在于它是分别以工作的最早开始时间和最迟开始时间而绘制的两条S形曲线的结合。其具体步骤：确定各项工作每周(天)的劳动消耗量；计算工程项目劳动消耗总量；根据各项工作按最早开始时间安排的进度计划，确定工程项目每周(天)计划劳动消耗量及各周累计劳动消耗量；根据各项工作按最迟开始时间安排的进度计划，确定工程项目每周(天)计划劳动消耗量及各周累计劳动消耗量；根据不同的累计劳动消耗量分别绘制*ES*曲线和*LS*曲线，得到香蕉形曲线。

在工程项目实施过程中，根据检查得到的实际累计完成任务量，按同样的方法在原计划香蕉形曲线图上绘出实际进度曲线，便可以进行实际进度与计划进度的比较。

5.2.4.4 前锋线比较法

施工项目的进度计划用时标网络计划表达时，还可以采用前锋线比较法进行实际进度与计划进度的比较。前锋线比较法是通过绘制某检查时刻工程项目实际进度前锋线，进行工程实际进度与计划进度比较的方法，它主要适用于时标网络计划。

前锋线比较法是从计划检查时间的坐标点出发，用点画线依次连接各项工作的实际进度点，最后到计划检查时间的坐标点为止，形成前锋线，按前锋线与工作箭线交点的位置判定施工实际进度与计划进度偏差。简言之，前锋线法是通过施工项目实际进度前锋线，判定施工实际进度与计划进度偏差的方法。

采用前锋线比较法进行实际进度与计划进度的比较，其步骤如下：

(1) 绘制时标网络计划图。工程项目实际进度前锋线是在时标网络计划图上标示，为清楚起见，可在时标网络计划图的上方和下方各设一时间坐标。

(2) 绘制实际进度前锋线。一般从时标网络计划图上方时间坐标的检查日期开始绘制，依次连接相邻工作的实际进展位置点，最后与时标网络计划图下方坐标的检查日期相连。工作实际进展位置点的标定方法有两种：按该工作已完成任务量比例进行标定；按尚需作业时间进行标定。

(3) 进行实际进度与计划进度的比较。前锋线可以直观地反映出检查日期有关工作实际进度与计划进度之间的关系。对某项工作来说，其实际进度与计划进度之间的关系可能存在以下情况：

① 工作实际进展位置点落在检查日期的左侧(右侧)，表明该工作实际进度拖后(超前)，拖后(超前)的时间为两者之差。

② 工作实际进展位置点与检查日期重合，表明该工作实际进度与计划进度一致。

（4）预测进度偏差对后续工作及总工期的影响。通过实际进度与计划进度的比较确定进度偏差后，还可根据工作的自由时差和总时差预测该进度偏差对后续工作及项目总工期的影响。由此可见，前锋线比较法既适用于工作实际进度与计划进度之间的局部比较，又可用来分析和预测工程项目整体进度状况。

5.2.4.5 列表比较法

当采用无时间坐标网络计划时，也可以采用列表比较法，即记录检查日期正在进行的工作名称和已经作业的时间，然后列表计算有关时间参数，根据原有总时差和尚有总时差判断实际进度与计划进度的比较方法。某项目工程进展检查比较表见表5.5。

表5.5 某项目工程进展检查比较表

工作名称	检查计划时尚需作业天数	到计划最迟完成时尚有天数	原有总时差	尚有总时差	情况判断
F	4	4	1	0	拖后1天，但不影响工期
G	1	0	0	−1	拖后1天，影响工期1天
H	4	4	2	0	拖后2天，但不影响工期

5.2.5 项目进度计划的调整

5.2.5.1 建筑工程进度计划的调整内容

通常，建筑工程进度计划需要及时进行调整，调整的内容包括调整关键线路的长度；调整非关键工作时差；增减工作项目；调整逻辑关系；重新估计某些工作的持续时间；对资源的投入做相应调整。

对于以上六项调整内容，可以只调整一项，也可以同时调整多项，还可以将几项结合起来调整。例如将工期与资源、工期与成本、工期资源及成本结合起来调整，以求综合效益最佳。只要能达到预期目标，调整越少越好。

（1）调整关键线路的长度。当关键线路的实际进度比计划进度提前时，首先要确定是否对原计划工期予以缩短。如果不拟缩短，可以利用这个机会降低资源强度或费用，方法是选择后续关键工作中资源占用量大的或直接费用高的予以适当延长，延长的长度不应超过已完成的关键工作提前的时间量；如果是要提前完成的关键线路，并导致整个计划工期的缩短，则应将计划的未完成部分作为一个新计划，重新进行计算与调整，再按新的计划执行，并保证新的关键工作按新的计划时间完成。

当关键线路的实际进度比计划进度落后时，计划调整的任务是采取措施把失去的时间抢回来，于是应在未完成的关键线路中选择资源强度小的予以缩短，重新计算未完成部分的时间参数，按新参数执行。这样做有利于减少赶工费用。

（2）调整非关键工作时差。时差调整的目的是更充分地利用资源，降低成本，满足施工需要，时差调整幅度不得大于计划总时差值。每次调整均需进行时间参数计算，从而观察这次调整对计划全局的影响。调整的方法有三种：在总时差范围内移动工作的起止时间；延长非关键工作的持续时间；缩短非关键工作的持续时间。三种方法的前提均是降低资源强度。

(3) 增减工作项目。工作项目的增减均不应打乱原网络计划总的逻辑关系。由于增减工作项目只能改变局部的逻辑关系，此局部改变不影响总的逻辑关系。增加工作项目，只是对原遗漏或不具体的逻辑关系进行补充；减少工作项目，只是对提前完成了的工作项目或原不应设置而设置了的工作项目予以删除。只有这样才是真正调整而不是"重编"。增减工作项目之后应重新计算时间参数，以分析此调整是否对原网络计划工期有影响，如有影响，应采取措施消除。

(4) 调整逻辑关系。逻辑关系调整的原因必须是施工方法或组织方法改变，但一般来说，只能调整组织关系，而工艺关系不宜调整，以免打乱原计划。调整逻辑关系是以不影响原定计划工期和其他工作的顺序为前提的。调整的结果绝对不应形成对原计划的否定。

(5) 重新估计某些工作的持续时间。持续时间调整的原因应是原计划有误或实现条件不充分。调整的方法是重新估算。调整后应重新计算网络计划的时间参数，以观察对总工期的影响。

(6) 对资源的投入做相应调整。资源的调整应在资源供应发生异常时进行。所谓异常，即因供应满足不了需要(中断或强度降低)，影响了计划工期的实现。资源调整的前提是保证工期或使工期适当，故应进行适当的工期-资源优化，从而使调整取得较好的效果。

5.2.5.2 建筑工程进度计划的调整过程

在建筑工程项目进度实施过程中，一旦发现实际进度偏离计划进度，即出现进度偏差，必须认真分析产生偏差的原因及其对后续工作和总工期的影响，要采取合理、有效的纠偏措施对进度计划进行调整，确保进度总目标的实现。建筑工程进度计划调整的系统过程如图 5.17 所示。

(1) 分析进度偏差产生的原因。通过建筑工程项目实际进度与计划进度的比较，发现进度偏差，为了采取有效的纠偏措施调整进度计划，必须进行深入而细致的调查，分析产生进度偏差的原因。

(2) 分析进度偏差对后续工作和总工期的影响。当查明进度偏差产生的原因之后，要进一步分析进度偏差对后续工作和总工期的影响程度，以确定是否应采取措施进行纠偏。

(3) 采取纠偏措施调整进度计划。采取纠偏措施调整进度计划，应以后续工作和总工期的限制条件为依据，确保要求的进度目标得以实现。

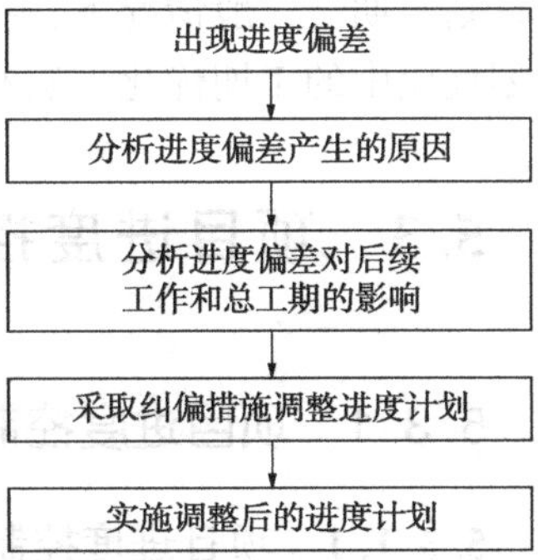

图 5.17 进度调整的系统过程

(4) 实施调整后的进度计划。进度计划调整之后，应执行调整后的进度计划，并继续检查其执行情况，进行实际进度与计划进度的比较，不断循环此过程。

5.2.5.3 分析进度偏差的影响

通过前述的进度比较方法，当判断出现进度偏差时，应当分析该偏差对后续工作和对总工期的影响。

（1）分析出现进度偏差的工作是否为关键工作。若出现偏差的工作是关键工作，则无论偏差大小，都对后续工作及总工期产生影响，必须采取相应的调整措施；若出现偏差的工作不是关键工作，需要根据偏差值与总时差和自由时差的大小关系，确定对后续工作和总工期的影响程度。

（2）分析进度偏差是否大于总时差。若工作的进度偏差大于该工作的总时差，说明此偏差必将影响后续工作和总工期，必须采取相应的调整措施。若工作的进度偏差小于或等于该工作的总时差，说明此偏差对总工期无影响，但它对后续工作的影响程度，需要根据比较偏差与自由时差的情况来确定。

（3）分析进度偏差是否大于自由时差。若工作的进度偏差大于该工作的自由时差，说明此偏差对后续工作产生影响，应该如何调整，应根据后续工作允许影响的程度而定。若工作的进度偏差小于或等于该工作的自由时差，则说明此偏差对后续工作无影响，因此，原进度计划可以不做调整。

5.2.5.4 施工项目进度计划的调整方法

在对实施的进度计划分析的基础上，应确定调整原计划的方法，一般主要有以下两种调整方法：

（1）改变某些工作间的逻辑关系。若检查的实际施工进度产生的偏差影响了总工期，在工作之间的逻辑关系允许改变的条件下，可改变关键线路和超过计划工期的非关键线路上的有关工作之间的逻辑关系，达到缩短工期的目的。

（2）缩短某些工作的持续时间。这种方法不改变工作之间的逻辑关系，通过采取增加资源投入、提高劳动效率等措施缩短某些工作的持续时间，而使施工进度加快，并保证实现计划工期。一般情况下，我们选取关键工作压缩其持续时间。这种方法实际上就是网络计划优化中的工期优化方法和费用优化方法。

5.3 项目进度控制

5.3.1 项目进度控制的目的与任务

5.3.1.1 项目进度控制的目的

进度控制的目的是通过控制以实现工程的进度目标。在工程施工实践中，必须树立和坚持一个最基本的工程管理原则，即在确保工程质量的前提下，控制工程的进度。

5.3.1.2 项目进度控制的任务

工程项目进度控制的任务包括设计准备阶段、设计阶段、施工阶段的任务。

（1）设计准备阶段的任务。

① 收集有关工期的信息，进行工期目标和进度控制决策。

② 编制工程项目总进度计划。

③ 编制设计准备阶段详细工作计划，并控制其执行。

④ 进行环境及施工现场条件的调查和分析。

(2) 设计阶段的任务。

① 编制设计阶段工作计划，并控制其执行。

② 编制详细的出图计划，并控制其执行。

(3) 施工阶段的任务。

① 编制施工总进度计划，并控制其执行。

② 编制单位工程施工进度计划，并控制其执行。

③ 编制工程年、季、月实施计划，并控制其执行。

5.3.2 项目进度控制的措施

建筑工程项目进度控制采取的主要措施有组织措施、管理措施、经济措施、技术措施等。

5.3.2.1 组织措施

组织是目标能否实现的决定性因素，为实现项目的进度目标，应充分重视健全项目管理的组织体系。进度控制的组织措施包括建立进度控制目标体系，明确工程现场监理机构进度控制人员及其职责分工；建立工程进度报告制度及进度信息沟通网络；建立进度计划审核制度和进度计划实施中的检查分析制度；建立进度协调会议制度，包括协调会议举行的时间、地点、参加人员等；建立图纸审查、工程变更和设计变更管理制度。

5.3.2.2 管理措施

工程项目进度控制的管理措施涉及管理的思想、管理的方法、管理的手段、承发包模式、合同管理和风险管理等。进度控制的管理措施包括用工程网络计划方法编制进度计划；承发包模式(直接影响工程实施的组织和协调)、合同结构、物资采购模式的选择；分析影响进度的风险，采取风险管理措施；重视信息技术在进度控制中的应用。

5.3.2.3 经济措施

经济措施指实现进度计划的资金保证措施及可能的奖惩措施。进度控制的经济措施包括资金需求计划；资金供应条件(也是工程融资的重要依据，包括资金总供应量、资金来源、资金供应的时间)；经济激励措施；考虑加快工程进度所需资金；对工程延误收取误期损失赔偿金。

5.3.2.4 技术措施

技术措施指切实可行的施工部署及施工方案等。工程项目进度控制的技术措施涉及对实现进度目标有利的设计技术和施工技术的选用。进度控制的技术措施包括对设计技术与工程进度关系做分析比较；有无改变施工技术、施工方法和施工机械的可能性；审查承包方提交的进度计划，使承包方能在合理的状态下施工；编制进度控制工作细则，指导监理人员实施进度控制；采用网络计划技术及其他科学适用的计划方法，并结合计算机的应用，对建筑工程进度实施动态控制。

第6章　建筑工程项目成本管理

6.1　项目成本管理概述

6.1.1　项目成本的构成与形式

6.1.1.1　建筑工程项目成本的构成

成本是企业在生产产品和管理过程中所支出的各种费用的总和。建筑工程项目成本是指建筑工程项目在实施过程中所发生的全部生产费用的总和，即转移到产品的生产资料的价值与转移产品中的活劳动的价值之和，它是产品价值的主要组成部分。

成本是反映企业全部工作质量好坏的综合性指标。企业劳动生产率的高低、各种材料消耗的多少、建筑机械设备的利用率程度、施工技术水平和组织状况、施工进度的快慢、质量的优劣、企业管理水平的高低、企业活力的大小都会直接影响产品的成本，并由成本指标反映出来。因此，施工企业应当正确地处理成本与工期、质量与企业活力的关系，努力提高经营管理水平，合理降低成本。

建筑工程项目成本由直接成本和间接成本组成。直接成本是指施工过程中耗费的构成实体或有助于工程实体形成的各项费用支出，是可以直接计入工程对象的费用，包括人工费、材料费、施工机械使用费和措施费，如安全文明施工费、夜间施工费、二次搬运费、大型机械设备进出场及安拆费等。

6.1.1.2　建筑工程项目成本的形式

（1）建筑工程项目预算成本。建筑工程项目预算成本反映了各地区建筑行业的平均成本水平。其是根据建筑施工图由工程量计算规则计算出工程量，再由建筑工程预算定额计算出工程成本。其是构成工程造价的主要内容是承包方签订建筑工程承包合同的基础。一旦双方认可在合同中的造价并签字，其将成为建筑工程项目成本管理的依据，是直接涉及建筑工程项目能否取得好的经济效益的前提条件。

（2）建筑工程项目计划成本。建筑工程项目计划成本是指建筑工程项目经理部根据计划期的施工条件和实施该项目的各项技术组织措施，在实际成本发生前预先计算的成本。计划成本是建筑工程项目经理部控制成本支出、安排施工计划、供应工料和指导施工的依据。其综合反映建筑工程项目在计划期内达到的成本水平。

（3）建筑工程项目实际成本。建筑工程项目实际成本是在报告期内实际产生的各项生产费用的总和。把实际成本与计划成本比较，可以直接反映出成本的节约与超支，考核建筑工程项目施工技术水平及施工组织措施的贯彻执行和施工项目的经营效果。

综上所述，预算成本是计算工程造价的基础，也是编制计划成本和评价实际成本的依据。实际成本与预算成本比较，可以直接反映施工项目最终盈亏情况。

6.1.2 项目成本管理的概念与原则

6.1.2.1 建筑工程项目成本管理的概念

建筑工程项目成本管理是指在项目成本形成过程中，按照合同中的条件和事先制定的成本计划，对项目所产生的各项费用和支出，按照一定的原则进行指导、监督、调节和限制，对即将发生和已经发生的偏差进行分析研究，并及时采取有效措施进行纠正，以保证实现制定的成本目标。

项目成本管理的目的是实现“项目管理目标责任书”中的责任目标。项目经理部通过优化施工方案和管理措施，确保在计划成本范围内完成质量符合规定标准的施工任务，以保证预期利润目标的实现。简单地说，其就是降低项目成本，提高经济效益。

6.1.2.2 建筑工程项目成本管理的原则

(1) 政策性原则。政策性原则是指成本管理必须严格遵守国家的方针、政策、法律、法规，维护财经纪律。要正确处理好国家、集体和个人三者之间的关系，当前利益和长远利益之间的关系，成本和质量之间的关系。因此，在进行成本管理时，应遵守眼前、长远利益服从国家集体利益，质量第一的原则。政策性原则是成本控制的重要原则。施工单位负责人和成本管理人员必须严格把关，绝不能用降低项目质量的方法来降低成本，更不能偷工减料和粗制滥造。

(2) 效益性原则。效益是指经济效益和社会效益两个方面。成本管理的目的是降低项目成本、提高企业的经济效益和社会效益。质量提高，保修费用随之降低；工期提前，可提高社会效益。因此，在成本管理中，必须科学地处理进度、成本和质量三者的关系。

(3) 全面性原则。全面性原则是指在成本管理中要对成本进行全面控制。全面性原则有两个含义：一是全员参与成本管理，成本是一个综合性指标，涉及项目建设的各个部门、施工班组以及全体员工，因此，要求所有人都要关心成本，按计划进行成本管理；二是全过程的成本控制，施工项目是指自工程项目施工投标开始到保修期满为止的全过程中完成的项目，其中，要经过施工准备、施工、竣工验收、交付使用等阶段，每一个阶段都要产生成本，因此，要在全过程各阶段制定成本计划，并按计划进行严格控制。

(4) 责、权、利相结合原则。确定项目经理和制定岗位责任制，决定了从项目经理到每一个管理者和操作者，都有自己所承担的责任，而且被授予了相应的权利，并给予一定的经济利益，这就体现了责、权、利相结合的原则。“责”是指完成成本管理的责任；“权”是指责任承担者为了完成成本控制目标所必须具备的权限；“利”是指根据成本控制目标完成的情况，给予责任承担者相应的奖惩。在成本控制中，有“责”就必须有“权”，否则就完不成分担的责任，起不到控制作用；有“责”还必须有“利”，否则就缺乏推动履行责任的动力。总之，在项目的成本管理过程中，必须贯彻责、权、利相结合的原则，调动管理者的积极性和主动性，使成本管理工作做得更好。

(5) 目标分解控制原则。施工企业的项目经理对成本管理负完全责任，其将成本计划目标加以分解，逐一落实到各部门和各施工队及个人，进行层层控制、分级负责，形成一个成本控制网，在施工中不断检查执行结果，若发现偏差，应分析原因并及时采取纠正措施。

(6) 例外管理原则。例外管理是指施工管理人员对成本管理标准以内的问题，不必逐项过问，而应集中力量注意脱离标准的差异较大的"例外"事项。例外管理原则是管理中较常见的一种原则，具有一定的科学性。项目管理工作十分复杂，管理人员如果一一过问，必将分散精力、事倍功半、效果不好。所以，在成本管理中应注意集中力量抓住"例外"事项，解决主要矛盾。

在项目施工过程中，"例外"事项一般有成本差异金额较大的事项、某些项目经常在成本控制线上下波动的事项、影响企业决策的事项、后果严重的事项等。

6.1.3 项目成本管理的任务与措施

6.1.3.1 建筑工程项目成本管理的任务

建筑工程项目成本管理是要在保证工期和满足质量要求的情况下，采取相关管理措施把成本控制在计划范围内，并进一步寻求最大限度的成本节约。建筑工程项目成本管理的任务和环节主要包括建筑工程项目成本预测、建筑工程项目成本计划、建筑工程项目成本控制、建筑工程项目成本核算、建筑工程项目成本分析、建筑工程项目成本考核。

(1) 建筑工程项目成本预测。建筑工程项目成本预测是通过成本信息和工程项目的具体情况，运用一定的专门方法，对未来的成本水平及其可能的发展趋势做出科学的估计。其是企业在工程项目实施以前对成本所进行的核算。

(2) 建筑工程项目成本计划。建筑工程项目成本计划是项目经理部对项目成本进行计划管理的工具。它是以货币形式编制建筑工程项目在计划期内的生产费用、成本水平、成本降低率及为降低成本所采取的主要措施和规划的书面方案。其是建立工程项目成本管理责任制、开展成本控制和核算的基础。

(3) 建筑工程项目成本控制。建筑工程项目成本控制主要是指项目经理部对建筑工程项目成本实施控制，包括制度控制、定额或指标控制、合同控制等。

(4) 建筑工程项目成本核算。建筑工程项目成本核算是指将建筑工程项目实施过程中的各种费用所形成的建筑工程项目成本与计划目标成本，在保持统计口径一致的前提下进行对比，找出差异。

(5) 建筑工程项目成本分析。建筑工程项目成本分析是在建筑工程成本跟踪核算的基础上，动态分析各成本项目的节超原因。其贯穿于建筑工程项目成本管理的全过程，也就是说建筑工程项目成本分析主要利用项目的成本核算资料(成本信息)、目标成本(计划成本)、承包成本以及类似的工程项目的实际成本等进行比较，了解成本的变动情况，同时，也要分析主要技术经济指标对成本的影响，系统地研究成本变动的因素，检查成本计划的合理性，并通过成本分析，揭示成本变动的规律，寻找降低建筑工程项目成本的途径。

(6) 建筑工程项目成本考核。建筑工程项目成本考核是建筑工程项目完成后，对建筑工程项目成本形成中的各责任者，按建筑工程项目成本目标责任制的有关规定，将成本的实际指标与计划、定额、预算进行对比和考核，评定建筑工程项目成本计划的完成情况和各责任者的业绩，并给予相应的奖励和处罚。

6.1.3.2 建筑工程项目成本管理的措施

建筑工程项目成本管理包含着丰富的内容，是一个完整的合同履约过程。其既包括质量管理、进度管理、资源管理、安全管理，也包括合同管理、分包管理、预算管理。这一切管理内容，无不与成本管理息息相关。在一项管理内容的每个过程中，成本管理如无形的手，在制约、影响、推动或者迟滞着各项专业管理活动，并且与管理的结果产生直接的关系。企业所追求的目标，不仅是质量好、工期短、业主满意，同时，又是投入少、产出大、企业获利丰厚的建筑产品。因此，离开了成本的预测、计划、控制、核算和分析等一整套成本管理的系列任务，任何美好的愿望都是不现实的。

为了取得建筑工程项目成本管理的理想成效，应当从多方面采取措施实施管理，通常，可以将这些措施归纳为组织措施、技术措施、经济措施、合同措施、信息管理措施。

（1）组织措施。组织措施是从建筑工程项目成本管理的组织方面采取的措施。建筑工程项目成本控制是全员的活动，如实行项目经理责任制，落实建筑工程项目成本管理的组织机构和人员，明确各级建筑工程项目成本管理人员的任务和职能分工、权利和责任。建筑工程项目成本管理不仅是专业成本管理人员的工作，各级项目管理人员都负有成本控制责任。

要做好施工采购规划，通过生产要素的优化配置、合理使用、动态管理，有效控制实际成本；加强施工定额管理和施工任务单管理，控制活劳动和物化劳动的消耗；加强施工调度，避免因施工计划不周和盲目调度造成窝工损失、机械利用率降低、物料积压等。成本控制工作只有建立在科学管理的基础上，具备合理的管理体制、完善的规章制度、稳定的作业秩序、完整准确的信息传递，才能取得成效。组织措施是其他各类措施的前提和保障，而且一般不需要增加什么费用，若运用得当可以收到良好的效果。

（2）技术措施。在施工过程中，降低成本的技术措施包括进行技术经济分析，确定最佳的施工方案；结合施工方法，进行材料使用的比选，在满足功能要求的前提下，通过代用、改变配合比、使用添加剂等方法降低材料消耗的费用；确定最合适的施工机械、设备使用方案；结合项目的施工组织设计及自然地理条件，降低材料的库存成本和运输成本；应用先进的施工技术、运用新材料、使用新开发的机械设备等。在实践中，要避免仅从技术角度选定方案而忽视对其经济效果的分析论证。

技术措施不仅对解决建筑工程项目成本管理过程中的技术问题是不可缺少的，而且对纠正建筑工程项目成本管理目标偏差也有相当重要的作用。因此，运用技术纠偏措施的关键，一是要能提出多个不同的技术方案；二是要对不同的技术方案进行技术经济分析。

（3）经济措施。经济措施是最容易被人们接受和采用的措施。管理人员应编制资金使用计划，确定、分解建筑工程项目成本管理目标。对建筑工程项目成本管理目标进行风险分析，并制定防范性对策。对各种支出，应认真做好资金的使用计划，并在施工中严格控制各项开支。及时准确地记录、收集、整理、核算实际发生的成本。对各种变更，应及时做好增减账，及时落实业主签证，及时结算工程款。通过偏差分析和未完工程预测，可发现将引起未完工程施工成本增加的一些潜在问题，对这些问题应以主动控制为出发点，及时采取预防措施。由此可见，经济措施的运用绝不仅仅是财务人员的事情。

（4）合同措施。采用合同措施控制施工成本，应贯穿整个合同周期，包括从合同谈判开始到合同终结的全过程。首先是选用合适的合同结构，对各种合同结构模式进行分析、比较，在合同谈判时，要争取选用适合工程规模、性质和特点的合同结构模式。其次在合同条款中应仔细考虑一切影响成本和效益的因素，特别是潜在的风险因素。通过对引起成本变动的发现因素的识别和分析，采取必要的风险对策，如通过合理的方式，增加承担风险的个体数量，降低损失发生的比例，并最终使这些策略反映在合同的具体条款中。

（5）信息管理措施。信息管理措施即采用计算机辅助建筑工程项目成本控制，通过信息化手段实现数据实时采集、传输、分析和共享，提升管控效率。全周期覆盖投标到结算，利用 BIM(Building Information Modeling，建筑信息模型)技术模拟成本、物联网传感器监控消耗，实现动态控制；整合 ERP(Enterprise Resource Planning，企业资源计划)、BIM 等多系统，打破信息孤岛，提高效率；基于大数据分析建立预测模型，自动识别偏差并生成调整建议，支持决策；移动端协同优化流程，提高数据采集效率。挑战方面，通过数据清洗、API(Application Programming Interface，应用程序接口)集成和渐进式培训解决数据质量、系统集成和人员技能问题。未来，将向智能化升级、产业链协同和绿色导向发展，助力建筑企业精准决策与持续改进。

6.2 项目成本计划

成本计划的编制是加强成本控制的前提，要想有效地控制成本，就必须充分重视成本计划的编制。成本计划是指对拟建工程项目进行费用预算(或估算)，并以此作为项目的经济分析和决策、签订合同或落实责任、安排资金的依据，再通过将成本目标或成本计划分解，提出材料、施工机械、劳务费用、临时工程费用、管理费用等多种费用的限额，并按照限额进行资金使用的控制。一般成本计划要由工程技术部门和财务部门合作，根据签订的合同价格、工程价格单和投标报价计算书等资料编制，并进行汇总。

成本计划与工程最终的实际成本相比较，对于常见的项目，进行可行性研究时误差可能达±20%，进行初步设计时误差可能达±15%，成本预算误差可能达 5%～10%。在工程项目中，积极的成本计划不仅不局限于事先的成本估算(报价)，而且也不局限于工程项目的成本进度计划，还体现在：积极的成本计划不是被动地按照已确定的技术设计、合同、工期、实施方案和环境预算工程成本，而是应包括对不同的方案进行技术经济分析，从总体上考虑工期、成本、质量、实施方案等之间的相互影响和平衡，以寻求最优的解决方案。

在项目实施过程中，人们做任何决策都需要相关的费用预算，顾及成本和项目的经济效益。积极的成本计划不仅要使项目建设成本最小化，还必须与项目盈利最大化相统一，盈利的最大化经常是从整个项目的效益角度分析的；积极的成本计划还体现在，不仅要按照可获得的资源(资金)量安排项目规模和进度计划，而且要按照项目预定的规模和进度计划安排资金的供应，保证项目的实施。

6.2.1 项目成本预测与计划

6.2.1.1 项目成本预测

建筑工程项目成本预测是通过历史数字资料，采用经验总结、统计分析及数字模型等方法对成本进行判断与推测。通过建筑工程项目成本预测，可以为建筑施工企业经营决策和项目部编制成本计划等提供数据。其是实施项目科学管理的一种重要工具，越来越被人们所重视。

(1) 建筑工程项目成本预测的作用。

① 是编制成本计划的基础。计划是管理的关键的第一步，编制可靠的计划具有十分重要的意义。要编制出正确可靠的建筑工程项目成本计划，必须遵循客观经济规律，从实际出发，对建筑工程项目进行科学的预测。在编制成本计划前，要在收集、整理和分析有关建筑工程项目成本、市场行情和施工消耗等资料的基础上，对建筑工程项目进展过程中的物价变动等情况和建筑工程项目成本做出符合实际的预测，这样，才能保证建筑工程项目成本计划不脱离实际，切实起到控制建筑工程项目成本的作用。

② 是投标决策的依据。建筑施工企业在选择投标项目的过程中，往往需要根据项目是否盈利、利润大小等诸多因素确定是否投标。这样，在投标决策时，就要估计项目施工成本情况，通过与施工图预算比较，分析出项目是否盈利、利润大小等。

③ 是建筑工程项目成本管理的重要环节。成本预测是在分析项目施工过程中各种经济与技术要素对成本升降的影响的基础上，推算成本水平变化的趋势及其规律性，预测建筑工程项目的实际成本。其是预测和分析的有机结合，是事后反馈与事前控制的结合。成本预测有利于及时发现问题，找出建筑工程项目成本管理中的薄弱环节，采取措施，控制成本。

(2) 建筑工程项目成本预测的过程。

① 制订预测计划。制订预测计划是预测工作顺利进行的保证。预测计划的主要内容包括组织领导及工作布置、配合的部门、时间进程、收集材料范围等。如果在预测过程中发现新情况和发觉计划有缺陷，应及时修正预测计划，以保证预测工作顺利进行并获得较好的预测质量。

② 收集整理预测资料。收集预测资料是进行预测的重要条件。预测资料可分为纵向和横向两个方面的数据。纵向资料是施工单位各类材料的消耗及价格的历史数据，可据以分析发展趋势；横向资料是指同类建筑工程项目的成本资料，可据以分析所预测项目与同类项目的差异，并做出估计。预测资料必须完整、连续、真实。对收集来的资料要按照各指标的口径进行核算、汇集、整理，以便比较预测。

③ 成本初步预测。成本初步预测主要是用定性预测的方法对建筑工程项目成本进行初步估计。这一步的结果往往比较粗糙，需要结合现在的成本水平进行修正，才能保证预测成本结果的质量。

④ 预测影响成本水平的因素。预测影响成本水平的因素主要是物价变化、劳动生产率、物料消耗指标、项目管理办公费开支等。应根据近期内其他工程的实施情况、本企业职工及当地分包企业情况、市场行情等，推测其对建筑工程项目的成本所产生的影响。

⑤ 成本预测。根据初步的成本预测以及对成本水平变化的因素的预测结果，确定该项目的成本情况。其包括人工费、材料费、机械使用费和其他直接费用等。

⑥ 分析预测误差。成本预测是对建筑工程项目实施之前的成本的预计和推断，这往往与实施过程中的实际成本有出入，会产生预测误差。预测误差的大小可以反映预测的准确程度。

(3) 建筑工程项目成本预测的方法。建筑工程项目成本预测的方法可以归纳为两类：第一类是详细预测法，即以近期内的类似过程成本为基数，通过结构与建筑差异调整，以及人工费、材料费等直接费用和间接费用的修正来测算目前建筑工程项目的成本；第二类是近似预测法，即以过去的类似工程作为参考，预测目前建筑工程项目成本，这类方法主要有时间序列法和指数回归法。

6.2.1.2 项目成本计划

建筑工程项目成本的预测，能为制订建筑工程项目成本计划提供依据。

(1) 项目成本计划的类型。

① 竞争性成本计划。竞争性成本计划是指工程项目投标及签订合同阶段的估算成本计划。

② 指导性成本计划。指导性成本计划是指选派项目经理阶段的预算成本计划，是项目经理的责任成本目标。

③ 实施性成本计划。实施性成本计划是指项目施工准备阶段的施工预算成本计划，其以项目实施方案为依据，以落实项目经理责任目标为出发点，采用企业的施工定额，通过编制施工预算形成。

(2) 制订建筑工程项目成本计划的原则。

制订建筑工程项目成本计划的原则有：从实际情况出发；采用先进的技术经济定额的原则，弹性原则，统一领导、分级管理的原则；与其他目标计划相结合。

(3) 项目经理部的责任目标成本。在签订施工合同后，由企业根据合同造价、施工图和招标文件中的工程量清单，确定正常情况下的企业管理费、财务费用和制造成本。将正常情况下的制造成本确定为项目经理的可控成本，形成项目经理部的责任目标成本。

每个工程项目在实施项目管理之前，首先由公司主管部门与项目经理部协商，将合同预算的全部造价收入，分为现场施工费用和企业管理费用两部分。其中，现场施工费用核定的总额，作为项目成本核算的界定范围和确定项目经理部责任成本目标的依据。

在正常情况下的制造成本确定为项目经理部的可控成本，形成项目经理部的责任目标成本。按制造成本法计算出来的施工成本实际上是项目的施工现场成本，反映了项目经理部的成本水平，既便于对项目经理部成本管理责任的考核，也为项目经理部节约开支、降低消耗提供了可靠的基础。

责任目标成本是公司主管部门对项目经理部提出的指令成本目标，也是对项目经理部进行详细施工组织设计、优化施工方案、制订降低成本对策和管理措施提出的要求。责任目标成本以施工图预算为依据，其确定的过程和方法：按投标报价时所编制的工程估价单，将各项单价换成企业价格，就构成直接费用中的人工费、材料费的目标成本；以施工组织设计为依据，确定机械台班周转设备材料的使用量；其他直接费用中的各子项目均按具体情况或内部价格来确定；现场施工管理费，也按各子项目视项目的具体情况来确定；投标中压价让利的部分也要加以考虑。

责任目标成本应在仔细研究投标报价时的各项目清单、估价的基础上，由公司主管部门主持，有关部门共同参与分析研究确定。

(4) 项目经理部的计划目标成本。项目经理部在接受企业法定代表人委托之后，应通过主持项目管理实施规划寻求降低成本的途径，组织编制施工预算，确定项目的计划目标成本。项目经理部编制施工预算应符合下列规定：

① 以施工方案和管理措施为依据，按照本企业的管理水平、消耗定额、作业效率等进行工料分析，根据市场价格信息，编制施工预算。

② 施工预算中各分部分项的划分尽量做到与合同预算的分部分项工程划分一致或对应，为以后成本控制逐项对应比较创造条件。

③ 当某些环节或分部分项工程条件尚不明确时，可按照类似工程施工经验或招标文件所提供的计量依据计算暂估费用。

④ 施工预算应在工程开工前编制完成。对于一些编制条件不成熟的分项工程，也要先进行估算，待条件成熟时再做调整。

⑤ 施工预算编成后，要结合项目管理评审，进行可行性和合理性的论证评价，并在措施上进行必要的补充。

建筑工程项目管理是一次性的行为，它的管理对象只是一个施工项目，随着项目建设任务的完成而结束历史使命。在施工期间，能否降低施工成本、能否取得经济效益均在此一举，因此有很大的风险。所以，进行成本的预测与计划不仅必要，而且必须做好。

6.2.2 项目成本计划的编制

6.2.2.1 项目成本计划的编制依据

项目成本计划的编制依据：投标报价文件；企业定额、施工预算；施工组织设计；人工、材料、机械台班市场价；企业颁布的材料指导价、企业内部机械台班价格、劳动力内部挂牌价格；周转设备内部租赁价格、摊销损耗标准；已签订的工程合同、分包合同；结构件外加工计划和合同；有关财务成本核算制度和财务历史资料；预测资料施工成本资料；拟采用的降低成本措施。

6.2.2.2 项目成本计划的编制方法

成本计划的编制以成本预测为基础，关键是确定目标成本。计划的制订，需要结合施工组织设计的编制过程，通过不断地优化施工方案和合理配置生产要素，进行工、料、机消耗分析，制定一系列节约成本和挖潜的措施。

施工总成本目标确定后，需通过编制详细的实施性成本计划，把目标成本层层分解，落实到施工过程的每个环节。成本计划的编制方式如下。

（1）按施工成本组成编制建筑工程项目成本计划。建筑工程项目成本可以按成本组成分解为人工费、材料费、施工机械使用费、措施费和间接费。编制按施工成本组成分解的建筑工程项目成本计划，如图 6.1 所示。

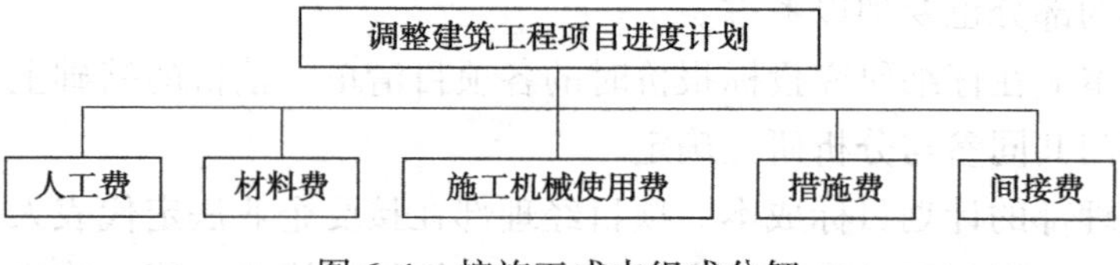

图 6.1　按施工成本组成分解

（2）按施工项目组成编制建筑工程项目成本计划。大中型工程项目通常是由若干单项工程构成的，而每个单项工程包括了多个单位工程，每个单位工程又是由若干个分部分项工程所构成的。因此，首先要把项目总施工成本分解到单项工程和单位工程中，再进一步分解到分部工程和分项工程中。编制按项目组成分解的建筑工程项目成本计划，如图 6.2 所示。

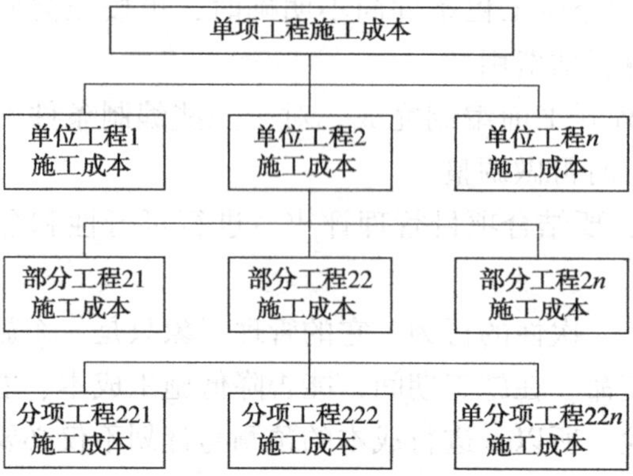

图 6.2　按项目组成分解

在编制成本支出计划时，要在项目总的方面考虑总的预备费，也要在主要的分项工程中安排适当的不可预见费。

（3）按施工进度编制建筑工程项目成本计划。按施工进度编制建筑工程项目成本计划，通常可利用控制项目进度的网络图进一步扩充而得，即在建立网络图时，一方面确定完成各项工作所需花费的时间，另一方面确定完成这一工作的合适的建筑工程项目成本支出计划。

通过对建筑工程项目成本目标按时间进行分解，在网络计划基础上，可获得项目进度计划的横道图，并在此基础上编制成本计划。其成果表示方式有两种：一种是在时标网络图上按月编制的成本计划，如图 6.3 所示；另一种是利用时间-成本累积曲线（S 形曲线）表示，如图 6.4 所示。

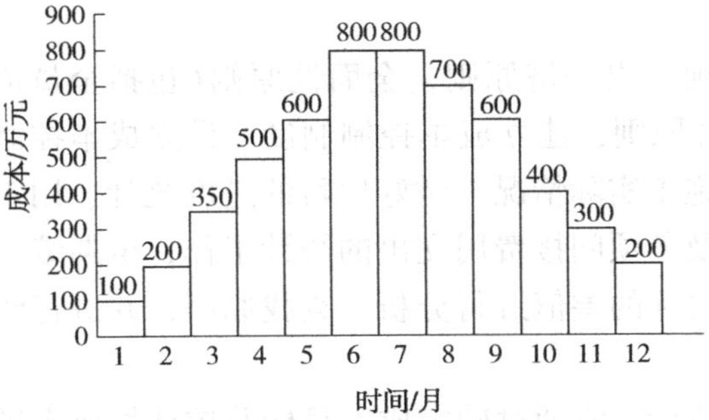

图 6.3　在时标网络图上按月编制的成本计划

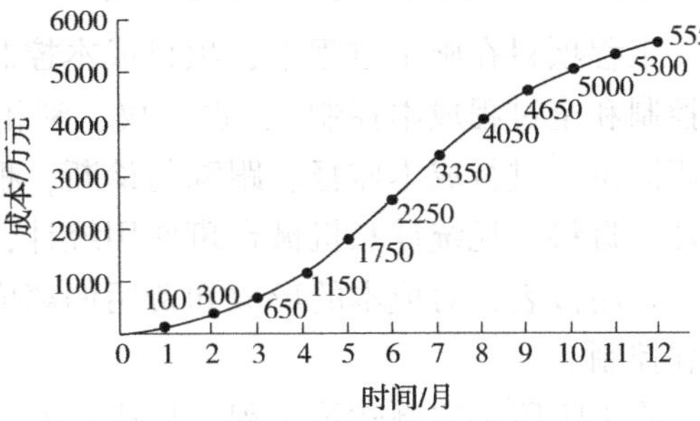

图 6.4　时间-成本累积曲线(S 形曲线)编制的成本计划

6.3　项目成本控制与核算

6.3.1　项目成本控制的依据与方法

6.3.1.1　项目成本控制的依据

(1) 工程承包合同。建筑工程项目成本控制要以工程承包合同为依据，以降低工程成本为目标，从预算收入和实际成本两个方面，努力挖掘增收节支潜力，以求获得最大的经济效益。

(2) 建筑工程项目成本计划。建筑工程项目成本计划是根据建筑工程项目的具体情况制定的成本控制方案，既包括预算的具体成本控制目标，又包括实现控制目标的措施和规划，是建筑工程项目成本控制的指导文件。

(3) 进度报告。进度报告提供了每一时刻工程实际完成量、工程施工成本实际支付情况等重要信息。建筑工程项目成本控制工作正是通过实际情况与建筑工程项目成本计划相比较，找出两者之间的差别，分析偏差产生的原因，从而采取措施改进。另外，进度报告还有助于管理者及时发现工程施工中存在的隐患，并在可能造成重大损失之前采取有效措施，尽量避免损失。

(4) 工程变更。在项目的实施过程中，由于各方面的原因，工程变更是很难避免的。工程变更一般包括设计变更、进度计划变更、施工条件变更、技术规范与标准变更、施工次序变更、工程量变更等。一旦出现变更，工程量、工期、成本都必将发生变化，从而使建筑工程项目成本控制工作变得更加复杂和困难。因此，建筑工程项目成本管理人员就应当通过对变更要求当中各类数据的计算、分析，及时掌握变更情况，包括已发生工程量、将要发生工程量、工期是否拖延、支付情况等重要信息，判断变更以及变更可能带来的索赔额度等。

除了上述几种建筑工程项目成本控制工作的主要依据以外，施工组织设计、分包合同等也都是建筑工程项目成本控制的依据。

6.3.1.2 项目成本控制的方法

工程项目在施工过程中，项目成本控制必须突出经济原则，全面性原则(包括全员成本控制和全过程成本控制)，责、权、利相结合原则，建立成本控制制度。设立成本控制专职岗位，进行成本监督、跟踪与诊断，根据施工实际情况，做好项目的进度统计、用工统计、材料消耗统计和机械台班使用统计，以及各项间接费用支出的统计工作，定期编写各种费用报表，对成本的形成和费用偏离成本目标的差值进行分析，查找原因，并进行纠偏和控制。

施工阶段是控制建筑工程项目成本的主要阶段，它通过确定成本目标并按计划成本进行施工、资源配置，对施工现场发生的各种成本费用进行有效控制。建筑工程项目成本的具体控制方法如下。

(1) 人工费的控制。人工费的控制实行“量价分离”的方法，将作业用工及零星用工按定额工日的一定比例综合确定用工数量与单价，通过劳务合同进行控制。

① 人工费的影响因素。

a. 社会平均工资水平。建筑安装工人人工单价必须与社会平均工资水平相同。社会平均工资水平取决于经济发展水平。由于我国改革开放以来经济迅速增长，社会平均工资也有大幅增长，从而导致人工单价大幅提高。

b. 生产消费指数。生产消费指数的提高会导致人工单价的提高，从而减少生活水平的下降，维持原来的生活水平。生产消费指数的变动取决于物价的变动，尤其取决于生活消费品的价格变动。

c. 劳动力市场供需变化。劳动力市场如果供不应求，人工单价就会升高；供过于求，人工单价就会下降。

d. 政府推行的社会保障和福利政策也会影响人工单价的变动。

e. 经会审的施工图、施工定额、施工组织设计等决定人工的消耗量。

② 人工费的控制方法。

a. 制定先进、合理的企业内部劳动定额，严格执行劳动定额，并将安全生产、文明施工及零星用工下达到作业队进行控制。全面推进全额计划的劳动管理办法和单项工程集体承包的经济管理办法，以不突破施工图预算人工费指标为控制目标，对各班组实行工资包干制度。认真执行按劳分配的原则，使职工个人所得与劳动贡献一致，充分调动广大职工的劳动积极性，从根本上杜绝出工不出力的现象。将工程项目的进度、安全、质量等指标与定额管理结合起来，提高劳动者的综合能力，实行奖励制度。

b. 提高生产工人的技术水平和作业队的组织管理水平，根据施工进度、技术要求合理搭配各工种工人的数量，减少和避免无效劳动，不断地改善劳动组织，创造良好的工作环境，改善工人的劳动条件，提高劳动效率。合理调节各工序人数，安排劳动力时，尽量做到技术工不做普通工的工作，高级工不做低级工的工作，从而避免技术上的浪费，既要加快工程进度，又要节约人工费用。

c. 加强职工的技术培训和多种施工作业技能的培训，不断提高职工的业务技术水平和熟练操作程度，培养一专多能的技术工人，提高作业工效。提倡技术革新和推广新技术，提高技术装备水平和工厂化生产水平，提高企业的劳动生产率。

d. 实行弹性需求的劳务管理制度。对施工生产各环节上的业务骨干和基本的施工力量，要保持相对稳定。对短期需要的施工力量，要做好预测、计划管理，通过企业内部的劳务市场及外部协作队伍进行调剂。严格做到项目部的定员随工程进度要求波动，进行弹性管理。要打破行业、工种界限，提倡一专多能，提高劳动力的利用效率。

(2) 材料费的控制。材料费的控制同样按照“量价分离”原则，控制材料用量和材料价格。

① 材料用量的控制。

a. 定额控制。对于有消耗定额的材料，以消耗定额为依据，实行限额发料制度。在规定限额内分期分批领用，超过限额领用的材料，必须先查明原因，经过一定审批手续才可领料。

b. 指标控制。对于没有消耗定额的材料，实行计划管理和按指标控制的方法。根据以往项目的实际耗用情况，结合具体施工项目的内容和要求，制定领用材料指标，以控制发料。超过指标的材料，必须经过一定的审批手续才可领用。

c. 计量控制。准确做好材料物资的收发计量检查和投料计量检查。

d. 包干控制。在材料使用过程中，对部分小型及零星材料(钢钉、钢丝等)根据工程量计算出所需的材料量，将其折算成费用，由作业者包干控制。

② 材料价格的控制。材料价格主要由材料采购部门控制。由于材料价格是由买价、运杂费、运输中合理损耗等所组成，因此控制材料价格主要是通过掌握市场信息，应用招标和询价等方式控制材料、设备的采购价格。

施工项目的材料物资包括构成工程实体的主要材料和结构件，以及有助于工程实体形成的周转使用材料和低值易耗品。从价值角度看，材料物资的价值约占建筑安装工程造价的60%，甚至70%以上，其重要程度自然是不言而喻的。由于材料物资的供应渠道和管理方式各不相同，因此控制的内容和所采取的控制方法也将有所不同。

(3) 施工机械使用费的控制。合理选择施工机械设备、合理使用施工机械设备对成本控制具有十分重要的意义，尤其是对于高层建筑施工。根据某些工程实例统计，高层建筑地面以上部分的总费用中，垂直运输机械费用占6%~10%。由于不同的起重运输机械各有不同的用途和特点，因此，在选择起重运输机械时，首先应根据工程特点和施工条件确定采取何种起重运输机械的组合方式。在确定组合方式时，首先应满足施工需要，同时，还要考虑到费用的高低和综合经济效益。施工机械使用费主要由台班数量和台班单价两方面决定。

① 控制台班数量。

a. 根据施工方案和现场实际，选择适合项目施工特点的施工机械，制订设备需求计划，合理安排施工生产，充分利用现有机械设备，加强内部调配，提高机械设备的利用率。

b. 保证施工机械设备的作业时间，安排好生产工序的衔接，尽量避免停工、窝工，尽量减少施工中所消耗的机械台班数量。

c. 核定设备台班定额产量，实行超产奖励办法，加快施工生产进度，提高机械设备单位时间的生产效率和利用率。

d. 加强设备租赁计划管理，减少不必要的设备闲置和浪费，充分利用社会闲置机械资源。

② 控制台班单价。

a. 加强现场设备的维修、保养工作，降低大修、经常性修理等各项费用的开支，提高机械设备的完好率，最大限度地提高机械设备的利用率。避免因使用不当造成机械设备的停置。

b. 加强机械操作人员的培训工作，不断提高操作技能，提高施工机械台班的生产效率。

c. 加强配件的管理，建立健全配件领发料制度，严格按油耗定额控制油料消耗，做到修理有记录、消耗有定额、统计有报表、损耗有分析。通过经常分析总结，提高修理质量，降低配件消耗，减少修理费用的支出。

d. 降低材料成本，严把施工机械配件和工程材料采购关，尽量做到工程项目所进材料质优价廉。

e. 成立设备管理小组，负责设备调度、检查、维修、评估等具体事宜。对主要部件及其保养情况建立档案，分清责任，便于尽早发现问题，找到解决问题的办法。

(4) 施工分包费用的控制。分包工程价格的高低，必然对项目经理部的建筑工程项目成本产生一定的影响。因此，建筑工程项目成本控制的重要工作之一，是对分包价格的控制。项目经理部应在确定施工方案的初期就确定需要分包的工程范围。决定分包范围的因素主要是建筑工程项目的专业性和项目规模。对分包费用的控制，主要是要做好分包工程的询价、订立平等互利的分包合同、建立稳定的分包关系网络、加强施工验收和分包结算等工作。

6.3.2 项目成本控制的步骤与运行

6.3.2.1 项目成本控制的步骤

在确定了建筑工程项目成本计划后，必须定期地进行建筑工程项目成本计划值与实际值的比较，当实际值偏离计划值时，分析产生偏差的原因，采取适当的纠偏措施，以确保建筑工程项目成本控制目标的实现。其步骤如下。

(1) 比较。按照某种确定的方式将建筑工程项目成本计划值与实际值逐项进行比较，以发现建筑工程项目成本是否已超支。

(2) 分析。在比较的基础上，对比较的结果进行分析，以确定偏差的严重性及偏差产生的原因。这一步是建筑工程项目成本控制工作的核心，其主要目的在于找出产生偏差的原因，从而采取有针对性的措施，尽量避免相同情况再次发生或减少由此造成的损失。

成本偏差分析可以采用不同的表达方法，常用的有横道图法和曲线法，包括计划工作预算费用 BCWS(Budgeted Cost of Work Scheduled，计划工作成本)曲线、已完工作预算费用 BCWP(Budgeted Cost of Work Performed，已完工作计划成本)曲线、已完工作实际费用 ACWP(Actual Cost of Work Performed，已完工作实际成本)曲线。

(3) 预测。按照完成情况估计完成项目所需的总费用。

(4) 纠偏。当工程项目的实际施工成本出现偏差时，应当根据工程的具体情况、偏差分析和预测的结果，采取适当的措施，以达到建筑工程项目成本偏差尽可能小的目的。纠偏是建筑工程项目成本控制中最具实质性的一步。只有通过纠偏，才能最终达到有效控制建筑工程项目成本的目的。

对偏差原因进行分析的目的是有针对性地采取纠偏措施，从而实现成本的动态控制和主动控制。纠偏首先要确定纠偏的主要对象，偏差原因有些是无法避免和控制的，如客观原因，充其量只能对其中的少数原因做到防患未然，力求减少该原因所造成的经济损失。在确定了纠偏的主要对象之后，就需要采取有针对性的纠偏措施。纠偏可采用组织措施、经济措施、技术措施和合同措施等。

(5) 检查。检查是指对工程的进展进行跟踪和检查，及时了解工程进展状况以及纠偏措施的执行情况和效果，为今后的工作积累经验。

6.3.2.2 项目成本控制的运行

建筑工程项目成本控制宜采用目标管理的方法，发挥约束激励机制的作用，有效地进行全面控制。项目经理部应根据计划目标成本的控制要求，建立成本目标控制体系，健全责任制度，做好目标的分解，搞好成本计划的交底和成本计划的贯彻落实。

施工生产要素的配置应根据计划的目标成本进行询价采购或劳务分包，实行量和价的预控，贯彻“先算后买”的原则。对用工、材料、设备等必须优化配置、合理使用、动态管理，有效控制实际成本；应加强施工定额管理和施工任务单管理，控制活劳动和物化劳动的消耗。

项目经理部要注意克服不合理的施工组织、计划和调度可能造成的窝工损失、机械利用率降低、物料积压等各种浪费和损失。

在建筑工程项目成本控制的过程中，项目经理部应加强施工合同管理和施工索赔管理，及时按规定程序做好变更签证、施工索赔所引起的施工费用增减变化的调整处理，防止施工效益的流失。

6.3.3 项目成本核算

6.3.3.1 建筑工程项目成本核算的对象

成本核算对象的确定，是设立工程成本明细分类账户、归集和分配生产费用及正确计算工程成本的前提。成本核算对象是指在计算工程成本中确定归集和分配生产费用的具体对象，即承担生产费用的客体。

6.3.3.2 建筑工程项目成本核算的任务

(1) 成本核算的前提和首要任务是执行国家有关成本开支范围、费用开支标准、工程预算定额和企业施工预算、成本计划的有关规定，控制费用，促使项目合理、节约地使用人力、物力和财力。

(2) 成本核算的主体和中心任务是正确、及时地核算施工过程中发生的各项费用，计算建筑工程项目的实际成本。

(3) 成本核算的根本目的是反映和监督工程项目成本计划的完成情况，为项目成本预测以及参与建筑工程项目生产、技术和经营决策提供可靠的成本报告和有关资料，促使项目改善经营管理、降低成本、提高经济效益。

6.3.3.3 建筑工程项目成本核算的原则

为了发挥建筑工程项目成本管理职能，提高建筑工程项目管理水平，建筑工程项目成本核算就必须讲求质量，这样才能提供对决策有用的成本信息。建筑工程项目成本核算必须遵循的原则有确认原则、相关性原则、连贯性原则、分期核算原则、及时性原则、配合比原则、实际成本核算原则、权责发生制原则。

6.3.3.4 建筑工程项目成本核算的要求

(1) 每一个月为一个核算期，在月末进行。

(2) 采取会计核算、统计核算、业务核算“三算结合”的方法。

(3) 在核算中做好实际成本与责任目标成本的对比办法、实际成本与计划目标成本的对比分析。

(4) 核算对象按单位工程划分，并与责任目标成本的界定范围一致。

(5) 坚持现象进度、施工产值统计、实际成本归集“三同步”。

(6) 编制月度项目成本报告上报企业，以接受指导、检查和考核。

(7) 每月月末预测后期成本的变化趋势和现状，制定改善成本控制的措施。

(8) 搞好施工产值和实际成本的归集，包括月工程结算收入、人工成本机械使用成本、其他直接费和现场管理费。

6.3.3.5 建筑工程项目成本核算的基础工作

(1) 健全企业和项目两个层次的核算组织体制。健全企业和项目两个层次的核算组织体制的做法包括建立健全原始记录制度；建立健全各种财产物资的收发、领退、转移、保管、清查、盘点、索赔制度；制定先进合理的企业成本定额；建立企业内部结算体系；对成本核算人员进行培训。

(2) 规范以项目核算为基点的企业成本会计账表。施工企业会计账表包括工程施工账、施工间接费账表、其他直接费账表、项目工程成本表、在建工程成本明细表、竣工工程成本明细表、施工间接费表。

6.4 项目成本分析、考核及结算

6.4.1 项目成本分析

6.4.1.1 项目成本分析概述

建筑工程项目成本分析是成本管理工作的重要内容。通过分析可以对成本计划的执行情况进行有效控制，对执行结果进行评价，为下一步工作的成本计划提供重要的依据。

项目成本分析是项目经济核算的重要内容，是成本控制的重要组成部分。成本分析要以降低成本计划的执行情况为依据，对照成本计划和各项消耗定额，检查技术组织措施的执行情况，分析降低成本的主、客观原因，量差和价差因素，节约和超支情况，从而提出进一步降低成本的措施。

项目成本分析按其分析对象的范围及内容的深、广度，又可分为两类，即项目成本综合分析与单位工程成本分析。

项目成本综合分析是按照工程项目预算、决算降低成本计划和建筑安装工程成本表进行的。其采用的方法有：一是比较项目预算成本和实际成本。项目预算成本是根据一定时期的现行预算定额和规定的取费标准计算的工程成本。实际成本是根据施工过程中发生的实际生产费用所计算的成本，它是按一定的成本核算对象和成本项目汇集的实际耗费。二是比较实际成本与计划成本。计划成本是根据计划周期正常的施工定额所编制的施工预算，并考虑降低工程成本的技术组织措施后确定的成本。检查完成降价成本计划以及各成本项目的偏离计划情况，检查技术组织措施计划和管理费用计划合理与否以及执行情况，与上年同期降低成本情况比较，分析原因，明确改进的方向。

单位工程成本分析是对工程项目中各个独立核算的单位工程的成本进行详细剖析和评价的过程。它是在项目成本综合分析的基础上，进一步深入到具体的单位工程层面，以全面了解各单位工程的成本构成、成本偏差情况及成本控制效果，为后续工程成本管理和决策提供更细致、更有针对性的依据。

6.4.1.2 成本分析的基本方法

成本分析的基本方法包括对比分析法、因素分析法、差额计算法和挣值法。

(1) 对比分析法。对比分析法贯彻量价分离原则，分析影响成本节超的主要因素。其包括实际成本与两种目标成本的对比分析、实施工程量和工程量清单的对比分析、实际消耗量与计划消耗量的对比分析、实际采用价格与计划价格的对比分析、各种费用实际发生额与计划支出额的对比分析。对比分析通常有以下几种形式：

① 本期实际指标与上期实际指标相比。通过这种对比，可以看出各项技术经济指标的变动情况，反映施工管理水平的提高程度。

② 将实际指标与目标指标对比。以此检查目标完成情况，分析影响目标完成的积极因素和消极因素，以便及时采取措施，保证成本目标的实现。在进行实际指标与目标指标的对比时，还应注意目标本身有无问题，如果目标本身出现问题，则应调整目标，重新正确评价实际工作的成绩。

③ 与本行业的平均水平、先进水平对比。通过这种对比，可以反映本项目的技术管理和经济管理与行业的平均水平和先进水平的差距，进而采取措施赶超先进水平。

(2) 因素分析法。因素分析法又称连环替代法。该法可以对影响成本节超的各种因素的影响程度进行数量分析。例如，影响人工成本的因素是工程量、人工量(工日)和日工资单价。如果实际人工成本与计划人工成本发生差异，则可用此法分析三个因素各有多少影响。计算时先列式计算计划数，再用实际的工程量代替计划工程量计算，得数与前者相减，即得出工程量对人工成本偏差的影响。然后依次替代人工数、单价数进行计算，并各与前者相减，得出人工的影响数和单价的影响数。利用此法的关键是要排好替代的顺序，规则是先替代绝对数，后替代相对数；先替代物理量，后替代价值量。

(3) 差额计算法。差额计算法与连环替代法本质相同，也可以说是连环替代法的简化计算法，是直接用因素的实际数与计划数相减的差额计算其对成本的影响量的方法。

(4) 挣值法。挣值法又称费用分析法或盈利值法。其可用来分析项目在成本支出和时间方面是否符合原计划的要求。它要求计算三个关键数值，即计划工作成本(Budgeted Cost of Work Scheduled，BCWS)、已完工作实际成本(Actual Cost of Work Performed，ACWP)和已完工作计划成本(Budgeted Cost of Work Performed，BCWP)(即“挣值”)，然后用这三个数进行以下计算：

① 成本偏差 CV(Cost Variance) = BCWS - ACWP。该项差值大于零时，表示项目未超支。

② 进度偏差 SV(Schedule Variance) = BCWP - BCWS。该项差值大于零时，表示项目进度提前。

③ 成本实施指数 CPI(Cost Performance Index) = BCWP/ACWP。该项指数大于 1 时，表示项目成本未超支。

④ 进度实施指数 SPI(Schedule Performance Index) = BCWP/BCWS。该项指数大于 1 时，表示项目进度正常。

6.4.1.3 综合成本的分析方法

综合成本是指涉及多种生产要素，并受多种因素影响的成本费用，如分部分项工程成本、月(季)度成本和年度成本等。由于这些成本都是随着项目施工的进展而逐步形成的，与生产经营有着密切的关系，因此，做好上述成本的分析工作，无疑将促进项目的生产经营管理，提高项目的经济效益。

(1) 分部分项工程成本分析。分部分项工程成本分析是建筑工程项目成本分析的基础。分部分项工程成本分析的对象为已完成分部分项工程。分析的方法是进行预算成本、目标成本和实际成本的“三算”对比，分别计算实际偏差，分析偏差产生的原因，为今后的分部分项工程寻求节约成本的途径。

(2) 月(季)度成本分析。月(季)度成本分析是建筑工程项目定期的、经常性的中间成本分析，对具有一次性特点的建筑工程项目有着特别重要的意义。通过月(季)度成本分析，可以及时发现问题，以便按照成本目标指定的方向进行监督和控制，保证项目成本目标的实现。月(季)度成本分析的依据是当月(季)的成本报表，通常从以下几个方面进行分析：

① 通过实际成本与预算成本的对比，分析当月(季)的成本降低水平；通过累计实际成本与累计预算成本的对比，分析累计的成本降低水平，预测实际项目成本目标的前景。

② 通过实际成本与目标成本的对比，分析目标成本的落实情况，以及目标管理中的问题和不足，进而采取措施，加强成本管理，保证成本目标的落实。

③ 通过对各成本项目的分析，可以了解成本总量的构成比例和成本管理的薄弱环节。例如，在成本分析中，发现人工费、机械费和间接费等项目大幅度超支，就应该对这些费用项目的收支关系认真研究，并采取对应的增收支措施，防止今后再超支。如果其属于规

定的“政策性”亏损，则应从控制支出着手，把超支额压缩到最低限度。

④ 通过主要技术经济指标的实际与目标对比，分析产量、工期、质量、“三材”(水泥、钢材、木材)节约率，机械利用率等对成本的影响。

⑤ 通过对技术组织措施执行效果的分析，寻求更加有效的节约途径。

⑥ 分析其他有利条件和不利条件对成本的影响。

(3) 年度成本分析。年度成本分析的依据是年度成本报表。年度成本分析的内容，除了月(季)度成本分析的六个方面以外，重点是针对下一年度的施工进展情况规划切实可行的成本管理措施，以保证建筑工程项目成本目标的实现。

(4) 竣工成本的综合分析。竣工成本的综合分析，应包括以下三个方面的内容：

① 竣工成本分析。

② 主要资源节超对比分析。

③ 技术节约措施及经济效果分析。

6.4.1.4 成本项目的分析方法

(1) 人工费分析。在管理层和作业层分离的情况下，项目施工所需要的人工和人工费，由项目经理部与劳务分包企业签订劳务承包合同，明确承包范围，承包金额和双方的权利、义务。对项目经理部来说，除了按合同规定支付劳务费以外，还可能发生一些其他人工费支出，如因工程量增减而调整的人工费、定额以外的计时工工资、对班组或个人的奖励费用等。项目经理部应根据具体情况，结合劳务合同的管理进行分析。

(2) 材料费分析。材料费分析包括主要材料费用的分析、周转材料使用费的分析以及材料储备的分析。

① 主要材料费用的高低，主要受价格和消耗数量的影响，而材料价格的变动，又要受采购价格、运输费用、路途损耗等因素的影响。材料消耗数量的变动，也要受操作损耗、管理损耗和返工损失等因素的影响，可在价格变动较大和数量超用异常的时候再做深入分析。材料价格和消耗数量的变化对材料费的影响程度，可按式(6.1)和式(6.2)计算。

$$材料价格变动对材料费的影响=(预算单价-实际单价)\times消耗数量 \tag{6.1}$$

$$消耗数量变动对材料费的影响=(预算用量-实际用量)\times预算价格 \tag{6.2}$$

② 对于周转材料使用费主要是分析其利用率和损耗率。在实际计算中，可采用“差额分析法”来计算周转率对周转材料使用费的影响程度。

③ 材料储备分析主要是对材料保管费用和材料储备资金占用的分析，具体可用因素分析法来进行分析。

(3) 机械使用费分析。影响机械使用费的因素主要是机械利用率。造成机械利用率不高的原因是机械调度不当和机械完好率不高。因此，在机械设备的使用过程中，必须充分发挥机械的效用，加强对机械设备的平衡调度，做好机械设备平时的维修保养工作，提高机械的完好率，保证机械的正常运转。

(4) 施工间接费分析。施工间接费就是施工项目经理部为管理施工而发生的现场经费。因此，进行施工间接费分析，需要运用计划与实际对比的方法。施工间接费实际发生数的资料来源为工程项目的施工间接费明细账。

6.4.2 项目成本考核

6.4.2.1 建筑工程项目成本考核的目的、内容及要求

建筑工程项目成本考核是贯彻项目成本责任制的重要手段，也是项目管理激励机制的体现。建筑工程项目成本考核的目的是通过衡量项目成本降低的实际成果，对成本指标完成情况进行总结和评价。

建筑工程项目成本考核的内容包括责任成本完成情况考核和成本管理工作业绩考核。建筑工程项目成本考核的做法是分层进行，企业对项目经理部进行成本管理考核，项目经理部对项目内部各岗位及各作业队进行成本管理考核。因此，企业和项目经理部都应建立健全建筑工程项目成本考核的组织，公正、公平、真实、准确地评价项目经理部及管理人员的工作业绩和问题。

6.4.2.2 建筑工程项目成本考核的实施

(1) 建筑工程项目的成本考核采取评分制。具体方法为：先按考核内容评分，然后按一定的比例(假设为 7：3)加权平均，即责任成本完成情况的评分占 70%，成本管理工作业绩占 30%。

(2) 建筑工程项目成本考核要与相关指标的完成情况相结合。成本考核的评分是奖罚的依据，相关指标的完成情况是奖罚的条件。与成本考核相关的指标，一般有进度、质量、安全和现场管理等。

(3) 强调建筑工程项目成本的中间考核。建筑工程项目成本的中间考核可分为月度成本考核和阶段成本考核。在月度成本考核时，不能单凭报表数据，要结合成本分析资料和施工生产、成本管理的实际情况，然后作出正确的评价，带动今后的成本管理工作，保证项目成本目标的实现。

(4) 正确考核建筑工程项目的竣工成本。建筑工程项目的竣工成本，是在工程竣工和工程款结算的基础上编制的，它是竣工成本考核的依据。

建筑工程项目的竣工成本是项目经济效益的最终反映。其既是上缴利税的依据，又是进行职工分配的依据。由于建筑工程项目竣工成本关系到企业和职工的利益，必须做到核算清楚，考核正确。

(5) 建筑工程项目成本的奖罚。针对建筑工程项目成本考核的结果，必须有一定的经济奖罚措施，这样才能调动职工的积极性，才能发挥全员成本管理的作用。

6.4.3 工程变更价款的结算

6.4.3.1 《建设工程施工合同(示范文本)》(GF-2017-0201)条件下的工程变更的程序

(1) 工程设计变更的程序。

① 发包人对原设计进行变更。施工中发包人如果需要对原工程设计进行变更，应提前 14 天以书面形式向承包人发出变更通知。承包人对发包人的变更通知没有拒绝的权利，

这是合同赋予发包人的一项权利。因为发包人是工程的出资人、所有人和管理者，对将来工程的运行承担主要的责任，只有赋予发包人这样的权利才能减少更大的损失。但是，变更超过原设计标准或批准的建设规模时，发包人应报规划管理部门和其他有关部门重新审查批准，并由原设计单位提供变更的相应图纸和说明。承包人按照工程师发出的变更通知及有关要求变更。

② 由承包人原因对原设计进行变更。施工中承包人不得为了施工方便而要求对原工程设计进行变更，承包人应当严格按照图纸施工，不得随意变更设计。施工中承包人提出的合理化建议涉及对设计图纸或者施工组织设计的更改及对原材料、设备的更换时，需经工程师同意。工程师同意变更后，也需经原规划管理部门和其他有关部门审查批准，并由原设计单位提供变更的相应图纸和说明。

若未经工程师同意承包人擅自更改或换用，承包人应承担由此产生的费用，并赔偿发包人有关损失，延误的工期不予顺延。若工程师同意采用承包人的合理化建议，所产生费用和获得收益的分担或分享，由发包人和承包人另行约定。

(2) 其他变更的程序。从合同角度看，除设计变更外，其他能够导致合同内容变更的都属于其他变更，如双方对工程质量要求的变化(如涉及强制性标准的变化)、双方对工期要求的变化、施工条件和环境的变化导致施工机械和材料的变化等。首先应当由一方提出变更要求，与对方协商一致后，方可进行变更。

6.4.3.2 《建设工程施工合同(示范文本)》(GF-2017-0201)条件下的工程变更价款的确定程序

(1) 承包人在工程变更确定后14天内，可提出变更涉及的追加合同价款要求的报告，经工程师确认后相应调整合同价款。如果承包人在双方确定变更后的14天内，未向工程师提出变更工程价款的报告，视为该项变更不涉及合同价款的调整。

(2) 工程师应在收到承包人的变更合同价款报告后14天内，对承包人的要求予以确认或做出其他答复。工程师无正当理由不确认或答复时，自承包人的报告送达之日起14天后，视为变更价款报告已被确认。

(3) 工程师确认增加的工程变更价款作为追加合同价款，与工程进度款同期支付。若工程师不同意承包人提出的变更价款，按合同约定的争议条款处理。

因承包人自身原因导致的工程变更，承包人无权要求追加合同价款。如由于承包人原因实际施工进度滞后于计划进度，某工程部位的施工与其他承包人的施工发生干扰，工程师发布指示改变了其施工时间和顺序导致施工成本增加或效率降低，承包人无权要求补偿。

6.4.3.3 《建设工程施工合同(示范文本)》(GF-2017-0201)约定的工程变更价款的确定方法

在工程变更确定后14天内，设计变更涉及工程价款调整的，由承包人向发包人提出，经发包人审核同意后调整合同价款。变更合同价款按照下列方法进行：

① 合同中已有适用于变更工程的价格，按合同已有的价格变更合同价款。

② 合同中只有类似变更工程的价格，可以参照类似价格变更合同价款。

③ 合同中没有适用或类似变更工程的价格，由承包人或发包人提出适当的变更价格，经对方确认后执行。

如双方不能达成一致意见，双方可提请工程所在地工程造价管理机构进行咨询或按合同约定的争议或纠纷解决程序办理。因此，在变更后合同价款的确定上，首先应当考虑使用合同中已有的、能够适用或者能够参照适用的条款，其原因在于合同中已经订立的价格(一般通过招标投标)是较为公平合理的，因此应当尽量采用。

采用合同中工程量清单的单价或价格有三种情况：一是直接套用，即从工程量清单上直接拿来使用；二是间接套用，即依据工程量清单，通过换算后采用；三是部分套用，即依据工程量清单，取其价格中的某一部分使用。

6.4.3.4 《建设工程工程量清单计价规范》(GB 50500—2013)有关工程价款调整的规定

(1) 招标工程以投标截止日前28天，非招标工程以合同签订前28天为基准日，其后国家的法律、法规、规章和政策发生变化引起工程造价增减变化的，发、承包双方应当按照省级或行业建设主管部门或其授权的工程造价管理机构据此发布的规定调整合同价款。

(2) 合同履行期间，出现实际施工设计图纸(含设计变更)与招标工程量清单任一项目的特征描述不符，且该变化引起该项目的工程造价增减变化的，应按照实际施工的项目特征重新确定相应工程量清单项目的综合单价，计算调整后的合同价款。

(3) 工程变更引起已标价工程量清单项目或其工程数量发生变化时，应按照下列规定调整：

① 已标价工程量清单中有适用于变更工程项目的，采用该项目的单价，但当工程变更导致该清单项目的工程数量发生变化，且工程量偏差超过15%时，该项目单价的调整应按照规范规定的条款进行调整。

② 已标价工程量清单中没有适用，但有类似变更工程项目的，可在合理范围内参照类似项目的单价。

③ 已标价工程量清单中没有适用，也没有类似变更工程项目的，由承包人根据变更工程资料、计量规则和计价办法、工程造价管理机构发布的信息价格和承包人报价浮动率提出变更工程项目的单价，报发包人确认后调整。承包人报价浮动率可按式(6.3)和式(6.4)计算。

a. 招标工程：

$$承包人报价浮动率\ L=(1-中标价/招标控制价)\times 100\% \tag{6.3}$$

b. 非招标工程：

$$承包人报价浮动率\ L=(1-报价值/施工预算)\times 100\% \tag{6.4}$$

④ 已标价工程量清单中没有适用，也没有类似变更工程项目，且工程造价管理机构发布的信息价格缺价的，由承包人根据变更工程资料、计量规则、计价办法和通过市场调查等取得有合法依据的市场价格提出变更工程项目的单价，报发包人确认后调整。

(4) 工程变更引起施工方案改变，并使措施项目发生变化的，承包人提出调整措施项目费的，应事先将拟实施的方案提交发包人确认，并详细说明与原方案措施项目相比的变化情况。拟实施的方案经发、承包双方确认后执行。该情况下，应按照下列规定调整措施项目费：

① 安全文明施工费，按照实际发生变化的措施项目调整。

② 采用单价计算的措施项目费，按照实际发生变化的措施项目按上述条款的规定确定单价。

③ 按总价(或系数)计算的措施项目费，按照实际发生变化的措施项目调整，但应考虑承包人报价浮动因素，即调整金额按照实际调整金额乘以上述条款规定的承包人报价浮动率计算。

如果承包人未事先将拟实施的方案提交给发包人确认，则视为工程变更不引起措施项目费的调整或承包人放弃调整措施项目费的权利。

(5) 如果工程变更项目出现承包人在工程量清单中填报的综合单价与发包人招标控制价或施工图预算相应清单项目的综合单价的偏差超过15%，则工程变更项目的综合单价可由发、承包双方按照下列规定调整：

① 当 $P_0<P_1\times(1-L)\times(1-15\%)$ 时，该类项目的综合单价按照 $P_1\times(1-L)\times(1-15\%)$ 调整。

② 当 $P_0>P_1\times(1+15\%)$ 时，该类项目的综合单价按照 $P_1\times(1+15\%)$ 调整。

其中，P_0 为承包人在工程量清单中填报的综合单价；P_1 为发包人招标控制价或施工预算相应清单项目的综合单价；L 为承包人报价浮动率。

(6) 如果发包人提出的工程变更，由于非承包人的原因删减了合同中的某项原定工作或工程，导致承包人发生的费用或(和)得到的收益不能被包括在其他已支付或应支付的项目中，也未被包含在任何替代的工作或工程中，则承包人有权提出并得到合理的利润补偿。

(7) 对于任一招标工程量清单项目，如果由于本条规定的工程量偏差和规范规定的工程变更等原因导致工程量偏差超过15%，调整的原则为：当工程量增加15%以上时，其增加部分的工程量的综合单价应予调低；当工程量减少15%以上时，减少后剩余部分的工程量的综合单价应予调高。此时，按式(6.5)和式(6.6)调整结算分部分项工程费：

① 当 $Q_1>1.15Q_0$ 时，

$$S=1.15Q_0\times P_0+(Q_1-1.15Q_0)\times P_1 \tag{6.5}$$

② 当 $Q_1<0.85Q_0$ 时，

$$S=Q_1\times P_1 \tag{6.6}$$

式中，S 为调整后的某一分部分项工程费结算价；Q_1 为最终完成的工程量；Q_0 为招标工程量清单中列出的工程量；P_1 为按照最终完成工程量重新调整后的综合单价；P_0 为承包人在工程量清单中填报的综合单价。

第7章　建筑工程项目质量管理

7.1　项目质量管理概述

7.1.1　质量管理相关概念

7.1.1.1　质量及质量管理

质量是指一组固有特性满足要求的程度。

(1) 质量不仅是指产品的质量，也包括某项活动或过程的工作质量，还包括质量管理活动体系运行的质量。质量的关注点是一组固有特性，这些特性是指满足顾客和其他相关方要求的特性，并由其满足要求的程度加以表征。

(2) 特性是指区分的特征。特性可以是固有的或赋予的，可以是定性的或定量的。特性有各种类型，一般有：物质特性(如机械的、电的、化学的或生物的特性)、官感特性(如嗅觉、触觉、味觉、视觉及感觉控测的特性)、行为特性(如礼貌、诚实、正直)、人体工效特性(如语言或生理特性、人身安全特性)、功能特性(如飞机的航程、速度)。质量特性是固有的特性，并通过产品、过程或体系设计和开发及其后实现过程形成的属性。固有的意思是指在某事或某物中本来就有的，尤其是那种永久的特性。赋予的特性(如某一产品的价格)并非是产品、过程或体系的固有特性，不是它们的质量特性。

(3) 满足要求就是应满足明示的(如合同、规范、标准、技术、文件、图纸中明确规定的)、通常隐含的(如组织的惯例、一般习惯)或必须履行的(如法律、法规、行业规则)的需要和期望。与要求相比较，满足要求的程度才反映为质量的好坏。对质量的要求除考虑满足顾客的需要外，还应考虑其他相关方即组织自身利益、提供原材料和零部件等的供方的利益和社会的利益等多种需求。例如需考虑安全性、环境保护、节约能源等外部的强制要求。只有全面满足这些要求，才能评定为好的质量或优秀的质量。

(4) 顾客和其他相关方对产品、过程或体系的质量要求是动态的、发展的和相对的。质量要求随着时间、地点、环境的变化而变化。如随着技术的发展、生活水平的提高，人们对产品、过程或体系会提出新的质量要求。因此应定期评定质量要求、修订规范标准，不断开发新产品、改进老产品，以满足已变化的质量要求。另外，不同国家不同地区因自然环境条件不同，技术发达程度、消费水平和民俗习惯等的不同会对产品提出不同的要求，产品应具有这种环境的适应性，为不同地区应提供不同性能的产品，以满足该地区用户的明示或隐含的要求。

质量管理是指在质量方面指挥和控制组织的协调的活动。与质量有关的活动，通常包括质量方针和质量目标的建立、质量策划、质量控制、质量保证和质量改进等。所以，质量管理就是确定和建立质量方针、质量目标及职责，并在质量管理体系中通过质量策划、质量控制、质量保证和质量改进等手段来实施和实现全部质量管理职能的所有活动。

7.1.1.2 施工质量及工程项目质量管理

施工质量是指建筑工程项目施工活动及其产品的质量，即通过施工使工程满足业主(顾客)需要并符合国家法律、法规、技术规范标准、设计文件及合同规定的要求，包括在安全性、使用功能、耐久性、环境保护等方面所有明示和隐含需要的能力的特性综合。其质量特性主要体现在由施工形成的建筑工程的适用性、安全性、耐久性、可靠性、经济性及与环境的协调性等六个方面。

工程项目质量管理是指工程项目在施工安装和施工验收阶段，指挥和控制工程施工组织关于质量的相互协调的活动，使工程项目施工围绕着使产品质量满足不断更新的质量要求而开展的策划、组织、计划、实施、检查、监督和审核等所有管理活动的总和。它是工程项目施工各级职能部门领导的职责，而工程项目施工的最高领导即施工项目经理应负全责。施工项目经理必须调动与施工质量有关的所有人员的积极性，共同做好本职工作，才能完成施工质量管理的任务。工程项目质量管理过程包括质量策划、质量计划、质量控制等，具体如下。

(1) 工程项目质量策划。质量策划致力于制订质量目标并规定必要的运行过程和相关资源以实现质量目标。

工程项目质量策划是围绕项目所进行的质量目标策划、运行过程策划、确定相关资源等活动的过程。工程项目质量策划的结果是明确项目质量目标；明确为达到质量目标应采取的措施，包括必要的作业过程；明确应提供的作业条件，包括人员、设备等资源条件；明确项目参与各方、部门或岗位的质量职责。工程项目质量策划的结果可用质量计划、质量技术文件等质量管理文件形式加以表达。

(2) 工程项目质量计划。工程项目质量计划是指确定工程项目的质量目标并规定达到这些质量目标必要的作业过程、专门的质量措施和资源等工作。质量计划往往不是一个单独的文件，而是由一系列文件所组成的。

项目开始时，应从总体考虑，编制规划性的质量计划，如质量管理计划。随着项目的进展，编制各阶段较详细的质量计划，如项目操作规范。工程项目质量计划的格式和详细程度并无统一规定，但应与工程的复杂程度及施工单位的施工部署相适应，计划应尽可能简明。其作用是，对外可作为针对特定工程项目的质量保证，对内可作为针对特定工程项目质量管理的依据。施工项目质量计划的编制包括以下内容。

① 编制依据。质量手册和质量体系程序。

② 施工项目概况。质量计划一般是系列文件而不是单独文件，对于不同的部分应交代清楚项目的情况。

③ 质量目标。必须明确并应分解到各部门及项目的全体成员，以便于实施检查、考核。

④ 组织机构(管理体系)。组织机构指为实现质量目标而组成的管理机构。

⑤ 质量控制及管理组织协调的系统描述。有关部门和人员应承担的任务、责任、权限和质量控制完成情况的奖罚情况。

⑥ 必要的质量控制手段，施工过程、服务、检验和试验程序等。

⑦ 确定关键工序和特殊过程及作业的指导书。

⑧ 与施工阶段相适应的检验、试验、测量、验证要求。

⑨ 更改和完善质量计划的程序。

(3) 工程项目质量控制。具体内容可详见下文“7.3 项目质量控制”。

7.1.2 质量管理的原理

7.1.2.1 PDCA 循环原理

PDCA 循环是由美国质量管理专家戴明博士首先提出来的，所以又称为“戴明环”。它是全面质量管理所应遵循的科学程序。PDCA 循环是在长期的生产实践过程和理论研究中形成的，是确立质量管理和建立质量体系的基本原理。每一循环都围绕着实现预期的目标，进行计划、实施、检查和处置活动，随着对存在问题的克服、解决和改进，不断增强质量能力，提高质量水平。一个循环的四大职能活动相互联系，共同构成质量管理的系统过程。

PDCA 的含义是：P（Plan）——计划，D（Do）——实施，C（Check）——检查，A（Action）——行动。对总结检查的结果进行处理，成功的经验加以肯定并适当推广、标准化，失败的教训加以总结，未解决的问题放到下一个 PDCA 循环里。以上四个过程不是运行一次就结束，而是周而复始地进行，一个循环完了，解决一些问题，未解决的问题进入下一个循环，实现阶梯式螺旋上升。PCDA 循环实际上是有效进行任何一项工作的合乎逻辑的工作程序，如图 7.1 所示。

为了解决和改进质量问题，通常把 PDCA 循环进一步具体化为 8 个步骤：分析现状，找出存在的质量问题；分析产生质量问题的各种原因或影响因素；找出影响质量的主要因素；针对影响质量的主要因素，制订措施，提出行动计划，并预计效果；执行措施或计划；检查采取措施后的效果，并找出问题；总结经验，制订相应的标准或制度；提出尚未解决的问题。

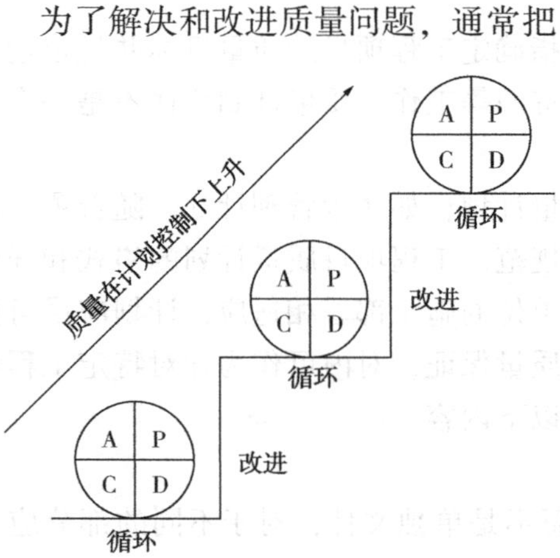

图 7.1 PDCA 循环示意图

质量控制的全过程是反复按照 PDCA 的循环周而复始地运转，每运转一次，工程质量就提高一步。PDCA 循环具有大环套小环、互相衔接、互相促进，螺旋式上升，完整的循环和推动 PDCA 循环等特点。

7.1.2.2 全面质量管理(Total Quality Management，TQM)

TQM 即全面质量管理，是 20 世纪中期在欧美和日本广泛应用的质量管理理念和方法，我国从 20 世纪 80 年代开始引进和推广全面质量管理方法。全面质量管理这个名称，最先是 60 年代初由美国的著名专家费根堡姆在其《全面质量管理》一书中提出的。它是在传统的质量管理基础上，随着科学技术的发展和经营管理上的需要发展起来的现代化质量管理方法，现已成为一门系统性很强的科学。其基本原理就是强调在企业或组织的最高管理者制订的质量方针的指引下，实行全方位、全过程和全员参与的质量管理。

TQM 的主要特点是以顾客满意为宗旨，领导参与质量方针和目标的制订，提倡预防为主、科学管理、用数据说话等。在当今国际标准化组织颁布的质量管理体系标准中，都体现了这些重要特点和思想。建筑工程项目的质量管理，同样应贯彻如下“三全”管理的思想和方法。

(1) 全方位质量管理。建筑工程项目的全面质量管理，是指建筑工程项目各方人员所进行的工程项目质量管理的总称，其中包括工程(产品)质量和工作质量的全面管理。工作质量是产品质量的保证，工作质量直接影响产品质量的形成。业主、监理单位、勘察单位、设计单位、施工总包单位、施工分包单位、材料设备供应商等，任何一方任何环节的怠慢疏忽或质量责任不到位都会造成对建筑工程质量的影响。

(2) 全过程质量管理。全过程质量管理是指根据工程质量的形成规律，从源头抓起，全过程推进《质量管理体系基础和术语》(GB/T 19000—2016)的实施，强调质量管理“过程方法”的管理原则。因此，必须掌握识别过程和应用“过程方法”进行全程质量控制。主要的过程有：项目策划与决策过程；勘察设计过程；施工采购过程；施工组织与准备过程；检测设备控制与计量过程；施工生产的检验试验过程；工程质量的评定过程；工程竣工验收与交付过程；工程回访维修服务过程等。

(3) 全员参与质量管理。按照全面质量管理的思想，组织内部的每个部门和工作岗位都承担相应的质量职能，组织的最高管理者确定了质量方针和目标，就应组织和动员全体员工参与到实施质量方针的系统活动中去，发挥自己的角色作用。开展全员参与质量管理的重要手段就是运用目标管理方法，将组织的质量总目标逐级进行分解，使之形成自上而下的质量目标分解体系和自下而上的质量目标保证体系。发挥组织系统内部每个工作岗位、部门或团队在实现质量总目标过程中的作用。

7.1.3 施工质量的影响因素

工程项目质量影响因素很多，归纳起来主要有五个方面，即人(Man)、材料(Material)、机械(Machine)、方法(Method)和环境(Environment)，简称为“4M1E”因素。

7.1.3.1 人的因素

人是生产经营活动的主体，人员因素控制就是对直接参与工程施工的组织者、指挥者和操作者的各种行为进行控制。要充分调动施工人员的主观能动性，尽量避免人为失误。工程建设的全过程，如项目的规划、决策、勘察、设计和施工，都是通过人来完成的。人员的因素，都将直接和间接地对规划、决策、勘察、设计和施工的质量产生影响。在人员因素控制中，必须充分考虑人的素质，如技术水平、人的生理缺陷、心理行为和人的错误行为对项目质量的影响。

因此，要遵循量才录用和扬长避短的原则，加以综合考虑和全面控制，特别要加强政治思想、劳动纪律和职业道德教育，全面进行专业技术知识培训，提高技术水平，建筑行业实行经营资质管理，各类专业从业人员实行持证上岗制度。另外，要建立健全岗位责任制和奖罚措施，尽量改善劳动条件，杜绝人为因素对项目质量的不利影响。

7.1.3.2 材料的因素

材料控制包括原材料、成品、半成品、构配件等的质量控制。材料质量控制是工程质量的基础，材料质量不符合要求，工程质量就不可能符合标准。所以加强材料的质量控制，是提高工程质量的重要保证。材料的控制要做到进入现场的工程材料必须有产品合格证或质量保证书、性能检测报告，并能符合设计标准要求；凡需复试检测的建筑材料必须复试合格才能使用；使用进口的工程材料必须符合我国相应的质量标准；严禁易污染、易反应的材料混放；注意设计、施工过程对材料、构配件、半成品的合理选用，严禁混用、少用，避免造成质量失控。

7.1.3.3 施工机械的因素

机械设备的控制包括工程项目设备和施工机械设备的质量控制。工程项目设备是指组成工程实体配套的工艺设备和各类机具，如电梯、泵机、通风空调设备等，它们是工程项目的重要组成部分，其质量的优劣，直接影响工程使用功能和质量。施工机械设备是工程项目实施的重要物质基础，合理选择和正确使用施工机械设备是保证施工质量的重要物质基础。

因此，必须对工程项目设备和施工机械设备的购置、检查验收、安装质量和试车运转加以控制，确保工程项目质量目标的实现。

7.1.3.4 方法的因素

施工方法的控制主要包括施工技术方案、施工工艺、施工技术措施等方面的控制。采用先进合理的工艺、技术，依据规范的工法和作业指导书进行施工，必将对组成质量因素的产品精度、平整度、清洁度、密封性等物理、化学特性起到良性的推进作用。比如近年来，建设部在全国建筑业中推广的10项新技术，包括地基基础和地下空间工程技术、高性能混凝土技术、高效钢筋和预应力技术、新型模板脚手架应用技术、钢结构技术、建筑防水技术等，对确保建设工程质量和消除质量通病起到了积极作用，收到了明显的效果。

7.1.3.5 环境的因素

环境因素的控制主要包括工程技术环境、工程管理环境和施工作业环境。

工程技术环境主要指工程地质、水文、气象、周边建筑、地下管道线路及其他不可抗力因素。在编制施工方案、施工计划和措施时，应从自然环境的特点和规律出发，制订切实可行且具有针对性的技术方案和施工对策，防止地下水和地面水对施工的影响，保证周围建筑和地下管线的安全。

工程管理环境主要指施工单位的质量保证体系和质量管理制度。根据承发包的合同结构，理顺各参建施工单位之间的管理关系，建立现场施工组织系统和质量管理的综合运行机制，保证质量保证体系处于良好的状态。

施工作业环境主要指施工现场的水电供应、施工照明、通风、安全防护措施、施工场地空间条件、交通运输和道路条件等。这些条件是否良好直接影响到施工能否顺利进行。施工时应规范施工现场的机械设备、材料构件、道路管线和各种大型设施的布置，落实好现场各种安全防护措施，做出明确标识，保证施工道路的畅通，采取特殊环境下施工作业的通风、照明措施。

7.2 项目质量管理体系

7.2.1 项目质量管理体系文件的构成

编制和使用质量管理体系文件本身是一项具有动态管理要求的活动。因为质量体系的建立、健全要从编制、完善体系文件开始，质量体系的运行、审核与改进都依据文件的规定进行，质量管理实施的结果也要形成文件，作为证实产品质量符合规定要求及质量体系有效的证据。质量管理体系文件主要由质量手册、程序文件、质量计划和质量记录等构成。

(1) 质量手册。质量手册是阐明一个企业的质量政策、质量体系和质量实践的文件，是实施和保持质量体系过程中长期遵循的纲领性文件。质量手册的主要内容包括企业的质量方针、质量目标；组织机构和质量职责；各项质量活动的基本控制程序或体系要素；质量评审、修改和控制管理办法。

(2) 程序文件。程序文件是质量手册的支持性文件，是企业落实质量管理工作而建立的各项管理标准、规章制度，是企业各职能部门为贯彻落实质量手册要求而规定的实施细则。程序文件一般至少应包括文件控制程序、质量记录管理程序、不合格品控制程序、内部审核程序、预防措施控制程序、纠正措施控制程序等。

(3) 质量计划。质量计划是为了确保过程的有效运行和控制，在程序文件的指导下，针对特定的产品、过程、合同或项目，而制订出的专门质量措施和活动顺序的文件。质量计划的内容包括应达到的质量目标；该项目各阶段的责任和权限；应采用的特定程序、方法、作业指导书；有关阶段的实验、检验和审核大纲；随项目的进展而修改和完善质量计划的方法；为达到质量目标必须采取的其他措施。

(4) 质量记录。质量记录是产品质量水平和质量体系中各项质量活动进行及结果的客观反映，是证明各阶段产品质量达到要求和质量体系运行有效的证据。

7.2.2 项目质量管理体系的建立与运行

质量管理体系是建立质量方针和质量目标并实现这些目标的体系。建立完善的质量体系并使之有效的运行，是企业质量管理的核心，也是贯彻质量管理和质量保证标准的关键。质量管理体系的建立和运行一般可分为三个阶段，即质量管理体系的建立、质量管理体系文件的编制和质量管理体系的实施运行。

(1) 质量管理体系的建立。质量管理体系的建立，是企业根据质量管理八项原则，在确定市场及顾客需求的前提下，制定企业的质量方针、质量目标、质量手册、程序文件和质量记录等体系文件，并将质量目标落实到相关层次、相关岗位的职能和职责中，形成企业质量管理体系执行系统的一系列工作。

(2) 质量管理体系文件的编制。质量管理体系文件的编制是质量管理体系的重要组成部分，也是企业进行质量管理和质量保证的基础。编制质量体系文件是建立和保持体系有效运行的重要基础工作。编制的质量体系文件包括质量手册、质量计划、质量体系程序、详细作业文件和质量记录。

(3) 质量管理体系的实施运行。质量管理体系的实施运行，即在生产及服务的全过程按质量管理文件体系制定的程序、标准、工作要求及目标分解的岗位职责进行操作运行。

7.3 项目质量控制

7.3.1 质量控制的概念与特点

7.3.1.1 质量控制的概念

《质量管理体系基础和术语》(GB/T 19000—2016)中，质量控制的定义是：质量管理的一部分，致力于满足质量要求。工程项目质量控制是在明确的质量方针指导下，通过对施工方案和资源配置的计划、实施、检查和处置，进行施工质量目标的事前控制、事中控制和事后控制的系统过程。

上述定义可以从以下几方面去理解。

(1) 质量控制是质量管理的重要组成部分，其目的是为了使产品、体系或过程的固有特性达到规定的要求，即满足顾客、法律、法规等方面所提出的质量要求(如适用性、安全性等)。所以，质量控制是通过采取一系列的作业技术和活动对各个过程实施控制的。

(2) 质量控制的工作内容包括了作业技术和活动，也就是包括专业技术和管理技术两个方面。围绕产品形成全过程每一阶段的工作如何能保证做好，应对影响其质量的人(Man)、机(Machine)、料(Material)、法(Method)、环(Environments)，即“4M1E”因素进行控制，并对质量活动的成果进行分阶段验证，以便及时发现问题，查明原因，采取相应纠正措施，防止不合格的发生。因此，质量控制应贯彻预防为主与检验把关相结合的原则。

(3) 质量控制应贯穿在产品形成和体系运行的全过程。每一过程都有输入、转换和输出等三个环节，通过对每一个过程三个环节实施有效控制，使对产品质量有影响的各个过程处于受控状态，持续提供符合规定要求的产品才能得到保障。

7.3.1.2 质量控制的特点

施工质量控制的特点是由工程质量特点决定的。而工程质量的特点又表现为工程项目的工程特点和施工特点，所以施工质量控制必须考虑和适应工程项目的工程特点和施工特点，进行有针对性的控制。

建筑工程项目具有一次性、固定性与生产的流动性、单件性、体积庞大性、预约性等特点，因此决定了建筑工程质量的特点。

(1) 影响因素多。房屋建筑工程的施工质量受到多种因素的影响，如设计、材料、机械、地质、水文、气象、施工工艺、操作方法、技术措施、管理制度等。

(2) 质量波动大。由于房屋建筑产品生产的单件性和流动性，不具有一般工业产品生产的固定生产流水线、规范化的生产工艺、完善的检测技术、成套的生产设备和稳定的生产环境，所以工程质量易产生波动而且波动大。同时由于影响工程质量的因素多，任何一种因素发生变动，都会导致工程质量出现波动，如材料的规格、品种的错误使用、施工方法的不当、操作的失误、机械的故障等。

(3) 质量隐蔽性。房屋建筑工程项目在施工过程中，由于工序交接多、中间产品多、隐蔽工程多，因此质量存在隐蔽性。在施工质量控制中，应加强对施工过程的质量检查，及时发现存在的质量问题，避免事后从表面进行检查，而难以发现其内在的质量问题，造成质量隐患。

(4) 终检局限大。房屋建筑工程建成以后不能像一般工业产品那样，依靠终检来判断和控制产品的质量。也不可能像工业产品那样将其拆卸或解体检查内在质量或更换不合格的零部件。所以，工程项目的终检(竣工)验收存在一定的局限性。故此，工程项目的施工质量控制应以预防为主，防患未然。

7.3.2 质量控制的原则与依据

7.3.2.1 质量控制的原则

(1) 坚持质量第一。工程质量是建筑产品使用价值的集中体现，用户最关心的就是工程质量的优劣，或者说用户的最大利益在于工程质量。在项目施工中必须树立“百年大计，质量第一”的思想。

(2) 坚持以人为控制核心。人是质量的创造者，质量控制必须“以人为核心”，发挥人的积极性、创造性。

(3) 坚持全面控制。

① 施工项目全过程的质量控制。施工项目从签订承包合同一直到竣工验收结束，质量控制贯穿于整个施工过程。

② 全员的质量控制。质量控制是依赖项目部全体人员的共同努力的。所以，质量控制必须把项目所有人员的积极性和创造性充分调动起来，做到人人关心质量控制，人人做好质量控制工作。

(4) 坚持质量标准。质量标准是评价工程质量的尺度，数据是质量控制的基础。工程质量是否符合质量要求，必须通过严格检查，以数据为依据。

(5) 坚持预防为主。预防为主，是指事先分析影响产品质量的各种因素，采取措施加以重点控制，使质量问题消灭在发生之前或萌芽状态，做到防患未然。

7.3.2.2 质量控制的依据

房屋建筑施工质量控制的依据，大体上有以下4类。

(1) 工程合同文件。工程施工承包合同文件规定了参与建设各方在质量控制方面的权利和义务，有关各方必须履行在合同中的承诺。

(2) 设计文件。“按图施工”是施工质量控制的一项重要原则。因此，经过批准的设计图纸和技术说明书等设计文件，无疑是质量控制的重要依据。但从质量控制的角度出发，承包单位在参加技术交底及图纸会审时，还应充分了解设计意图和质量要求，以达到发现图纸差错和减少质量隐患的目的。

(3) 国家及政府有关部门颁布的有关质量控制方面的法律、法规性文件。如《中华人民共和国建筑法》《建设工程质量管理条例》《建筑业企业资质管理规定》等都是质量控制方面所应遵循的基本法规文件。

(4) 有关质量检验与控制的专门技术法规性文件。这类文件一般是针对不同行业、不同的质量控制对象而制订的技术法规性的文件，包括各种有关的标准、规范、规程或规定。技术标准有国际标准、国家标准、行业标准、地方标准和企业标准之分。它们是建立和维护正常的生产和工作秩序应遵守的准则，也是衡量工程、设备和材料质量的尺度。

7.3.3 质量控制的基本环节

工程项目质量控制应贯彻全面全过程质量管理的思想，运用动态控制原理，进行事前质量控制、事中质量控制和事后质量控制，如图7.2所示。

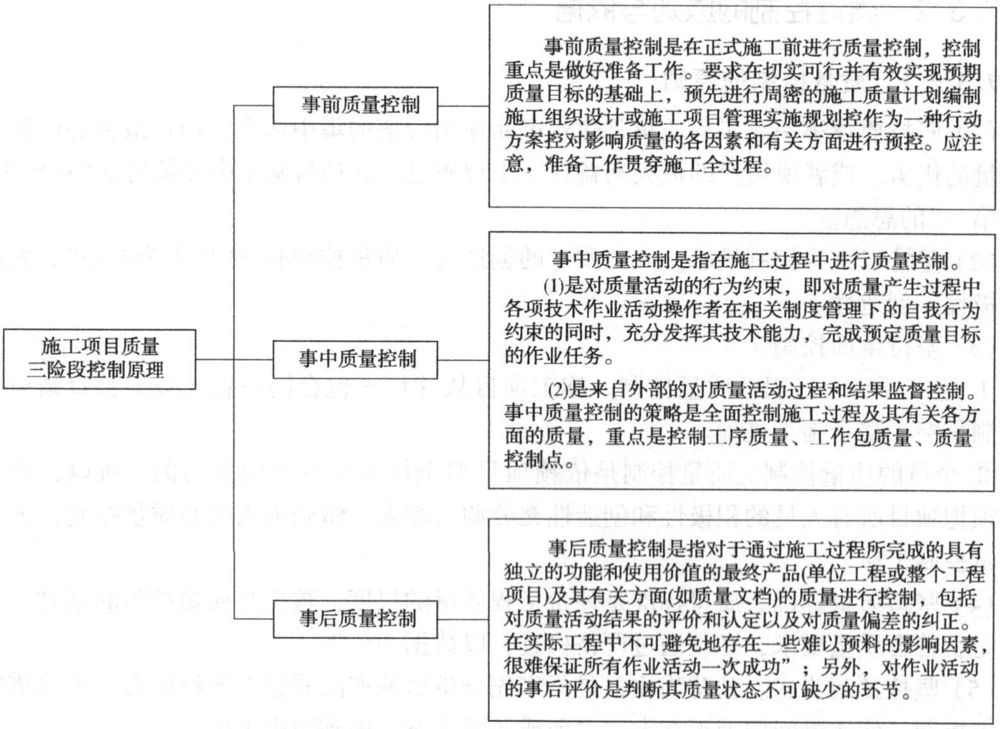

图7.2 三阶段控制示意图

以上三大环节不是互相孤立和截然分开的，它们共同构成有机的系统过程，实质上也就是质量管理 PDCA 循环的具体化，在每一次滚动循环中不断提高，达到质量管理和质量控制的持续改进。

7.3.3.1　事前质量控制

事前质量控制就是指施工准备阶段的质量控制，即项目正式施工活动开始前，对各项准备工作及影响质量的各种因素和有关方面进行的质量控制。

施工准备是为保证施工生产正常进行而必须事先做好的工作。施工准备工作不仅要在工程开工前做好，而且要贯穿于整个施工过程中。施工准备的基本任务就是为施工项目建立一切必要的施工条件，确保施工生产顺利进行，确保工程质量符合要求。

（1）质量管理体系的建立。

① 增强职工的质量意识，做好质量控制的基础工作，掌握工程项目质量管理和质量的情况。

② 贯彻 ISO 9000 质量体系标准、体系建立和通过认证。

③ 增强领导班子的质量意识，组建质量管理机构，使质量管理权限得以实施。

④ 建立项目经理部的质量管理体系。承包单位健全的质量管理体系，对于取得良好的质量效果具有重要作用。

（2）编制施工组织设计（质量计划）。质量计划是质量策划结果的一项管理文件。对工程建设而言，质量计划主要是针对特定的工程项目为完成预定的质量控制目标，编制专门规定的质量措施、资源和活动顺序的文件。其作用是，对外作为针对特定工程项目的质量保证，对内作为针对特定工程项目质量控制的依据。根据质量管理的基本原理，质量计划包含为达到质量目标、质量要求的计划、实施、检查及处理这四个环节的相关内容，即 PDCA 循环。具体而言，质量计划应包括下列内容：编制依据；项目概况；质量目标；组织机构；质量控制及管理组织协调的系统描述；必要的质量控制手段，检验和试验程序等；确定关键过程和特殊过程及作业的指导书；与施工过程相适应的检验、试验、测量、验证要求；更改和完善质量计划的程序等。

质量计划与现行施工管理中的施工组织设计有相同的地方，又存在着差别。

① 对象相同。质量计划和施工组织设计都是针对某一特定工程项目而提出的。

② 形式相同。二者均为文件形式。

③ 作用既相同又存在区别。投标时，投标单位向建设单位提供的施工组织设计或质量计划的作用是相同的，都是对建设单位做出工程项目质量管理的承诺；施工期间承包单位编制的详细的施工组织设计仅供内部使用，用于具体指导工程项目的施工，而质量计划的主要作用是向建设单位做出保证。

④ 编制的原理不同。质量计划的编制是以质量管理标准为基础的，从质量职能上对影响工程质量的各环节进行控制；而施工组织设计则是从施工部署的角度，着重于技术质量形成规律来编制全面施工管理的计划文件。

⑤ 在内容上各有侧重点。质量计划的内容按其功能包括质量目标、组织结构和人员培训、采购、过程质量控制的手段和方法；而施工组织设计是建立在对这些手段和方法结

合工程特点具体而灵活运用的基础上。

编制施工组织设计时应掌握如下原则。

a. 施工组织设计的编制应符合规定的程序。

b. 施工组织设计应符合国家的技术政策，充分考虑承包合同规定的条件、施工现场条件及法规条件的要求，突出"质量第一、安全第一"的原则。

c. 施工组织设计的针对性：应了解并掌握本工程的特点及难点，施工条件应分析充分。

d. 施工组织设计的可操作性：有能力执行并保证工期和质量目标；施工组织设计切实可行。

e. 技术方案的先进性：施工组织设计采用的技术方案和措施应先进适用，技术成熟。

f. 质量管理和技术管理体系，质量保证措施健全且切实可行。

g. 安全、环保、消防和文明施工措施切实可行并符合有关规定。

(3) 施工现场准备的质量控制。

① 工程定位及标高基准控制。工程施工测量放线是建设工程产品由设计转化为实物的第一步。施工测量的质量好坏，直接影响工程产品的综合质量，并且制约着施工过程中有关工序的质量。例如，测量控制基准点或标高有误，会导致建筑物或结构的位置或高程出现差误，从而影响整体质量。因此，工程测量控制可以说是施工中事前质量控制的一项基础工作，它是施工准备阶段的一项重要内容。

施工承包单位对建设单位(或其委托的单位)给定的原始基准点、基准线和标高等测量控制点进行复核，并将复测结果报监理工程师审核，经批准后施工承包单位才能据此进行准确的测量放线，建立施工测量控制网，并对其正确性负责，同时做好基桩的保护。

复测施工测量控制网。在工程总平面图上，各种建筑物或构筑物的平面位置是用施工坐标系统的坐标来表示的。施工测量控制网的初始坐标和方向，一般是根据测量控制点测定的，测定好建筑物的长向主轴线即可作为施工平面控制网的初始方向，以后在控制网加密或建筑物定位时，不再用控制点定向，以免使建筑物发生不同的位移及偏转。复测施工测量控制网时，应抽检建筑方格网、控制高程的水准网点以及标桩埋设位置等。

② 施工平面布置的控制。根据建设单位按照合同约定提供给承包单位现场范围绘制施工总平面图，图中详细注明各工作区的位置及施工顺序。施工现场总体布置要合理，要有利于保证施工顺利地进行，有利于保证质量，特别是要对场区的道路、防洪排水、器材存放、给水及供电、混凝土供应及主要垂直运输机械设备布置等方面予以重视。

③ 材料构配件采购订货的控制。工程所需的原材料、半成品、构配件等都将构成永久性工程的组成部分。所以，它们的质量好坏直接影响到未来工程产品的质量，因此需要事先对其质量进行严格控制。凡由承包单位负责采购的原材料、半成品或构配件，在采购订货前应向监理工程师申报；对于重要的材料，还应提交样品，供试验或鉴定，有些材料则要求供货单位提交理化试验单(如预应力钢筋的硫、磷含量等)，经监理工程师审查认可后，方可进行订货采购。

对于半成品或构配件，应按经过审批认可的设计文件和图纸要求采购订货，质量应满足有关标准和设计的要求，交货期应满足施工及安装进度安排的需要。供货厂家是制造材料、半成品、构配件主体，所以通过考查优选合格的供货厂家，是保证采购、订货质量的前提。为此，大宗的器材或材料的采购应当采用招标采购的方式。对于半成品和构配件的采购、订货，应有明确的质量要求、质量检测项目及标准；应有出厂合格证或产品说明书等质量文件，以及确认是否需要权威性的质量认证等。

某些材料，诸如瓷砖等装饰材料，订货时最好一次订齐和备足货源，以免由于分批而出现色泽不一的质量问题。供货厂方应向需方(订货方)提供质量文件，用以表明其提供的货物能够完全达到需方提出的质量要求。此外，质量文件也是承包单位(当承包单位负责采购时)将来在工程竣工时应提供的竣工文件的一个组成部分，用以证明工程项目所用的材料或构配件等的质量符合要求。质量文件主要包括产品合格证及技术说明书、质量检验证明、检测与试验者的资格证明、关键工序操作人员资格证明及操作记录(例如大型预应力构件的张拉应力工艺操作记录)、不合格品或质量问题处理的说明及证明、有关图纸及技术资料等，必要时还应附有权威性认证资料。

④ 施工机械配置的控制。施工机械设备的选择，除应考虑施工机械的技术性能、工作效率，工作质量，可靠性及维修难易、能源消耗，以及安全、灵活等方面对施工质量的影响与保证外，还应考虑其数量配置对施工质量的影响与保证条件。例如，为保证混凝土连续浇筑，应配备有足够的搅拌机和运输设备；在一些城市建筑施工中，有防止噪声的限制，必须采用静力压桩等等。此外，要注意设备形式应与施工对象的特点及施工质量要求相适应。例如，对于黏性土的压实，可以采用羊足碾进行分层碾压；但对于砂性土的压实则宜采用振动压实机等类型的机械。在选择机械性能参数方面，也要与施工对象特点及质量要求相适应，例如选择起重机械进行吊装施工时，其起重量、起重高度及起重半径均应满足吊装要求。

施工机械设备的数量应足够。例如在进行就地灌注桩施工时，应有备用的混凝土搅拌机和振捣设备，以防止由于机械发生故障，使混凝土浇筑工作中断，造成断桩等质量事故。

所需的施工机械设备，应按计划备妥，且都处于完好的可用状态。机械设备的类型、规格、性能不能保证施工质量的以及维护修理不良，不能保证良好的可用状态的，都不准使用。

⑤ 分包单位资质的确认。保证分包单位的质量，是保证工程施工质量的一个重要环节和前提。因此，应对分包单位资质进行严格控制。控制的重点一般是分包单位施工组织者、管理者的资格与质量管理水平，特殊专业工种和关键施工工艺或新技术、新工艺、新材料等应用方面操作者的素质与能力。

⑥ 设计交底与施工图纸的现场核对。在施工阶段，设计文件是施工的依据。因此，承包单位应认真参加由建设单位主持的设计交底工作，以透彻地了解设计原则及质量要求；同时，承包单位还要认真做好图纸核对工作，对于审图过程中发现的问题，及时以书面形式报告给建设单位。

a. 参加设计交底应着重了解的内容。有关地形、地貌、水文气象、工程地质及水文地质等自然条件方面；主管部门及其他部门(如规划、环保等)对本工程的要求、设计单位采用的设计规范、建筑材料的供应情况等；设计意图，如设计思想、设计方案比选的情况、基础开挖及基础处理方案、结构设计意图、设备安装和调试要求、施工进度与工期安排等；施工应注意的事项，如基础处理的要求、对建筑材料方面的要求、主体工程设计中采用新结构或新工艺对施工提出的要求、为实现进度安排而应采用的施工组织和技术保证措施等。

b. 施工图纸的现场核对。施工图是工程施工的直接依据，为了充分了解工程特点、设计要求，减少图纸的差错，确保工程质量，减少工程变更，施工承包单位应做好施工图的现场核对工作。主要包括以下几个方面：施工图纸合法性的认定；图纸与说明书是否齐全，如分期出图，图纸供应是否满足需要；地下构筑物、障碍物、管线是否探明并标注清楚；图纸中有无遗漏、差错或相互矛盾之处，图纸的表示方法是否清楚和符合标准等；地质及水文地质等基础资料是否充分、可靠，地形、地貌与现场实际情况是否相符；施工图或说明书中所涉及的各种标准、图册、规范、规程等是否备齐。

对于存在的问题，施工单位应以书面形式提出，在设计单位以书面形式进行解释或确认后，才能进行施工。

7. 3. 3. 2　事中质量控制

事中质量控制就是指施工阶段的质量控制，即对施工过程在进度、质量、安全等方面实行全面控制。施工阶段质量控制的主要工作是以工序质量控制为核心，设置质量控制点，严格质量检查，工程变更，做好成品的保护。

(1) 技术交底。做好技术交底是保证施工质量的重要措施之一。项目开工前应由项目技术负责人向承担施工的负责人或分包人进行书面技术交底，技术交底资料应办理签字手续并归档保存。每一分部工程开工前均应进行作业技术交底。技术交底书应由施工项目技术人员编制，并经项目技术负责人批准实施。技术交底的内容主要包括任务范围、施工方法、质量标准和验收标准，施工中应注意的问题，可能出现意外的措施及应急方案，文明施工和安全防护措施以及成品保护要求等。技术交底应围绕施工材料、机具、工艺、工法、施工环境和具体的管理措施等方面进行，应明确具体的步骤、方法、要求和完成的时间等。技术交底的形式有：书面、口头、会议、挂牌、样板、示范操作等。

(2) 测量的质量控制。项目开工前应编制测量控制方案，经项目技术负责人批准后实施。对相关部门提供的测量控制点应做好复核工作，经审批后进行施工测量放线，并保存测量记录。在施工过程中应对设置的测量控制点线妥善保护，不准擅自移动。同时在施工过程中必须认真进行施工测量复核工作，这是施工单位应履行的技术工作职责，其复核结果应报送监理工程师复验确认后，方能进行后续相关工序的施工。

(3) 施工过程质量检查。施工过程质量检查如表 7. 1 所示。

表 7.1 施工过程质量检查表

项目	内容
施工操作质量巡视检查	有些质量问题是由于操作不当所致，虽然表面上似乎影响不大，却隐藏着潜在的危害。所以，在施工过程中，必须注意加强对操作质量的巡视检查。对违章操作、不符合质量要求的要及时纠正，防患未然
工序质量交接检查	严格执行"三检"制度，即自检、互检、交接检。各工序按施工技术标准进行质量控制，每道工序完成后应进行检查。各专业工种相互之间应进行交接检验，并形成记录。未经监理工程师检查认可，不得进行下道工序施工
隐蔽检查验收	隐蔽检查验收，是指将被其他工序施工所隐蔽的分项、分部工程，在隐蔽前所进行的检查验收。实践证明，坚持隐蔽验收检查是消除隐患、避免质量事故的重要措施。隐蔽工程未验收签字，不得进行下道工序施工。隐蔽工程验收后，要办理隐蔽签证手续，列入工程档案
工程序工预检	预检是指工程在未施工前所进行的预先检查。预检是确保工程质量、防止可能发生偏差造成重大质量事故的有力措施

(4) 工序施工质量控制。工程项目的施工过程是由一系列相互关联、相互制约的工序所构成的。工序质量是基础，直接影响工程项目的整体质量。要控制工程项目施工过程的质量，首先必须控制工序的质量。工序施工质量控制主要包括工序施工条件质量控制和工序施工效果质量控制。

① 工序施工条件质量控制。工序施工条件是指从事工序活动的各种生产要素及生产环境条件。控制方法主要包括检查、测试、试验、跟踪监督等。控制依据是设计质量标准、材料质量标准、机械设备技术性能标准、操作规程等。控制方式是对工序准备的各种生产要素及环境条件宜采用的事前质量控制的模式(即预控)。

② 工序施工效果质量控制。工序施工效果主要反映在工序产品的质量特征和特性指标方面。对工序施工效果进行质量控制，即控制工序产品的质量特征和特性指标以达到设计要求和施工验收标准。工序施工效果质量控制一般属于事后质量控制，其控制的基本步骤包括实测、统计、分析、判断、认可或纠偏。

影响工序施工质量的因素对工序质量所产生的影响，可能表现为一种偶然的、随机性的影响，也可能表现为一种系统性的影响。施工管理者应当在整个工序活动中，连续地实施动态跟踪控制。通过对工序产品的抽样检验，判定产品质量波动的状态。若工序活动处于异常状态，则应查找出影响质量的原因，采取措施排除系统性因素的干扰，使工序活动恢复到正常状态，从而保证工序活动及其产品的质量。

(5) 质量控制点的设置。质量控制点是指为了保证作业过程质量而确定的重点控制对象、关键部位或薄弱环节。设置质量控制点是保证达到施工质量要求的必要前提。对于质量控制点，一般要事先分析可能造成质量问题的原因，再针对原因制订对策和措施进行预控。

承包单位在工程施工前应根据施工过程质量控制的要求，列出质量控制点明细表。表中详细地列出各质量控制点的名称或控制内容、检验标准及方法等，提交监理工程师审查批准后，在此基础上实施质量预控。

① 选择质量控制点的一般原则。可作为质量控制点的对象涉及面广，它可能是技术

要求高、施工难度大的结构部位，也可能是影响质量的关键工序、操作或某一环节。总之，不论是结构部位、影响质量的关键工序、操作、施工顺序、技术、材料、机械、自然条件、施工环境等均可作为质量控制点来控制。概括地说，应当选择那些保证质量难度大的、对质量影响大的或者是发生质量问题时危害大的对象作为质量控制点：施工过程中的关键工序或环节以及隐蔽工程，例如预应力结构的张拉工序，钢筋混凝土结构中的钢筋架立；施工中的薄弱环节，或质量不稳定的工序、部位或对象，如地下防水层施工；对后续工程施工或对后续工序质量或安全有重大影响的工序、部位或对象，例如预应力结构中的预应力钢筋质量、模板的支撑与固定等；采用新技术、新工艺、新材料的部位或环节；施工上无足够把握的、施工条件困难的或技术难度大的工序或环节，例如复杂曲线模板的放样等。

显然，是否设置为质量控制点，主要是视其对质量特性影响的大小、危害程度以及其质量保证的难度大小而定。如表 7.2 所示为建筑工程质量控制点设置所在的一般分项工程示例。

表 7.2　建筑工程质量控制点(部分)

分项工程	质量控制点
工程测量定位	标准轴线桩、水平桩、龙门桩、定位轴线、标高
地基、基础（含设备基础）	基坑(槽)尺寸、标高、土质、地基承载力，基础垫层标高，基础位置、尺寸、标高、预留洞孔、预埋件的位置、规格、数量、基础标高、杯底弹线
砌体	砌体轴线，皮数杆，砂浆配合比，预留孔洞、预埋件位置、数量、砌块排列
模板	位置、尺寸、标高预埋件位置，预留孔洞尺寸、位置，模板强度及稳定性，模板内部清理及润湿情况
钢筋混凝土	水泥品种、强度等级，砂石质量，混凝土配合比，外加剂比例，混凝土振捣，钢筋品种、规格、尺寸、搭接长度，钢筋焊接，预留洞、孔及预埋件规格，数量、尺寸、位置，预制构件吊装或出场(脱模)强度，吊装位置、标高、支撑长度、焊接长度
吊装	吊装设备起重能力，吊具、索具、地锚
钢结构	翻样图、放大样
焊接	焊接条件、焊接工艺
装修	视具体情况而定

② 作为质量控制点重点控制的对象。

人的行为：对某些作业或操作，应以人为重点进行控制，例如高空、高温、水下、危险作业等，对人的身体素质或心理应有相应的要求；技术难度大或精度要求高的作业，如复杂模板放样等对人的技术水平均有较高要求。

物的质量与性能：施工设备和材料是直接影响工程质量和安全的主要因素，对某些工程尤为重要，常作为控制的重点。例如，基础的防渗灌浆，灌浆材料细度及可灌性，作业设备的质量、计量仪器的质量都是直接影响灌浆质量和效果的主要因素。

关键的操作：如预应力钢筋的张拉工艺操作过程及张拉力的控制，是可靠地建立预应力值和保证预应力构件质量的关键过程。

施工技术参数：例如对填方路堤进行压实时，对填土含水量等参数的控制是保证填方质量的关键；冬季施工时，混凝土受冻临界强度等技术参数是质量控制的重要指标。

施工顺序：对于某些工作必须严格作业之间的顺序，例如，对于冷拉钢筋应当先对焊、后冷拉，否则会失去冷强；对于屋架固定一般应采取对角同时施焊，以免焊接应力使已校正的屋架发生变位等。

技术间歇：有些作业之间需要有必要的技术间歇时间，例如砖墙砌筑后与抹灰工序之间以及抹灰与粉刷或喷涂之间，均应保证有足够的间歇时间；混凝土浇筑后至拆模之间也应保持一定的间歇时间等。

新工艺、新技术、新材料的应用：由于缺乏经验，施工时可做为重点进行严格控制。

易发生质量通病的工序应列为重点，仔细分析、严格控制。例如防水层的铺设，供水管道接头的渗漏等。易对工程质量产生重大影响的施工方法：例如，液压滑模施工中的支承杆失稳问题、升板法施工中提升差的控制等，都是一旦施工不当或控制不严，即可能引起重大质量事故问题，也应作为质量控制的重点。特殊地基或特种结构：如大孔性湿陷性黄土、膨胀土等特殊土地基的处理、大跨度和超高结构等难度大的施工环节和重要部位等都应予特别重视。

总之，质量控制点的选择要准确、有效。为此，一方面需要有经验的工程技术人员来进行选择，另一方面也要集思广益，集中群体智慧由有关人员充分讨论，在此基础上进行选择。选择时要根据对重要的质量特性进行重点控制的要求，选择质量控制的重点部位、重点工序和重点的质量因素作为质量控制点，进行重点控制和预控，这是进行质量控制的有效方法。

(6) 进场材料构配件的质量控制。凡运到施工现场的原材料、半成品或构配件，进场前应向项目监理机构提交工程材料/构配件设备报审表，同时附有产品出厂合格证及技术说明书，由施工承包单位按规定要求进行检验的检验报告，经监理工程师审查并确认其质量合格后，方准进场。凡是没有产品出厂合格证明及检验不合格者，不得进场。

进口材料的检查、验收，应会同国家商检部门进行。当在检验中发现质量问题或数量不符合规定要求时，应取得供货方及商检人员签署的商务记录，在规定的索赔期内进行索赔。

材料构配件存放条件的控制，质量合格的材料、构配件进场后，到其使用或安装时，通常都要经过一定的时间间隔。在此时间内，如果对材料等的存放、保管不良，可能导致质量状况的恶化，如损伤、变质、损坏，甚至不能使用。因此，承包单位应注意材料、半成品、构配件的存放、保管条件及时间。

对于材料、半成品、构配件等，应当根据它们的特点、特性以及对防潮、防晒、防锈、防腐蚀、通风、隔热以及温度、湿度等方面的不同要求，安排适宜的存放条件，以保证其存放质量。例如，对水泥的存放应当防止受潮，存放时间一般不宜超过3个月，以免受潮结块；某些化学原材料应当避光、防晒；某些金属材料及器材应防锈蚀等。

(7) 环境状态的控制。

① 施工作业环境的控制。所谓作业环境条件主要是指：水、电或动力供应、施工照

明、安全防护设备、施工场地空间条件和通道以及交通运输和道路条件等。这些条件是否良好，直接影响到施工能否顺利进行以及施工质量。所以，承包单位应认真做好施工作业环境条件方面的有关准备工作，安排和准备妥当，为施工的顺利进行创造必要的条件。

② 施工质量管理环境的控制。施工质量管理环境主要是指：施工承包单位的质量管理体系和质量控制自检系统是否处于良好的状态；系统的组织结构、管理制度、检测制度、检测标准、人员配备等方面是否完善和明确；质量责任制是否落实；这些是保证作业效果的重要前提。

③ 现场自然环境条件的控制。在未来的施工期间，自然环境条件可能出现对施工作业质量的不利影响时，施工承包单位应事先有充分的认识并做好充足的准备和采取有效措施与对策以保证工程质量。

(8) 进场施工机械设备性能及工作状态的控制。保证施工现场作业机械设备的技术性能及工作状态，对施工质量有重要的影响。因此，只有状态良好，性能满足施工需要的机械设备才允许进入现场作业。

① 施工机械设备的进场检查。机械设备进场时，承包单位应对进场机械设备的型号、规格、数量、技术性能(技术参数)、设备状况等进行检查，合格方可进场。

② 机械设备工作状态的检查。施工作业中应经常检查机械设备的运行状况，防止带病工作。发现问题，及时修理，以保持良好的作业状态。

③ 特殊设备安全运行的审核。对于现场使用的塔吊及有特殊安全要求的设备，进入现场后在使用前，必须经当地劳动安全部门鉴定，符合要求并办好相关手续后方投入使用。

(9) 施工测量及计量器具性能、精度的控制。

① 试验室。工程项目中，承包单位应建立试验室。如确因条件限制，不能建立试验室，则应委托具有相应资质的专业试验室作为试验室。

② 工地测量仪器的检查。施工测量开始前，承包单位应向项目监理机构提交测量仪器的型号、技术指标、精度等级、法定计量部门的标定证明，测量工的上岗证明，监理工程师审核确认后，方可进行正式测量作业。

(10) 施工现场劳动组织及作业人员上岗资格的控制。

① 现场劳动组织的控制。劳动组织涉及从事作业活动的操作者及管理者以及相应的各种制度。

a. 操作人员：从事作业活动的操作者数量必须满足作业活动的需要，相应工种配置能保证作业有序持续进行，不能因人员数量及工种配置不合理而造成停顿。

b. 管理人员到位：作业活动的直接负责人(包括技术负责人)，专职质检人员，安全员，与作业活动有关的测量人员、材料员、试验员必须在岗。

c. 相关制度要健全：如管理层及作业层各类人员的岗位职责；作业活动现场的安全、消防规定；作业活动中的环保规定；试验室及现场试验检测的有关规定；紧急情况的应急处理规定等。同时要有相应措施及手段保证制度、规定的落实和执行。

② 作业人员上岗资格。从事特殊作业的人员(如电焊工、电工、起重工、架子工、爆

破工)，必须持证上岗。

(11) 质量记录资料的控制。质量记录资料是施工承包单位进行工程施工或安装期间，实施质量控制活动的记录。它详细地记录了工程施工阶段质量控制活动的全过程。因此，它不仅在工程施工期间对工程质量的控制有重要作用，而且在工程竣工和投入运行后，对于查询和了解工程建设的质量情况以及工程维修和管理也能提供大量有用的资料和信息。

质量记录资料包括以下 3 方面内容：

① 施工现场质量管理检查记录资料。主要包括承包单位现场质量管理制度，质量责任制；主要专业工种操作上岗证书；分包单位资质及总包单位对分包单位的管理制度；施工图审查核对资料。地质勘查资料；施工组织设计、施工方案及审批记录；施工技术标准；工程质量检验制度；混凝土搅拌站计量设置；现场材料、设备存放与管理等。

② 工程材料质量记录。主要包括进场工程材料、半成品、构配件、设备的质量证明资料；各种试验检验报告；各种合格证；设备进场维修记录或设备进场运行检验记录。

③ 施工过程作业活动质量记录资料。施工或安装过程可按分项、分部、单位工程建立相应的质量记录资料。在相应质量记录资料中应包含有关图纸的图号、设计要求；质量自检资料；监理工程师的验收资料；各工序作业的原始施工记录；检测及试验报告；材料、设备质量资料的编号、存放档案卷号。此外，质量记录资料还应包括不合格项的报告、通知以及处理及检查验收资料等。

施工质量记录资料应真实、齐全、完整，相关各方人员的签字齐备、字迹清楚、结论明确，与施工过程的进展同步。

(12) 成品保护。成品保护一般是指在施工过程中，某些分项工程已经完成，而其他一些分项工程尚在施工；或者是在其分项工程施工过程中，某些部位已完成，而其他部位正在施工；在这种情况下，施工单位必须负责对已完成部分采取妥善措施予以保护，以免因成品缺乏保护或保护不善而造成损伤或污染，影响工程整体质量。

加强成品保护，要从两个方面着手：首先应加强教育，提高全体员工的成品保护意识；其次要合理安排施工顺序，采取有效的保护措施。成品保护有以下措施：

① 防护。就是针对被保护对象的特点采取各种防护的措施。例如，对清水楼梯踏步，可以采取护棱角铁上下连接固定；对于进出口台阶可垫砖或用方木搭脚手板供人通过的方法来保护台阶；对于门口易碰部位，可以钉上防护条或槽形盖铁保护；门扇安装后可加楔固定等。

② 包裹。就是将被保护物包裹起来，以防损伤或污染。例如，对镶面大理石柱可用立板包裹捆扎保护；铝合金门窗可用塑料布包扎保护；等等。

③ 覆盖。就是用表面覆盖的办法防止堵塞或损伤。例如，对地漏、落水口排水管等安装后可加以覆盖，以防止异物落入而被堵塞；预制水磨石或大理石楼梯可用木板覆盖加以保护；地面可用锯末、苫布等覆盖以防止喷浆等污染；其他需要防晒、防冻、保温养护的项目也应采取适当的防护措施。

④ 封闭。就是采取局部封闭的办法进行保护。例如，垃圾道完成后，可将其进口封闭起来，以防止建筑垃圾堵塞通道；房间水泥地面或地面砖完成后，可将该房间局部封

闭，防止因人们随意进入而损害地面；房内装修完成后，应加锁封闭，防止因人们随意进入而受到损伤等。

7.3.3.3 事后质量控制

事后质量控制就是指竣工验收阶段的质量控制，即各分部、分项工程已全部施工完毕后的质量控制。竣工验收是建设投资成果转入生产或使用的标志，是全面考核投资效益、检验设计和施工质量的重要环节。

竣工验收阶段质量控制的主要工作有收尾工作、竣工资料的整理、竣工验收、施工质量缺陷处理。

(1) 收尾工作。收尾工作的特点是零星、分散、工程量小、分布面广，如不及时完成将会直接影响项目的验收及投产使用。因此，应编制项目收尾工作计划并限期完成。项目经理和技术员应对竣工收尾计划执行情况进行检查，重要部位要做好记录。

(2) 竣工资料的整理。项目经理部在进行工程竣工资料的整理组卷排列时，应达到完整性、准确性、系统性的统一，做到字迹清晰、项目齐全、内容完整。各种资料报表格式一律按各行业、各部门、各地区规定的表格使用。

(3) 竣工验收。

① 承包人确认工程竣工、具备竣工验收各项要求，并经监理单位认可签署意见后，向发包人提交工程验收报告。发包人收到工程验收报告后，应在约定的时间和地点，组织有关单位进行竣工验收。

② 发包人组织勘察、设计、施工、监理等单位按照竣工验收程序，对工程进行核查后，应做出验收结论，并形成工程竣工验收报告。参与竣工验收的各方负责人应在竣工验收报告上签字并盖单位公章，以示对工程负责，如发现质量问题便于追查责任。

③ 通过竣工验收程序，办完竣工结算后，承包人应在规定期限内向发包人办理工程移交手续。

(4) 施工质量缺陷处理。施工质量缺陷处理是指在竣工验收过程中或项目移交前，对发现的质量问题或不符合设计、规范要求的部分进行整改和修复，以确保工程满足使用功能和安全要求。

① 缺陷记录与确认。验收过程中发现的质量缺陷，应由验收小组详细记录缺陷位置、性质、严重程度等信息，并形成书面报告，经参与验收的各方签字确认。

② 分析原因与制定方案。承包人需对缺陷原因进行分析，制定切实可行的处理方案，明确处理措施、责任人及完成时限，并提交监理和发包人审核。

③ 实施处理与过程监督。承包人按批准方案实施处理，监理单位和发包人应对处理过程进行跟踪监督，确保处理措施有效落实。

④ 二次验收与结论。缺陷处理完成后，应重新组织验收。验收合格后方可进入工程移交程序；若仍存在问题，需重复上述流程直至缺陷全部消除。

⑤ 记录归档。所有缺陷处理记录(包括照片、视频、检测报告等)应整理归档，作为工程竣工验收资料的重要组成部分，为后续质量责任追溯提供依据。

7.3.4 质量控制的方法

7.3.4.1 分层法

（1）分层法原理。由于工程质量形成的影响因素多，因此，对工程质量状况的调查和质量问题的分析必须分门别类地进行，以便准确有效地找出问题及其原因，这就是分层法的基本思想。

（2）分层法应用。分层法在工程质量问题分析中的应用，主要遵循以下步骤：

① 确定分层标准。根据质量问题可能产生的原因或影响因素，选择合理的分层标准。例如，按施工班组、材料批次、工艺流程、施工部位等进行分层。

② 收集数据。针对每一分层标准，系统收集相关数据，包括质量检查记录、试验检测数据、施工日志等，确保数据真实、可靠。

③ 分析数据。对收集到的数据进行整理、统计和分析，计算各层的质量问题发生率、缺陷类型分布等指标，找出质量问题集中的分层。

④ 制定改进措施。基于分析结果，针对质量问题突出的分层，制定具体的改进措施，如加强某班组的技能培训、调整施工工艺等。

⑤ 实施与验证。落实改进措施后，重新收集数据，验证分层法的分析效果，确保质量问题得到有效解决。

注意事项包括：

a. 分层标准合理性：分层标准应能真实反映质量问题的本质原因，避免主观臆断。

b. 数据全面性：确保各分层数据覆盖全面，避免遗漏重要信息。

c. 动态调整：随着工程进展和质量问题的变化，适时调整分层标准和分析方法。

7.3.4.2 排列图法

（1）排列图法原理。在质量管理过程中，通过抽样检查或检验试验所查到的质量问题、偏差、缺陷、不合格等统计数据以及造成质量问题的原因分析统计数据，均可采用排列图方法进行状况描述，它具有直观、主次分明的特点。

排列图法又称巴氏图法或巴雷特图法，也叫主次因素分析图法。它是根据意大利经济学家帕累托（Pareto）提出的“关键的少数和次要的多数”的原理，由美国质量管理专家约瑟夫 M. 朱兰（Joseph M. Juran）将其应用于质量管理而发明的一种质量管理图形。其作用是寻找主要质量问题或影响质量的主要原因，以便抓住提高质量的关键，取得好的效果。

（2）排列图法应用。做排列图需要以准确而可靠的数据为基础，一般按以下步骤进行。

① 按照影响质量的因素进行分类。分类项目要具体而明确，一般依产品品种、规格、不良品、缺陷内容或经济损失等情况而定。

② 统计计算各类影响质量因素的频数和频率。

③ 画左右两条纵坐标，确定两条纵坐标的刻度和比例。左侧的纵坐标是频数或件数，右侧的纵坐标是累计频率，横轴则是项目（或影响因素）。

④ 根据各类影响因素出现的频数大小，从左到右依次排列在横坐标上。各类影响因素的横向间隔距离要相同，并画出相应的矩形图。

⑤ 将各类影响因素发生的频率和累计频率逐个标注在相应的坐标点上，并将各点连成一条折线。

⑥ 在排列图的适当位置，注明统计数据的日期、地点、统计者等可供参考的事项。

⑦ 对排列图进行分析。根据累计频率把影响因素分成三类：A类因素，对应于累计频率0~80%，是影响产品质量的主要因素；B类因素，对应于累计频率80%~90%，为次要因素；C类因素，对应于累计频率90%~100%，为一般因素。如果A类因素只有一两个项目，说明已找出主要原因，应针对这些因素制订改进措施。如果A类因素有很多个项目，说明分类标志有问题，没找出主要原因，应重新确定标志进行分类排列，直到找出主要原因。

在采取了系列措施后，可能出现的情况有：各种问题都减少，措施有效；顺序不变，问题没解决，措施无效；有两个问题同时解决，这两个因素相关；顺序改变、水平不变、生产过程有问题，生产工艺不稳定。在应用排列图法时应注意：做好因素分类，主要因素不能过多，数据要充足并且适当合并一般因素。

7.3.4.3 因果分析图法

因果分析图，按其形状又可称为树枝图、鱼刺图，也叫特性要因图。所谓特性，就是施工中出现的质量问题。所谓要因，也就是对质量问题有影响的因素或原因。

(1) 因果分析图法原理。因果分析图是一种逐步深入研究和讨论质量问题的图示方法。在工程实践中，一种质量问题的产生，往往是多种原因造成的。这些原因有大有小，把这些原因依照大小顺序分别用主干、大枝、中枝和小枝的图形表示出来，便可一目了然地、系统地观察出产生质量问题的原因。运用因果分析图有助于制定对策，解决工程质量上存在的问题，从而达到控制质量的目的。

(2) 因果分析图法应用。因果分析图的绘制方法如下。

① 先确定要分析的某个质量问题(结果)，然后由左向右画出干线，并以箭头指向所要分析的质量问题(结果)。

② 座谈议论、集思广益、罗列影响该质量问题的原因。谈论时要请各方面的有关人员一起参加。把谈论中提出的原因，按照人、机、料、法、环五大要素进行分类，然后分别填入因果分析图的大原因的线条里，再按照顺序把中原因、小原因及更小原因同样填入因果分析图内。

③ 从整个因果分析图中寻找最主要的原因，并根据重要程度以顺序①，②，③，……表示。

④ 画出因果分析图并确定主要原因后，必要时可到现场做实地调查，进一步明确主要原因的项目，以便采取相应措施予以解决。

(3) 因果分析图法应用时的注意事项。

因果分析图法应用时的注意事项：一个质量特征或一个质量问题使用一张图分析；通常采用QC(Quality Control，品质控制)小组活动的方式进行，集思广益，共同分析；必要时可以邀请小组以外的有关人员参与，广泛听取意见；分析时要充分发表意见，层层深入，列出所有可能的原因；在充分分析的基础上，由各参与人员采用投票或其他方式，从中选择1~5项多数人达成共识的最主要原因。

7.3.4.4　直方图法

（1）直方图法原理。产品在生产过程中，质量状况总是会有波动的。波动的原因，一般有人的因素、材料的因素、工艺的因素、设备的因素和环境的因素。

为了解上述各种因素对产品质量的影响情况，在现场随机地实测一批产品的有关数据，将实测得来的这批数据进行分组整理，统计每组数据出现的频数。然后，在直角坐标的横坐标轴上自小至大标出各分组点，在纵坐标轴上标出对应的频数，画出高度值为其频数值的一系列长方形，即成为频数分布直方图。直方图由一个纵坐标、一个横坐标和若干个长方形组成。横坐标为质量特性，纵坐标是频数时，直方图为频数直方图；纵坐标是频率时，直方图为频率直方图。

（2）直方图法应用。频数分布直方图通过对数据的加工、整理、绘图，掌握数据的分布状况，从而判断加工能力、加工质量，估计产品的不合格率。频数分布直方图又是控制图产生的直接理论基础。

在频数分布直方图中，横坐标表示质量特性值，并标出各组的组限值。可画出以组距为底，以频数为高的k个长方形，便得到质量特性值的频数分布直方图。

（3）直方图法的观察分析。

① 直方图分布形状观察分析。所谓分布形状观察分析是指将绘制好的直方图形状与正态分布形状进行比较分析，一看形状是否相似，二看分布区间的宽窄。直方图的分布形状及分布区间宽窄是由质量特性统计数据的平均值和标准差所决定的。

正常状态下的直方图应是中间高、两侧低，接近对称，如图7.3(a)所示的直方图，从直方图的分布特点可以初步判断其强度分布基本正常，符合正态分布特点。正常直方图反映生产过程质量处于正常、稳定状态。数理统计研究证明，当随机抽样方案合理且样本数量足够大时，生产能力处于正常、稳定状态，质量特性检测数据趋于正态分布。

异常直方图呈偏态分布。常见的异常直方图有折齿型、缓坡型、孤岛型、双峰型、峭壁型，如图7.3(b)(c)(d)(e)(f)所示，出现异常的原因可能是生产过程存在影响质量的系统因素或收集整理数据制作直方图的方法不当，要具体分析。

② 直方图位置观察分析。所谓位置观察分析是指将直方图的分布位置与质量控制标准的上下限范围进行比较分析。

图7.4(a)所示生产过程的质量正常、稳定和受控，还必须在公差标准上、下界限范围内达到质量合格的要求。只有这样的正常、稳定和受控，才是经济、合理的受控状态。

图7.4(b)所示质量特性数据分布偏下限，易出现不合格，在管理上必须提高总体能力。

图7.4(c)所示质量特性数据的分布充满上、下限，质量能力处于临界状态，易出现不合格，必须分析原因，采取措施。

图7.4(d)中质量特性数据的分布居中且边界与上、下限有较大的距离，说明质量能力偏大、不经济。

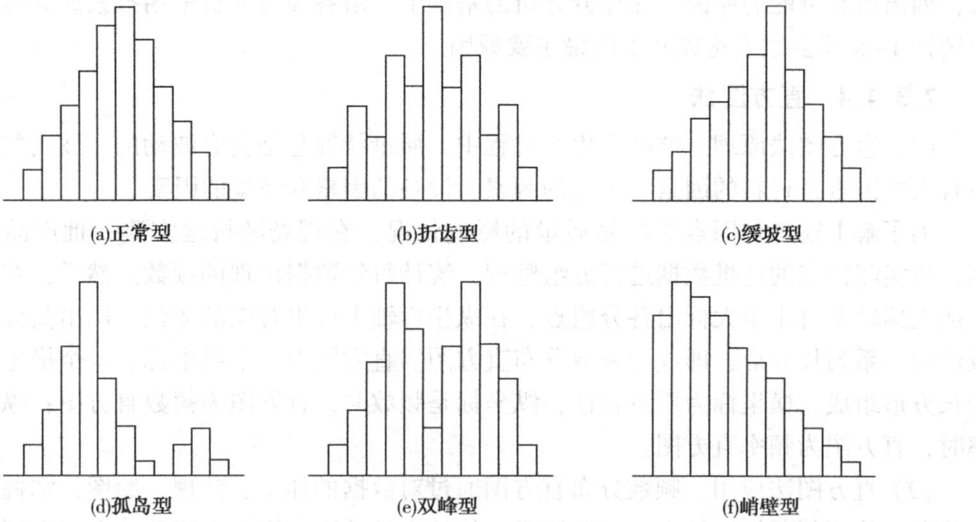

图 7.3 常见的直方图

图 7.4(e)(f)中均已出现超出上、下限的数据，说明生产过程存在质量不合格，需要分析原因，采取措施进行纠偏。

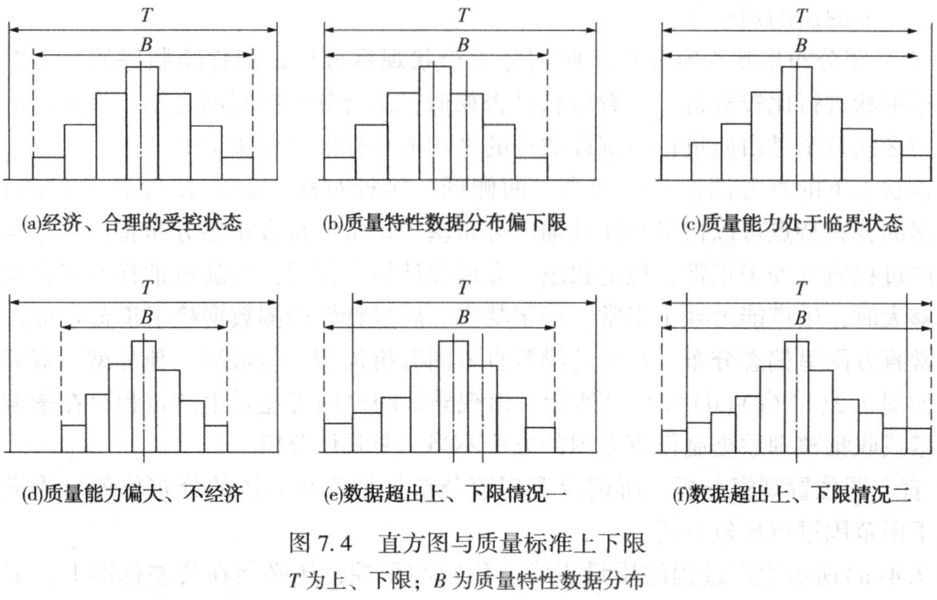

图 7.4 直方图与质量标准上下限

T 为上、下限；B 为质量特性数据分布

7.3.4.5 控制图法

质量管理中的项目质量控制方法有静态分析方法和动态分析方法两大类，前述方法(排列图法、直方图法)属静态分析法，然而项目都在动态的生产过程中形成，因此，在质量管理中还必须有动态分析法。控制图法属动态分析法。“质量始于控制图，也终于控制图”。控制图也称管理图，它是质量管理中的重要方法，监测控制工序之用。采用此方法，可随时了解生产过程中质量的变化情况，判断生产过程和工序质量是否存在质量问题，及

时采取措施，使生产处于稳定状态。

(1) 控制图法原理。控制图是用来分析和判断工序是否处于稳定状态并带有控制界限的一种有效的图形工具。它通过监视生产过程中质量波动情况，判断并发现工艺过程中的异常因素，具有稳定生产、保证质量、积极预防的作用。控制图是在20世纪20年代，由美国质量专家休哈特首创的。经过半个多世纪的发展和完善，控制图已经成为大批量生产中工序控制的主要方法。

(2) 控制图法应用。控制图是用样本数据来分析判断生产过程是否处于稳定状态的有效工具。它的用途主要有两个。

① 过程分析，即分析生产过程是否稳定。为此，应随机连续收集数据，绘制控制图，观察数据点分布情况并判定生产过程状态。

② 过程控制，即控制生产过程质量状态。为此，要定时抽样取得数据，将其变为点子描在图上，发现并及时消除生产过程中的失调现象，预防不合格品的产生。

控制图分计量值控制图和计数值控制图两大类。计量值控制图适用于质量管理中的计量数据，如长度、强度、质量、温度等，一般有单值控制图、平均值和极差控制图、中位数和极差控制图、单值-移动极差控制图。计数值控制图则适用于计数值数据，如不合格的点数、件数等，可分为计件值控制图[包括 P_n 图(即不良品数控制图)和 P 图(即不良品率控制图)]、计点值控制图[包括 c 图(即样品缺陷控制图)和 u 图(即单元产品缺陷控制图)]。

控制图的基本形式如图7.5所示。横坐标为样本(子样)序号或抽样时间，纵坐标为被控制对象，即被控制的质量特性值。控制图上一般有三条线：在上面的一条虚线称为上控制限，用符号 UCL(Upper Control Limit)表示；在下面的一条虚线称为下控制限，用符号 LCL(Lower Control Limit)表示；中间的一条实线称为中心线，用符号 CL(Central Line)表示。中心线标志着质量特性值分布的中心位置，上、下控制限标志着质量特性值允许波动的范围。

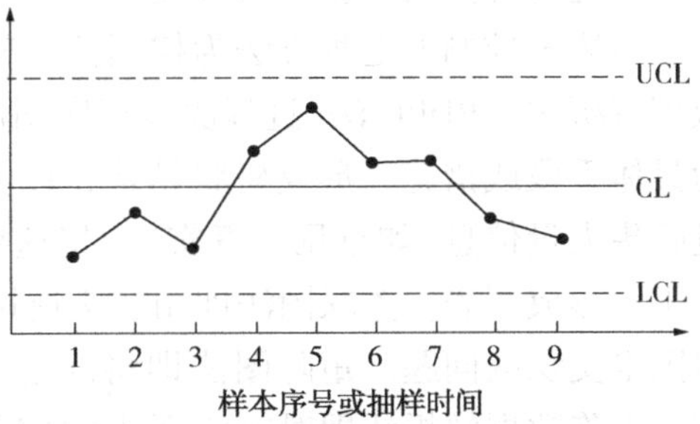

图7.5 控制图的基本形式

在生产过程中通过抽样取得数据，把样本统计量描在图上来分析判断生产过程状态。如果点子随机地落在上、下控制限内，则表明生产过程正常且处于稳定状态，不会产生不合格品；如果点子超出控制界限，或点子排列有缺陷，则表明生产条件发生了异常变化，生产过程处于失控状态。

控制图就是利用上下控制界限，将产品质量特性控制在正常质量波动范围之内。一旦有异常原因引起质量波动，通过控制图就可看出，并能及时采取措施预防不合格品的产生。

7.3.4.6 散布图法

散布图是分析研究两个变量之间相关关系的图形。图中以纵轴表示结果，横轴表示原因，用点表示分布形态，根据分布形态判断两者之间的相互关系。因此，散布图也称为相

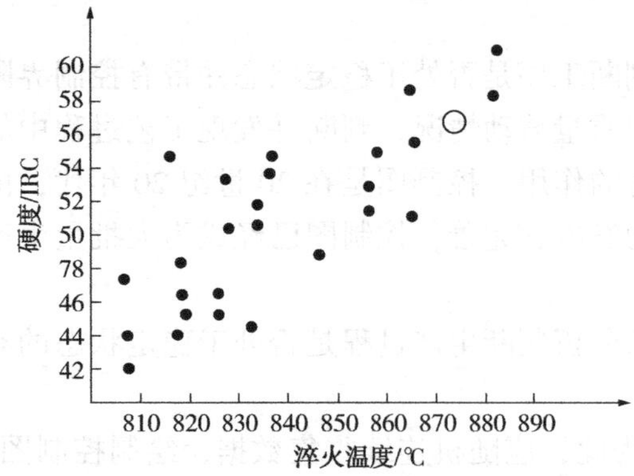

图 7.6　淬火温度和钢的硬度关系散布图

关图。图 7.6 为淬火温度和钢的硬度关系散布图。从图 7.6 中可以看出，二者存在着强相关关系，即随着淬火稳定的升高，钢的硬度也随之提高。散布图一般有 6 种形态：强正相关，强负相关，弱正相关，弱负相关，不相关，曲线相关。

7.3.4.7　统计调查表

统计调查表法又称统计调查分析法，它专门利用设计的统计表对质量数据进行收集、整理和粗略分析质量状态的一种方法。

在质量控制活动中，利用统计调查表收集数据，简便灵活，便于整理，实用有效。它没有固定格式，可根据需要和具体情况，设计出不同统计调查表。常用的有：①分项工程作业质量分布调查表；②不合格项目调查表；③不合格原因调查表；④施工质量检查评定用调查表等。应当指出，统计调查表往往同分层法结合起来应用，可以更好、更快地找出问题的原因，以便采取改进的措施。

7.3.4.8　新质量控制方法

新质量控制是 20 世纪 70 年代日本专家总结出来的，它是运用运筹学原理，通过广泛调查研究进行分类和整理的方法。

新质量控制的七种方法为树图法、KJ 图法(亲和图法)、关联图法、矩阵图法、矩阵数据解析法、PDPC 法(过程决策程序图法)、网络图法。树图法即将目标或问题逐层分解为具体手段或措施，形成树状结构，以系统分析问题原因并确定解决方案。KJ 图法即通过收集大量信息(如意见、事实)，将这些信息归类整理成卡片，再根据亲和性(相似性)分组，形成图表。关联图法即用箭头连接各因素，表示因果关系或目的-手段关系，分析多因素交织的问题。矩阵图法即将问题因素按矩阵的行和列排列，分析交点处的关联程度。矩阵数据解析法即对矩阵图中的定量数据进行统计分析，如评分、排序，以支持决策。PDPC 法(过程决策程序图法)即预测计划执行中可能遇到的障碍和结果，提前制定应变计划。网络图法即用箭头和节点表示项目流程，明确活动间的逻辑关系和时间顺序。

7.4　项目质量事故处理和质量改进

7.4.1　质量事故处理

7.4.1.1　质量事故的相关概念

(1) 质量不合格。根据我国质量管理体系标准的规定，凡工程产品没有满足某个规定的要求，就称之为质量不合格；而没有满足某个预期使用要求或合理的期望(包括安全性方面)要求，称为质量缺陷。

(2) 质量问题。凡是工程质量不合格，必须进行返修、加固或报废处理，由此造成直接经济损失低于5000元的称为质量问题。

(3) 质量事故。凡是工程质量不合格，必须进行返修、加固或报废处理，由此造成直接经济损失在5000元(含5000元)以上的称为质量事故。

7.4.1.2　质量事故的分类

由于工程质量事故具有复杂性、严重性、可变性和多发性的特点，所以建设工程质量事故的分类有多种方法，但一般可按以下条件进行分类。

(1) 按事故造成损失严重程度划分。

① 一般质量事故，指经济损失在5000元(含5000元)以上，不满5万元的；或影响使用功能或工程结构安全，造成永久质量缺陷的。

② 严重质量事故，指直接经济损失在5万元(含5万元)以上，不满10万元的；或严重影响使用功能或工程结构安全，存在重大质量隐患的；或事故性质恶劣或造成2人以下重伤的。

③ 重大质量事故，指工程倒塌或报废；或由于质量事故，造成人员死亡或重伤3人以上；或直接经济损失10万元以上。

④ 特别重大事故，凡具备国务院发布的《生产安全事故报告和调查处理条例》所列造成30人以上死亡，或者100人以上重伤(包括急性工业中毒)，或者1亿元以上直接经济损失的事故，均属特别重大事故。

(2) 按事故责任分类。

① 指导责任事故，指由于工程实施指导或领导失误而造成的质量事故。例如，由于工程负责人片面追求施工进度，放松或不按质量标准进行控制和检验，降低施工质量标准等。

② 操作责任事故，指在施工过程中，由于实施操作者不按规程和标准实施操作，而造成的质量事故。例如，浇筑混凝土时随意加水，或振捣疏漏造成混凝土质量事故等。

(3) 按质量事故产生的原因分类。

① 技术原因引发的质量事故，是指在工程项目实施中由于设计、施工在技术上的失误而造成的质量事故。例如，结构设计计算错误，地质情况估计错误，采用了不适宜的施工方法或施工工艺等。

② 管理原因引发的质量事故，指管理上的不完善或失误引发的质量事故。例如，施工单位或监理单位的质量体系不完善，检验制度不严密，质量控制不严格，质量管理措施落实不力，检测仪器设备管理不善而失准，材料检验不严等原因引起的质量事故。

③ 经济原因引发的质量事故，是指由于经济因素及社会上存在的弊端和不正之风引起建设中的错误行为，而导致出现质量事故。例如，某些施工企业盲目追求利润而不顾工程质量；在投标报价中随意压低标价，中标后则依靠违法的手段或修改方案追加工程款，或偷工减料，等等，这些因素往往会导致出现重大工程质量事故，必须予以重视。

7.4.1.3　质量事故的处理程序

(1) 事故调查。事故发生后，施工项目负责人应按规定的时间和程序，及时向企业报告事故的状况，积极组织事故调查。事故调查应力求及时、客观、全面，以便为事故的分析与处理提供正确的依据。调查结果，要整理撰写成事故调查报告，其主要内容包括工程概况；事故情况；事故发生后所采取的临时防护措施；事故调查中的有关数据、资料；事故原因分析与初步判断；事故处理的建议方案与措施；事故涉及人员与主要责任者的情况等。

（2）事故原因分析。事故的原因分析要建立在事故情况调查的基础上，避免情况不明就主观推断事故的原因。特别是对涉及勘察、设计、施工、材料和管理等方面的质量事故，往往事故的原因错综复杂，因此，必须对调查所得到的数据、资料进行仔细的分析，去伪存真，找出造成事故的主要原因。

（3）制订事故处理方案。事故的处理要建立在原因分析的基础上，并广泛地听取专家及有关方面的意见，经科学论证，决定事故是否进行处理和怎样处理。在制订事故处理方案时，应做到安全可靠，技术可行，不留隐患，经济合理，具有可操作性，满足建筑功能和使用要求。

（4）事故处理。根据制订的质量事故处理方案，对质量事故进行认真的处理。处理的内容主要包括事故的技术处理，以解决施工质量不合格和缺陷问题；事故的责任处罚，根据事故的性质、损失大小、情节轻重对事故的责任单位和责任人做出相应的行政处分直至追究刑事责任。

（5）事故处理的鉴定验收。质量事故的处理是否达到预期的目的，是否依然存在隐患，应当通过检查鉴定和验收做出确认。事故处理的质量检查鉴定，应严格按施工验收规范和相关的质量标准的规定进行，必要时还应通过实际量测、试验和仪器检测等方法获取必要的数据，以便准确地对事故处理的结果做出鉴定。事故处理后，必须尽快提交完整的事故处理报告，其内容包括事故调查的原始资料、测试的数据；事故原因分析、论证；事故处理的依据；事故处理的方案及技术措施；实施质量处理中有关的数据、记录、资料；检查验收记录；事故处理的结论等。

7.4.1.4 质量事故的处理方法

（1）修补处理。当工程的某些部分的质量虽未达到规定的规范、标准或设计的要求，存在一定的缺陷，但经过修补后可以达到要求的质量标准，又不影响使用功能或外观要求，可采取修补处理的方法。例如，某些混凝土结构表面出现蜂窝、麻面，经调查分析，该部位经修补处理后，不会影响其使用及外观；对混凝土结构局部出现的损伤，如结构受撞击、局部未振实、冻害、火灾、酸类腐蚀、碱骨料反应等，当这些损伤仅仅在结构的表面或局部，不影响其使用和外观，可进行修补处理。再比如当混凝土结构出现的裂缝，经分析研究后如果不影响结构的安全和使用时，也可采取修补处理。例如，当裂缝宽度不大于 0.2mm 时，可采用表面密封法；当裂缝宽度大于 0.3mm 时，采用嵌缝密闭法；当裂缝较深时，则应采取灌浆修补的方法。

（2）加固处理。主要是针对危及承载力的质量缺陷的处理。通过对缺陷的加固处理，使建筑结构恢复或提高承载力，重新满足结构安全性可靠性的要求，使结构能继续使用或改作其他用途。例如，对混凝土结构常用加固的方法主要有增大截面加固法、外包角钢加固法、粘钢加固法、增设支点加固法、增设剪力墙加固法、预应力加固法等。

(3) 返工处理。当工程质量缺陷经过修补处理后仍不能满足规定的质量标准要求，或不具备补救可能性时则必须采取返工处理。例如，某防洪堤坝填筑压实后，其压实土的干密度未达到规定值，经核算将影响土体的稳定且不满足抗渗能力的要求，须挖除不合格土，重新填筑，进行返工处理；某公路桥梁工程预应力按规定张拉系数为1.3，而实际仅为0.8，属严重的质量缺陷，也无法修补，只能返工处理；再比如某工厂设备基础的混凝土浇筑时掺入木质素磺酸钙减水剂，因施工管理不善，掺量多于规定7倍，导致混凝土坍落度大于180mm，石子下沉，混凝土结构不均匀，浇筑后5d仍然不凝固硬化，28d的混凝土实际强度不到规定强度的32%，不得不返工重浇。

(4) 限制使用。当工程质量缺陷按修补方法处理后无法保证达到规定的使用要求和安全要求，而又无法返工处理的情况下，不得已时可做出诸如结构卸荷或减荷以及限制使用的决定。

(5) 不做处理。某些工程质量问题虽然达不到规定的要求或标准，但其情况不严重，对工程或结构的使用及安全影响很小，经过分析、论证、法定检测单位鉴定和设计单位等认可后可不专门做处理。一般可不做专门处理的情况有以下几种。

① 不影响结构安全、生产工艺和使用要求的。例如，有的工业建筑物出现放线定位的偏差，且严重超过规范标准规定，若要纠正会造成重大经济损失，但经过分析、论证其偏差不影响生产工艺和正常使用，在外观上也无明显影响，可不做处理。又如，某些部位的混凝土表面的裂缝，经检查分析，属于表面养护不够的干缩微裂，不影响使用和外观，也可不做处理。

② 后道工序可以弥补的质量缺陷。例如，混凝土结构表面的轻微麻面，可通过后续的抹灰、刮涂、喷涂等弥补，也可不做处理。再比如，混凝土现浇楼面的平整度偏差达到10mm，但由于后续垫层和面层的施工可以弥补，所以也可不做处理。

③ 法定检测单位鉴定合格的。例如，某检验批混凝土试块强度值不满足规范要求，强度不足，但经法定检测单位对混凝土实体强度进行实际检测后，其实际强度达到规范允许和设计要求值时，可不做处理。对经检测未达到要求值，但相差不多，经分析论证，只要使用前经再次检测达到设计强度，也可不做处理，但应严格控制施工荷载。

④ 出现的质量缺陷，经检测鉴定达不到设计要求，但经原设计单位核算，仍能满足结构安全和使用功能的。例如，某一结构构件截面尺寸不足，或材料强度不足，影响结构承载力，但按实际情况进行复核验算后仍能满足设计要求的承载力时，可不进行专门处理。这种做法实际上是挖掘设计潜力或降低设计的安全系数，应谨慎处理。

(6) 报废处理。出现质量事故的工程，通过分析或实践，采取上述处理方法后仍不能满足规定的质量要求或标准，则必须予以报废处理。

7.4.2 质量改进

施工项目应利用质量方针、质量目标定期分析和评价项目管理状况，识别质量持续改进区域，确定改进目标，实施选定的解决办法，改进质量管理体系的有效性。项目质量持续改进的范围包括质量体系、过程和产品三个方面，改进的内容涉及产品质量、日常的工作和企业长远的目标，不仅不合格现象必须纠正、改进，目前合格但不符合发展需要的也要不断改进。

7.4.2.1 项目质量改进的步骤

① 分析和评价现状，以识别改进的区域；②确定改进目标；③寻找可能的解决办法以实现这些目标；④评价这些解决办法并做出选择；⑤实施选定的解决办法；⑥测量、验证、分析和评价实施的结果以确定这些目标已经实现；⑦正式采纳更正(即形成正式的规定)；⑧必要时，对结果进行评审，以确定进一步改进的机会。

7.4.2.2 项目质量改进的方法

① 在管理评审中评价改进效果，确定新的改进目标和改进的决定。②通过建立和实施质量目标，营造一个激励改进的氛围和环境。③确立质量目标以明确改进方向。④通过数据分析、内部审核，不断寻求改进的机会，并做出适当的改进活动安排。⑤通过纠正和预防措施及其他适用的措施实现改进。

7.4.2.3 项目质量改进措施

(1) 质量预防措施。

① 项目经理部应定期召开质量分析会，对影响工程质量的潜在原因，采取预防措施。

② 对可能出现的不合格项目，应制订防止再发生的措施并组织实施。

③ 对质量通病应采取预防措施。

④ 对潜在的严重不合格项目，应实施预防措施控制程序。

⑤ 项目经理部应定期评价预防措施的有效性。

(2) 质量纠正措施。

① 对发包人或监理工程师、设计人员、质量监督部门提出的质量问题，应分析原因，制订纠正措施。

② 对已发生或潜在的不合格信息，应分析并记录结果。

③ 对检查发现的工程质量问题或不合格报告提及的问题，应由项目技术负责人组织有关人员判定不合格程度，制订纠正措施。

④ 对严重不合格或重大质量事故，必须实施纠正措施。

⑤ 实施纠正措施的结果应由项目技术负责人验证并记录；对严重不合格或等级质量事故的纠正措施和实施效果应验证，并应报企业管理层。

⑥ 项目经理部或责任单位应定期评价纠正措施的有效性。

7.5 基于数字化的项目质量管理

随着社会经济的快速发展，工程项目的数量日益增多、工艺与流程愈发复杂、质量要求更为严格。目前，传统的项目质量管理方式由于方法手段落后、信息数据不够完善等问题，难以满足当前工程项目质量管理的需求。因此，需提出基于数字化的工程项目质量管理方法，以提升建筑工程项目质量管理的水平和效率。

数字化是指通过大数据、云计算、物联网等数字化技术建立工程项目管理平台，对工程项目实施过程中的重点环节进行数字化监控，以提高工程项目管理效率。数字化工程项目质量管理平台能够收集、加工、整理、传输、存储和反馈项目信息资源，强化数字信息与工程项目全过程管理的深度融合，实现高效、便捷的数字信息资源共享，提高工程项目质量管理水平。

7.5.1 项目质量数字化管理的优势

（1）实现信息的高效收集和智能化处理。借助数字化工程项目质量管理平台，实现工程项目建设过程中各项信息的高效收集和智能化处理，为项目质量管理提供数据支撑。同时，能够提高数据传输和处理效率、降低数据传输与存储过程中的误差，规范工程项目质量管理。

（2）提升质量管理的精确性与科学性。通过梳理和分析数字化工程项目质量管理平台中的工程信息资料和工程进度数据，便于质量管理部门全面了解和掌握工程项目建设进度，制订有针对性的质量管理方案，对工程项目的各个环节开展有效的监督和管理，以提升工程项目质量管理的精确性与科学性。

（3）提高质量管理效率。通过数字化技术优化项目管理流程，有助于质量管理部门转变管理重心，从微观管理向宏观管理转变，从而降低质量管理的成本，提升质量管理效率。例如，工程项目的质量管理方案可以通过数字化平台下发至各级管理层，有助于针对项目各阶段的重点与难点提前制订管理方案。

7.5.2 基于数字化的项目质量管理平台

基于数字化的工程项目质量管理平台应具备数据采集、数据共享、数据应用、数据服务等主要功能，支持质量管理部门对项目的设计、施工、收尾等环节进行全方位的监督和管理。数字化工程项目质量管理平台架构如图 7.7 所示。

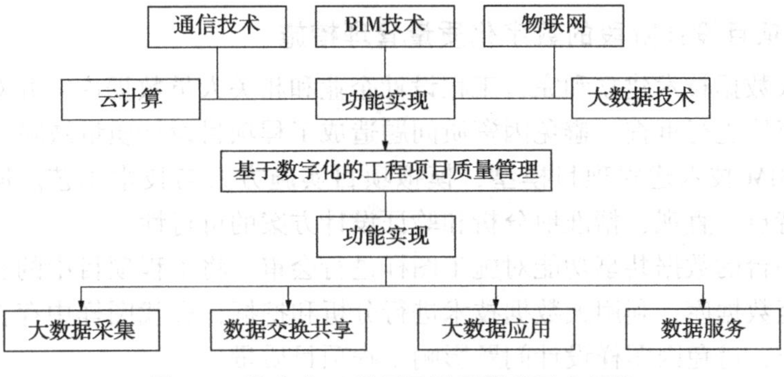

图 7.7 数字化工程项目质量管理平台架构

（1）大数据技术。大数据技术可以快速处理规模庞大、类型复杂的项目数据，筛选出有价值的重要信息，特别适用于施工工序多、时间跨度大、参与方多、质量影响因素复杂的工程项目。换言之，大数据技术是实现工程项目数字化质量管理的关键。

（2）物联网。物联网是工程项目质量管理平台数据采集的重要方式。利用红外感应器、全球定位系统以及射频识别装置等信息传感设备，通过网络技术将施工现场数据与质量管理平台相连接，实现工程项目各阶段数据的精准采集。同时，结合质量管理平台中的数据应用与服务功能，实现工程项目的精细化和标准化管理。

(3) BIM 技术。借助 BIM 技术直观展示工程项目建设进展，利用相关信息数据建立项目建设模型。在大数据更新的同时，仿真模拟工程建设现状，有利于提升工程质量管理的精准性。

(4) 通信技术。通信技术可以为数据采集、数据共享、通信联络以及实时监控等提供技术保障，实现项目施工现场与项目各参与方的互联互通，强化对工程质量的监督与控制。此外，通过在施工现场设置专用的通信基础设施，能够满足部分涉密工程的特殊需求。

(5) 云计算。基于云计算的相关理论与技术，通过有效利用工程项目的信息资源，提升项目设计管理、物料管理、质量管理以及施工管理的科学性和有效性。

7.5.3 基于数字化的项目质量管理措施

基于数字化技术，工程项目的管理理念、管理方式与管理措施等方面得到了有效改进与完善。随着数字化方法的逐步成熟、数字化信息的不断丰富，基于数字化管理的工程项目可以实现以最低的项目成本获得最高的项目收益。基于数字化的工程项目质量管理主要分为项目设计阶段数字化管理、项目准备阶段数字化管理、项目施工阶段数字化管理、项目竣工阶段数字化管理 4 个环节，如图 7.8 所示。

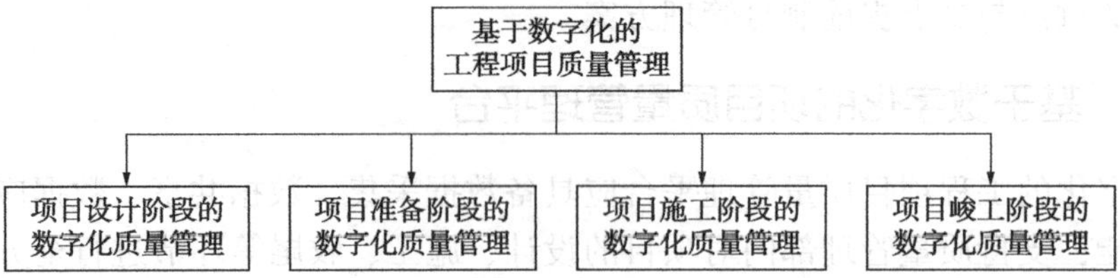

图 7.8　基于数字化的工程项目质量管理环节

7.5.3.1 项目设计阶段的数字化质量管理措施

(1) 利用大数据技术建立和完善工程设计企业和相关人员数据库，并对设计单位和设计人员的相关资质进行审查，避免因资质问题造成工程项目设计质量缺陷。

(2) 利用 BIM 技术建立项目模型，模拟项目实施方案与技术工艺。同时，借助 BIM 模型可视化的特点，直观、精准地分析和验证设计方案的可行性。

(3) 利用平台的数据共享功能对施工图样进行会审。将工程项目中的施工图样及相关文件资料上传至数据库，利用大数据技术进行分析和挖掘，查找图样中存在的问题，并及时制定改进措施，避免因图样设计问题影响工程项目质量。

(4) 设计方、建设方与管理方应建立畅通的沟通交流渠道，实现项目设计阶段的信息共享。

7.5.3.2 项目准备阶段的数字化质量管理措施

(1) 利用数字化手段对项目数据进行分析和挖掘，实现设备生产环节管理的可追溯性。

(2) 利用物联网+大数据技术，建立基础信息档案库，包括钢材、配件、水泥等原材料的供货信息、物流信息、质量检查信息等。同时，完善施工设备的检验合格资料和检测单位的抽检资料，提升项目物料管理与工艺质量管理水平。

（3）利用物联网技术对施工材料进行建账管理。一方面，对施工材料进行建账管理，实现材料采购和使用过程的可追溯性管理；另一方面，利用监控设备、烟雾报警系统、温湿度管理系统等物联网+可视化信息技术，完善入场材料在防火、防盗、防损坏等方面的管理，避免施工物料管理欠妥导致的质量问题。

7.5.3.3　项目施工阶段的数字化质量管理措施

随着项目建设的不断推进，各类信息数据不断增加，传统的数据管理手段难以满足当前工程项目质量管理需求。同时，工程项目的动态性使得项目数据存在高变动性，传统的数据管理方式难以为质量管理提供保障。因此，应在项目施工阶段采取数字化的质量管理方式，以满足项目建设单位在质量管理方面对于数据服务的差异化需求，尤其是对于数据信息多元、数据信息标准要求较高的项目，数字技术的应用可以大幅提升项目质量管理的精确度并降低管理成本。

（1）利用BIM技术建立工程项目仿真模型，便于质量管理部门直观了解工程项目建设情况，科学把控项目工期进度。针对关键技术和重点施工环节制订科学合理的质量管理方案，提高项目质量管理的整体水平。

（2）结合大数据及物联网等数字化技术，对工程项目全过程建设数据进行采集、分类和提取，并在此基础上进行数据分析，制订有针对性的质量管理优化方案。同时，根据工程项目建设的实际需求及时调整资源配置，提高质量管理的灵活性与准确性。

（3）利用数字化质量管理平台全面收集项目施工过程中的各类数据，并对重要阶段的关键数据进行重点关注和实时监控。

（4）利用云计算、大数据智能化挖掘和分析等方法，全面地了解和掌握工程整体质量情况，及时发现并解决工程项目施工过程中存在的问题，提高工程项目建设质量水平。

（5）利用AI（Artificial Intelligence，人工智能）识别、大数据分析、视频监控等数字化方法，对工程项目相关人员的在岗情况进行定期和不定期考核，重点检查重要岗位核心技术人员在岗情况，防止发生人为责任问题。

（6）利用人脸识别、指纹打卡等数字化技术对监理人员的在岗情况进行考核，以提升项目质量管理的效率和水平。

7.5.3.4　项目竣工阶段的数字化质量管理措施

在项目竣工阶段，质量管理部门往往需要查阅大量的施工管理资料，人工分析庞杂的施工数据信息，增加了较大的人力和物力成本。同时，数据信息与施工资料可能存在遗漏、缺失等问题，导致竣工验收阶段的质量管理难度加大。由此可见，只有采用数字化的质量管理措施，才能有效解决上述问题，保证项目顺利交付。

（1）利用大数据挖掘和智能分析技术，全面收集和整理项目全生命周期数据信息，了解工程建设中的质量薄弱环节并予以重点关注，以提升质量验收实效。

（2）利用BIM技术，实时上传项目建设的各类数据信息。通过云服务器对项目数据进行梳理和分类存储，以有效解决工程数据被篡改的问题，确保数据的准确性和可靠性。

（3）质量管理部门通过分析项目建设各阶段的数据信息，科学评价工程项目的实用效能等指标，并及时进行总结和归纳，可为项目运营阶段的质量管理提供数据支撑。

第8章 建筑工程项目安全管理

8.1 项目安全管理概述

8.1.1 建筑工程项目安全及安全生产

8.1.1.1 安全及安全生产的概念

安全是指没有危险、不出事故的状态。安全包括人身安全、设备与财产安全、环境安全等。通俗地讲，安全就是指安稳，即人的平安无事、物的安稳可靠、环境的安定良好。

安全生产是指在劳动生产过程中，通过努力改善劳动条件、克服不安全因素、防止伤亡事故发生，使劳动生产在保障劳动者安全健康和国家财产不受损失的前提下顺利进行。

8.1.1.2 我国建筑工程安全生产形势

安全生产长期以来一直是我国的一项基本国策，是保护劳动者安全健康和发展生产力的重要工作，必须贯彻执行；安全生产也是维护社会安定团结，促进国民经济稳定、持续、健康发展的基本要求，是社会文明程度的重要标志。企业是安全生产工作的主体，必须贯彻落实安全生产的法律法规，加强安全生产管理，实现安全生产目标。施工项目作为建筑业安全生产的载体，必须履行安全生产责任，确保安全生产。安全与生产是辩证统一的关系，生产必须安全，安全促进生产。

我国建筑业从业人员有几千万，但他们的劳动环境和安全状况却存在很大的问题，党和政府非常重视安全生产，近年来，采取了许多治理措施，取得了显著成效。国家安全生产监督管理局从2004年4月起，将建筑施工企业首次列入国家对安全生产专项整治的领域，以进一步改善和提高建筑安全管理水平。安全生产既是攻坚战也是持久战，要树立以人为本、安全发展的理念，创新安全的管理模式，落实企业主体责任，提升监管执法和应急处置能力。安全生产要坚持以预防为主、标本兼治，经常开展安全检查，搞好预案演练，建立健全长效机制。

8.1.1.3 建筑施工安全生产的特点

（1）产品的固定性导致作业环境的局限性。建筑产品位于一个固定的位置，这导致了必须在有限的场地和空间上集中大量的劳动力、材料、机具来进行交叉作业，也导致了作业环境的局限性，因而容易发生物体打击等伤亡事故。

（2）露天作业导致作业条件恶劣。建筑施工大多数在露天空旷的场地上完成，这导致工作环境相当艰苦，容易发生伤亡事故。

（3）产品体积庞大带来了施工作业的高空性。建筑产品的体积十分庞大，操作工人大多在十米以上的高处进行作业，因而容易发生高处作业的伤亡事故。

(4) 产品流动性大、工人整体素质低，给安全管理带来了难度。施工人员流动性大、素质参差不齐，这要求安全管理措施必须及时、到位，这也使施工安全管理难度增大。

(5) 手工操作多、体力消耗大、强度高带来了个体劳动保护的艰巨性。在恶劣的作业环境下，施工工人的手工操作多、体能耗费大，劳动时间和劳动强度都比其他行业要大，职业危害严重，这带来了个体劳动保护的艰巨性。

(6) 产品多样性、施工工艺多变性的要求，带来了安全措施和安全管理措施的保证性。由于建筑产品具有多样性，施工工艺具有多变性，如一栋建筑物从基础、主体至竣工验收，各道施工工序均有其不同的特性，因而安全的因素各不相同。同时，随着工程建设的进行，施工现场的不安全因素也在变化。同时，施工单位必须根据工程建设进度和施工现场的情况不断地、及时地采取安全技术措施和安全管理措施予以保证。

(7) 施工场地窄小带来了多工种的立体交叉性。随着城市用地的紧张，建筑由低向高发展、施工现场由宽到窄发展，这使施工场地与施工条件的矛盾日益突出，多工种交叉作业增加，这也导致机械伤害、物体打击事故增多。

(8) 拆除工程潜在危险带来作业的不安全性。随着旧城改造的深入，拆除工程数量随之加大，而原建筑物施工图纸很难找到，不断地加层或改变结构使原体系性质发生变化，这带来了作业的不安全性，容易导致拆除工程倒塌事故的发生。

建筑施工及施工安全生产的上述特点，决定了施工生产的安全隐患多存在于高处作业、交叉作业、垂直运输、个体劳动保护以及电气工具的使用上。同时，超高层、新、奇、个性化的建筑产品的出现，给建筑施工带来了新的挑战，也给建筑工程安全管理和安全防护技术提出了新的要求。

8.1.2　安全生产的方针、原则及管理体系

8.1.2.1　安全生产的方针

安全生产的方针是对安全生产工作的总要求，是安全生产工作的方向。我国的安全生产方针是“安全第一、预防为主、综合治理”。安全第一是原则，预防为主、综合治理是手段和途径。

(1) 安全第一的含义。安全第一，就是在生产经营活动中，在处理安全与生产经营活动的关系上，始终将安全放在首位，优先考虑从业人员和其他人员的人身安全，实行安全优先的原则。在确保安全的前提下，努力实现生产的其他目标。

(2) 预防为主的含义。预防为主，就是按照系统化、科学化的管理思想，按照事故发生的规律和特点，千方百计预防事故的发生，做到防患未然，将事故消灭在萌芽状态中。虽然人类在生产活动中还不可能完全杜绝事故的发生，但只要思想重视，预防措施得当，事故是可以减少的。

(3) 综合治理的含义。综合治理，就是标本兼治，重在治本，在采取断然措施遏制重大、特大事故，实现安全指标的同时，积极探索和实施治本之策，综合运用科技手段、法律手段、经济手段、教育培训和必要的行政手段，从发展规划、行业管理、安全投入、科

技进步、经济政策、教育培训、安全立法、激励约束以及追究事故责任、查处违法违纪等方面着手，解决影响我国安全生产的历史性、深层次问题，从而做到思想认识警钟长鸣，制度保证严密有效，技术支撑坚强有力，监督检查严格细致，事故处理严肃认真。

8.1.2.2 安全生产的原则

(1) 管生产必须管安全。项目中的各级领导和全体员工在生产过程中，必须坚持在抓好生产的同时抓好安全工作。抓生产必须抓安全的原则是施工项目必须坚持的基本原则，体现了安全与生产的统一。

(2) 安全具有否决权。安全工作是衡量项目管理的一项基本内容。其要求在对项目各项指标考核评优创先时，首先考虑安全指标的完成情况，安全指标具有一票否决的作用。

(3) 职业安全卫生“三同时”。职业安全卫生“三同时”，是指一切生产性的基本建设和技术改造工程项目，必须符合国家的职业安全卫生方面的法规和标准。职业安全卫生技术措施必须与主体工程同时设计、同时施工、同时投产使用。

(4) 事故处理的“四不放过”。国家法律法规要求，企业一旦发生事故，在处理事故时需实施“四不放过”原则。“四不放过”是指在因工伤亡事故的调查处理中，必须坚持事故原因分析不清“不放过”，事故责任者和群众没有受到教育“不放过”，没有制定防范措施“不放过”，事故责任者和领导没有处理“不放过”。

8.1.2.3 安全生产管理体制

1993 年，国务院提出实行“企业负责、行业管理、国家监察、群众监督”的安全生产管理体制。1996 年，全国安全生产工作电视电话会议又将“劳动者遵章守纪”纳入体制。

企业负责是市场经济体制下安全生产管理体制的基础和根本，即企业在生产经营活动中必须对本企业的安全生产负全面责任。行业管理即各级行业主管部门对用人单位的安全生产工作应加强指导，进行管理。国家监察就是各级政府部门对用人单位遵守安全生产法律、法规的情况实施监督检查，对用人单位违反安全生产法律、法规的行为实施行政处罚。在群众监督方面，一方面工会应依法对用人单位的安全生产工作实行监督；另一方面，劳动者对违反安全生产及劳动保护法律、法规和危害生命及身体健康的行为有权提出批评、检举和控告。劳动者遵章守纪是指劳动者在劳动过程中，必须严格遵守安全操作规程，要珍惜生命、爱护自己、勿忘安全，自觉地遵章守纪、确保安全。

8.1.3 项目安全管理的依据、内容及措施

8.1.3.1 建筑工程项目安全管理的依据

(1) 国家和地方有关安全生产、建筑工程安全生产的法律法规，如《中华人民共和国建筑法》《中华人民共和国安全生产法》等。

(2) 有关建筑工程安全生产技术的法规，包括建筑工程施工安全检查标准，如《建筑施工安全检查标准》(JGJ 59—2011)；控制施工作业活动安全的技术规范和规程，如《建筑机械使用安全技术规程》(JGJ 33—2012)。

8.1.3.2 建筑工程项目安全管理的内容

(1) 认真贯彻执行国家和地方安全生产管理工作的法律法规和方针政策、建筑工程施工安全技术标准规范及各项安全生产管理制度。结合施工项目的具体情况，制定安全技术措施、安全计划，并组织实施。

(2) 建立安全生产管理组织机构，明确职责权限，建立和落实安全生产责任制度、安全教育培训制度等，实行项目施工安全控制。

(3) 认真进行施工安全检查，实行班组安全自检、互检和专检相互结合的方法，做好安全检查、安全验收。

(4) 对安全检查中发现的安全隐患，及时处理。

(5) 做好施工现场的文明施工、环境保护管理。

(6) 做好安全事故的调查和处理工作。

8.1.3.3 建筑工程项目安全管理的措施

(1) 建立职业健康安全生产责任制。建立职业健康安全生产责任制是做好安全管理工作的重要保证，在工程实施前，由项目经理部对各级负责人、各职能部门以及各类施工人员在管理和施工过程中应当承担的相应责任做出明确规定，也就是把安全生产责任分解到岗、落实到人，具体表现在以下几个方面：

① 在工程项目施工过程中，必须有符合项目特点的安全生产制度，安全生产制度要符合国家和地方，以及本企业的有关安全生产政策、法规、条例、规范和标准。参加施工的所有管理人员和工人都必须认真执行并遵守制度的规定和要求。

② 建立、健全安全管理责任制，明确各级人员的安全责任，这是搞好安全管理的基础。从项目经理到一线工人，安全管理应做到纵向到底，一环不漏；从专门管理机构到生产班组，安全生产应做到横向到边，层层有责。

③ 施工项目应通过监察部门的安全生产资质审查，并得到认可。其目的是严格规范安全生产条件，进一步加强安全生产的监督管理，防止和减少安全事故的发生。

④ 一切从事生产管理与操作的人员，应当依照其从事的生产内容和工种，分别通过企业、施工项目的安全审查，取得安全操作许可证，进行持证上岗。特种工种的作业人员，除必须经企业的安全审查外，还需按规定参加安全操作考核，取得监察部门核发的安全操作合格证。

(2) 安全施工组织设计。

① 安全施工组织设计包括工程概况，控制目标，控制程序，组织机构，职责权限，规章制度，安全施工方案和施工方法，施工进度计划，施工准备，施工平面图，资源配置，安全措施，检查评价，奖惩制度，防火、防盗、不扰民措施，季节性施工安全措施，安全生产注意事项，主要安全技术保障措施，技术经济指标，环境保护等。

② 安全施工组织设计必须经公司技术负责人、总工程师审批和监理单位审批。

③ 对专业性较强和危险性较大的项目，均要编制相应的专项施工组织设计或安全施工方案，如基坑支护、脚手架、施工用电、模板工程、“三宝(安全帽、安全带、安全

网）”“四口（楼梯口、电梯井口、预留洞口、通道口）”防护，塔吊、物料提升机、人货两用电梯等安全施工方案。

④ 施工安全技术措施和方案要有针对性。

a. 施工安全技术措施和方案的编制依据。国家和政府有关部门安全生产的法律、法规和有关部门规定，技术标准、规范，安全技术规程，安全管理规章制度。

b. 施工安全技术措施和方案的编制原则。施工安全技术措施和方案的编制，必须考虑现场的实际情况、施工特点及周围作业环境，措施要有针对性。凡施工过程中可能发生的危险因素及建筑物周围外部环境不利因素等，都必须从技术上采取具体有效的措施予以预防。同时，安全技术措施和方案必须有设计、有计算、有详图、有文字说明。

c. 施工安全技术措施和方案的编制内容。其包括深基坑、桩基础施工与土方开挖方案，工程临时用电方案，结构施工临边、洞口及交叉作业、施工防护安全技术措施，塔式起重机、施工外用电梯、垂直提升架等安装与拆除安全技术方案，大模板施工安全技术方案，脚手架及卸料平台安全技术方案，钢结构吊装安全技术方案，防水施工安全技术方案，设备安装安全技术方案，新工艺、新技术、新材料施工安全技术方案，防火、防毒、防爆、防雷安全技术措施，临街防护、临近外架供电线路、地下供电、供气、通风、管线毗邻建筑物防护等安全技术措施，主体结构、装修工程安全技术方案，群塔作业安全技术措施，中小型机械安全技术措施，安全网的架设范围及管理要求，冬、雨期施工安全技术措施，场内运输道路人行通道的布置等。

d. 单位工程安全技术措施。对于结构复杂、危险性大、特性较多的特殊工程，应单独编制安全技术方案，如爆破作业、大型吊装、沉箱、沉井、烟囱、水塔、各种特殊架设作业、高层脚手架、井架和拆除工程等，必须单独编制安全技术方案，并要有设计依据。

（3）安全技术交底。职业健康安全技术交底是指导工人安全施工的技术措施，是项目职业健康安全技术方案的具体落实。职业健康安全技术交底一般由技术管理人员，根据分部分项工程的具体要求、特点和危险因素编写，是操作者的指令性文件，因而其要具体、明确、针对性强，不得用施工现场的职业健康安全纪律、职业健康安全检查等制度代替。在进行工程技术交底的同时进行职业健康安全技术交底。

① 交底组织。设计图技术交底由公司工程部负责，向项目经理、技术负责人、施工队长等有关部门及人员交底。各工序、工种由项目责任工长负责向各班组长交底。

② 安全技术交底的基本要求。项目经理部必须实行逐级安全技术交底制度，纵向延伸到班组全体作业人员；技术交底必须具体、明确、针对性强；技术交底的内容应针对分部分项工程施工中给作业人员带来的潜在危害和存在问题；技术交底应优先采用新的安全技术措施；应将工程概况、施工方法、施工程序、安全技术措施等，向工长、班组长进行详细交底；在技术安全方面定期向由两个以上作业队组成的和多工种进行交叉施工的作业队伍，进行书面交底；保存书面安全技术交底签字记录。

③ 项目经理部技术交底的重点。

a. 图纸中各分部分项工程的部位及标高、轴线尺寸、预留洞、预埋件的位置、结构设计意图等有关说明。

b. 施工操作方法，对不同工种要分别交底，施工顺序和工序间的穿插、衔接要详细说明。

c. 新结构、新材料、新工艺的操作工艺。

d. 冬、雨期施工措施及在特殊施工中的操作方法、注意事项、要点等。

e. 对原材料的规格、型号、标准和质量要求。

f. 各种混合材料的配合比、添加剂要求详细交底。

g. 各工种、各工序穿插交接时可能发生的技术问题预测。

h. 凡发现未进行技术底面施工者，罚款 500~1000 元。

④ 交底方法。技术交底可以采用会议口头形式、文字图表形式，甚至示范操作形式，视工程施工复杂程度和具体交底内容而定，各级技术交底应有文字记录。关键项目、新技术项目应做文字交底。安全技术交底的主要内容包括以下几项：

a. 该工程项目的施工作业特点和危险点。

b. 针对危险点的具体预防措施。

c. 应注意的安全事项。

d. 相应的安全操作规程和标准。

e. 发生事故后应及时采取的避难和急救措施。

（4）进行职业健康安全教育培训。认真搞好职业健康安全教育是职业健康安全管理工作的重要环节，是提高全员职业健康安全素质、职业健康安全管理水平和防止事故，从而实现职业健康安全生产的重要手段。应建立三级安全教育制度，并认真执行。三级安全教育是指公司教育、项目部教育、班组教育。三级教育的内容应包括国家和地方性法规、公司的安全制度、安全操作规程、劳动纪律等内容。对新进场的工人要进行三级教育，考核后方能上岗，工人工种变换时也应进行安全教育。在特定情况下要进行安全教育。特定情况包括季节性改变、节假日前后、工作对象改变、工作环境改变、工种变换、采用新技术设备、发现事故隐患等。安全教育要有相应的教育培训记录。施工管理人员要按规定进行年度培训考核。

（5）安全检查。施工项目现场安全检查是及时发现施工中人的不安全行为和物的不安全状态的重要途径，是消除隐患、落实整改措施、防止事故、改善劳动条件及提高员工安全生产意识的重要手段，是安全管理工作的一项重要内容。

建筑工程安全生产监督管理，是建设行政主管部门依据法律、法规和工程建设强制性标准，对建筑工程安全生产实施监督管理，督促勘察设计、建设、监理、施工等各方责任主体履行相应安全生产责任，以控制和减少建筑施工事故发生，保障人民生命财产安全、维护公众利益的行为。

安全检查的具体内容详见下文“8. 3. 1 安全检查”。

（6）班前安全活动。必须建立班前活动制度，班前活动必须有针对性。各班组在当班前必须检查工作环境、安全条件、机械设备的安全防护装置、个人防护用品等。每个班组都应有各自的活动记录本，记录当天的活动内容。

（7）特种作业上岗。建筑行业特种作业人员包括电工、架子工、电（气）焊工、爆破工、机械操作工（平刨、圆锯盘、钢筋机械、搅拌机、打桩机等）、起重工、司炉工、塔吊司机及指挥人员、物料提升机(龙门架、井架)操作工、外用电梯(人货两用电梯)司机、信号员、场内车辆驾驶员、砌筑机械拆装作业人员等。从事特种作业的人员必须有安全培训上岗证。特种作业人员应按要求进行考核。

(8) 安全事故处理。

① 在施工现场应建立工伤事故登记制度，对工伤事故必须按“四不放过”原则进行处理，即事故原因不清楚“不放过”，事故责任者和群众没有受到教育“不放过”，有关责任人得不到处理“不放过”，没有制定防范措施“不放过”。

② 现场无论有无伤亡事故，均需按实填写伤亡事故月报表，在规定时间内上报公司安全部门。

③ 事故发生后，事故发生单位应严格保护事故现场，采取有效措施抢救人员和财产，防止事故扩大。事故发生后，应该及时上报有关部门，并组织有关人员进行调查分析，写出事故调查分析处理报告，呈报有关部门。

安全事故处理的具体内容详见下文“8.3.2 安全事故处理”。

(9) 安全标志。

① 施工现场的安全标志牌不得集中挂在同一位置。

② 安全标志牌现场挂置位置应与现场平面图位置一致。

③ 主要施工部门、作业点和危险区域及主要通道口均应挂设相关的安全标志。悬挂高度以距离地面2.5~3.5m为宜。

④ 施工机械设备应随机挂设安全操作规程。

⑤ 各安全标志必须符合国家标准《安全标志及其使用导则》(GB 2894—2008)的规定(禁止标志、警告标志、指令标志、提示标志)，制作美观、统一。

⑥ 施工现场使用的安全色，必须符合有关规定(安全色有4种颜色，即红色——禁止、停止；黄色——警告；蓝色——指令；绿色——指示、安全)。

⑦ 施工现场的各种防护栏，在一般情况下是用红白相间的颜色，也可用黑黄相间的颜色，对于同一工地，要统一使用。

(10) 安全资料建档。现场安全资料应由安全资料员或安全负责人收集管理，并应做到：及时认真收集，积累和分类编制；对资料定期进行整理和签订，确保资料的真实性、完整性和价值性；要分科目装订成册，进行标志、编目和立卷存档；切忌编造。

8.2 项目现场安全计划与控制

8.2.1 现场安全计划

8.2.1.1 建筑工程项目现场安全计划的概念

建筑工程项目现场安全计划，简称安全计划，是施工项目安全策划结果的一项管理文件。安全计划主要是针对特定的施工项目，为完成预定的安全目标，编制专门的安全措施、资源和活动顺序的文件。

8.2.1.2 建筑工程项目现场安全计划的内容

根据建筑工程项目安全管理原理，建筑工程项目安全计划包括编制实现安全目标及安全要求的计划、实施、检查及处理四个环节的相关内容，即PDCA循环。一般而言，安全计划的内容包括以下几项：

① 项目安全目标。

② 实施安全目标所规定的相关部门、岗位的职责和权限。

③ 危险源与环境因素识别、评价、论证的结果和相应的控制方式。

④ 适用法律法规、标准规范和其他要求的识别结果。

⑤ 实施阶段有关各项要求的具体控制程序和方法。

⑥ 检查、审核和改进活动安排以及相应的运行程序和准则。

⑦ 实施、控制和改进安全管理体系所需的资源。

⑧ 安全控制程序、规章制度、施工组织设计、专项施工方案、专项安全技术措施以及安全记录。

⑨ 为满足安全目标所采取的其他措施。

8.2.1.3 建筑工程项目现场安全计划的编制步骤

建筑工程项目现场安全计划应由施工现场项目经理主持，负责安全、技术、工艺和采购方面的有关人员参与编制。安全计划的编制过程实际是各项安全管理和安全技术的优化组合和接口的协调过程。编制安全计划的步骤如下：

① 明确工程概况。其包括建设工程组成状况及其建设阶段划分、每个建设阶段的工程项目组成状况、每个工程项目的单项工程组成状况等。

② 明确安全控制程序。其包括确定建设工程施工总安全目标、编制安全计划、实施安全计划、验证安全计划、持续改进安全计划和兑现合同承诺。

③ 明确安全控制目标。其包括建设工程施工总安全目标，每个工程项目安全目标，每个工程项目的单项工程、单位工程和分部分项工程安全目标。

④ 确定安全管理组织结构和职责权限。其包括安全管理组织机构形式、安全组织管理层次、职责和权限、安全管理人员、安全管理的规章制度等。

⑤ 确保安全资源配置。其包括安全资源名称、规格、数量和使用部位，并将其列入资源总需要量计划。

⑥ 制定安全技术措施。其包括防火、防毒、防爆、防洪、防尘、防雷击、防塌陷、防物体打击、防溜车、防机械伤害、防高空坠落和防交通事故，防寒、防暑、防疫和防污染环境等各项措施。

⑦ 落实安全检查评价和奖励。其包括安全检查日期、安全人员组成、安全检查内容、安全检查方法、安全检查记录要求的确定，安全检查结果的评价，安全检查报告的编号，安全施工优胜者的奖励等。

8.2.2 现场安全控制

建筑工程项目现场安全控制的内容就是对施工生产中人的不安全行为、物的不安全状态、作业环境的不安全因素和管理缺陷的控制，以及对施工现场的环境的控制。从建筑工程的形成过程来看，建筑工程项目安全控制包括施工准备阶段的安全控制和施工过程中的安全控制。

8.2.2.1 建筑工程项目准备阶段安全控制的手段

(1) 审核技术文件、报告和报表。

① 施工组织设计(专项施工方案)或施工安全计划，是控制工程施工安全的、可靠的技术措施保障。

② 审核有关应用新技术、新工艺、新材料、新结构等的技术鉴定书，审核其应用申请报告，确保新技术应用的安全。

③ 针对施工工程中需控制的活动，制定或确认必要的施工组织设计、专项施工方案、安全程序、规章制度或作业指导书，并组织落实。

(2) 实施工程合约化管理。在不同的承包模式下，制定相互监督的合约化管理，签订安全生产合同和协议书并组织落实。合约化管理是双方严格执行安全生产和劳动保护的法律法规，其强化安全生产管理，逐步落实安全生产责任制，依法从严治理施工现场，确保施工人员的安全与健康，促使施工生产的顺利进行。

8.2.2.2 建筑工程项目施工过程安全控制的手段

(1) 审核安全技术文件、报告和报表。安全技术文件、报告和报表的审核，是对建筑工程施工安全进行全面控制的重要手段。审核的具体内容包括有关技术证明文件，专项施工方案的安全技术措施，有关安全物资的检验报告，反映工序控制的图表，有关新工艺、新材料、新技术，有关工序检查、验收的资料，有关安全问题的处理报告，现场有关安全技术签证、文件等。

(2) 现场安全检查和监督。

① 现场安全检查的内容。现场安全检查，主要是对工序施工进行跟踪监督、检查与控制。在工序施工过程中，监督并检查机械设备、材料、施工方法和工艺或操作以及施工现场条件等是否处于良好状态，是否符合保证工程施工的要求，若发现有问题应及时纠正和加以控制。对于重要的和对工程施工安全有重大影响的工序、工程部位、活动，还应由专人监控。对安全技术资料进行检查，确保各项安全管理制度的有效落实。

② 现场安全检查的类型、方式和要求。安全检查的类型主要包括日常安全检查、定期安全检查、专业性安全检查、季节性及节假日后安全检查等。

根据本工程项目施工生产的特点，法律法规、标准规范和企业规章制度的要求以及安全检查的目的，项目经理应确定安全检查的内容，包括安全意识、安全制度、机械设备、安全设施、安全教育培训、操作行为、劳保用品使用、安全事故处理等项目。

项目经理应根据安全检查的形势和内容，明确检查的牵头和参与部门及专业人员并进行分工；根据安全检查的内容，确定具体的检查项目及标准和评分方法，同时，编制相应的安全检查评分表，按检查评分表的规定逐项对照评分，并做好具体的记录。

（3）安全隐患的处理。安全隐患的处理应符合下列规定：

① 项目经理部应区别“通病”“顽症”、首次出现、不可抗拒等类型，修订和完善安全整改措施。

② 项目经理部应对检查出现的隐患立即发出安全隐患整改通知单，受检查单位应对安全隐患进行分析，制定预防措施，纠正和预防措施应经检查单位负责人批准后实施。

③ 安全生产管理人员应向负责人当场指出检查中发现的违章指挥和违章作业行为，限期纠正。

④ 安全生产管理人员对纠正和预防措施过程和实施效果应进行跟踪检查，保存验证记录。

（4）工地例会和安全专题会议。工地例会是施工过程中参加建设项目各方沟通情况、解决分歧、达成共识、作出决定的主要渠道。通过工地例会，项目负责人检查分析施工过程中的安全状况，指出存在的安全问题，提出整改措施，并做好相应的保证。由于参加例会的人员较多，层次也较高，会上容易就问题的解决达成共识。针对某些专门安全问题，项目负责人还应组织专题会议，集中解决较重大或普遍存在的问题。

（5）规定安全控制的工作程序。规定必须遵守的安全控制的工作程序，按规定的程序进行工作。具体来说，就是针对识别出的安全控制点，制定具体的工作程序。这些程序应明确各项安全活动的执行步骤，包括准备工作、安全检查、作业执行、隐患排查、应急处理等。同时，程序还应规定责任分工，明确各项任务的具体负责人和协作人员。安全控制工作程序应是一个动态的过程，随着项目进展和外部环境的变化，应及时对程序进行修订和完善。这包括根据新的安全法规、技术标准和施工经验，对工作程序进行更新和优化，以适应新的安全需求。

（6）安全生产奖惩制。施工单位应严格执行安全生产责任制中的安全生产奖惩制，确保施工过程中的安全，促使施工生产顺利进行。对于在安全生产中表现突出的个人或团队，应给予物质奖励、荣誉表彰或晋升机会等形式的奖励。这可以激发员工的安全生产积极性，形成“人人讲安全、事事为安全”的良好氛围。对于违反安全规定、造成安全隐患或安全事故的个人或团队，应根据情节轻重给予警告、罚款、停工整顿、吊销执业资格等处罚。惩罚的目的是为了警示他人，防止类似事故再次发生。安全生产奖惩制应坚持公平公正的原则，确保奖惩有据可依、有理可循。同时，应建立申诉机制，允许被奖惩者对奖惩决定提出异议并进行申诉。在实施奖惩制的同时，应注重对员工的安全教育和引导。通过举办安全讲座、安全知识竞赛等活动，提高员工的安全意识和技能水平，使他们能够自觉遵守安全规定，共同维护施工安全。

8.3 安全检查与安全事故处理

8.3.1 安全检查

8.3.1.1 安全检查的类型

安全检查的类型主要有：日常性检查、专业性检查、季节性检查、节假日前后的检查、不定期检查、突击性检查和特殊检查。

(1) 日常性检查。日常性检查即经常性检查，普遍的检查。施工企业检查一般对施工项目每年进行 1~4 次；施工项目经理自检每月 1~2 次，至少进行一次；施工班组每周、每班次都应进行检查。专职安全技术人员的日常检查应该有计划，针对重点部位进行周期性检查。

(2) 专业性检查。专业性检查是针对特殊作业、特殊设备、特殊场所进行的检查。如电焊、气焊、起重设备、运输车辆、锅炉压力容器和易燃易爆场所等。

(3) 季节性检查。季节性检查是根据特点，为保障安全生产的特殊要求所进行的检查。如春季风大，要着重防火防爆；夏季高温多雨雷电，着重防暑、降温、防汛、防雷击、防触电；冬季着重防寒、防冻等。

(4) 节假日前后的检查。节假日期间容易产生松懈，节假日前后的检查是针对此特点而进行的安全检查，包括节日前进行安全生产综合检查，节日后要进行遵章守纪的检查等。

(5) 不定期检查。不定期检查是指在施工项目及专业工程开工前和停工前、检修中、工程竣工及运转时进行的安全检查。

(6) 突击性检查。突击性检查指无固定检查周期，对特别部门、特别设备、小区域的安全检查。

(7) 特殊检查。特殊检查是指针对新安装的设备、新采用的工艺、新建或改建的工程项目投入使用前，以发现其带来新的危险因素为专题的安全检查。

8.3.1.2 安全检查的内容

(1) 查思想。主要检查企业领导、施工项目经理部管理人员及施工作业工人对安全生产工作的认识。

(2) 查管理。主要检查施工项目安全管理是否有效。主要内容包括安全生产责任制，安全技术措施计划，安全组织机构，安全保证措施，安全技术交底，安全教育，持证上岗，安全设施，安全标识，操作规程，违规行为，安全记录等。

(3) 查隐患。主要检查作业现场是否符合安全生产、文明施工的要求。

(4) 查整改。主要检查对以前提出问题的整改情况。

(5) 查事故处理。对安全事故的处理应达到查明事故原因、明确责任并对责任者做出处理、明确和落实整改措施等要求；同时，还应检查对伤亡事故是否及时报告、认真调查、严肃处理。

安全检查的重点是违规指挥和违规作业。安全检查后应编制安全检查报告，说明已达标项目、未达标项目、存在问题、原因分析及纠正和预防措施等。

8.3.1.3 安全检查的方法

常用安全检查的方法包括一般检查方法和安全检查表法。

（1）一般检查方法。常采用看、听、嗅、问、查、测、验和析等方法。

① 看：看现场环境和作业条件，看实物和实际操作，看记录和资料等。

② 听：听汇报、听介绍、听反应、听意见或批评、听机械设备的运转响声或承重物发出的微弱声等。

③ 嗅：对挥发物、腐蚀物、有毒气体进行辨别。

④ 问：分析影响安全的问题，详细询问，追根究底。

⑤ 查：查明问题，查对数据，查清原因，追查责任。

⑥ 测：测量、测试和监测。

⑦ 验：进行必要的试验和检验。

⑧ 析：分析安全事故死亡隐患和原因。

（2）安全检查表法。安全检查表法通过事前拟定的安全检查明细表或清单，对安全生产进行初步分析和控制。安全检查明细表通常包括的内容有：检查项目、内容、回答问题、改进措施、检查措施、检查人等。

8.3.1.4 安全检查的注意事项

（1）安全检查要深入基层，紧紧依靠职工，坚持领导与群众相结合的原则，组织好检查工作。

（2）建立检查的组织领导机构，配备适当的检查人员，挑选具有较高技术业务水平的专职人员参加。

（3）做好检查的各项准备，包括思想端正，重温业务知识与法规政策，准备检查设备、奖金。

（4）明确检查的目的和要求。既要严格检查，又要防止一刀切，坚持从实际出发，分清主次矛盾，力求实效。

（5）把自查和互查有机结合。基层以自检为主，作业队和智能管理部门之间应进行互查，取长补短，相互学习和借鉴。

（6）坚持查改结合。检查只是一种手段，而不是目的，整改才是最终目的。检查中一旦发现问题，应及时采取切实有效的防范措施进行整改，以消除隐患。

（7）建立检查档案。结合安全检查表的实施，建立健全检查档案，收集基本数据，掌握基本安全状况，为及时消除隐患提供数据。同时，也为以后的职业健康安全检查奠定基础。

8.3.2 安全事故处理

8.3.2.1 建筑工程项目施工安全事故的特点

安全事故是指人们在进行有目的的活动的过程中，发生了违背人们意愿的不幸事故，而使其有目的的行为暂时或永久地停止。建筑工程项目施工安全事故是指在建筑施工现场发生的安全事故，其一般会造成人身伤亡或伤害，或造成财产、设备、工艺等的损失。重大安全事故，是指在施工过程中由于责任过失造成工程倒塌或废弃，由于机械设备破坏和安全设施失当造成人身伤亡或重大经济损失的事故；特别重大事故，是指造成特别重大人身伤亡或者巨大经济损失以及性质特别严重、产生重大影响的事故，也称为特大事故。建筑工程项目施工安全事故的特点如下。

（1）严重性。施工项目发生安全事故，影响往往较大，会直接导致人员伤亡或财产损失，给人民生命和财产带来严重威胁。近年来，因建筑工程项目施工安全事故死亡的人数和事故数目仅次于交通、矿山安全事故，成为人们关注的热点问题之一。因此，对建筑工程项目施工安全事故隐患决不能掉以轻心，一旦发生安全事故，其造成的损失将无法挽回。

（2）复杂性。施工生产的特点决定了影响建筑工程安全生产的因素很多，造成工程安全事故的原因错综复杂，即使是同一类安全事故，其发生的原因也多种多样。

（3）可变性。许多建筑工程施工中出现的安全事故隐患并不是静止的，而是有可能随着时间而不断地发展、恶化，若不及时整改和处理，往往可能发展成为严重或重大安全事故。因此，在分析与处理建筑工程项目施工安全事故隐患时，要重视安全事故隐患的可变性，应及时采取有效措施，进行纠正、消除，防止其发展、恶化为安全事故。

（4）多发性。施工项目中的安全事故，往往在建筑工程的某部位(或工序，或作业活动)中频繁发生，如物体打击事故、触电事故、高处坠落事故、坍塌事故、起重机械事故、中毒事故等。因此，对多发性安全事故，应注意吸取教训、总结经验、采用有效预防措施，加强事前预控、事中控制。

8.3.2.2 建筑工程项目施工安全事故的分类

（1）按人员伤亡或直接经济损失划分。根据中华人民共和国国务院令第493号《生产安全事故报告和调查处理条例》的规定，按生产安全事故造成的人员伤亡或者直接经济损失，事故一般分为以下等级：

① 特别重大事故，是指造成30人以上死亡，或者100人以上重伤(包括急性工业中毒，下同)，或者1亿元以上直接经济损失的事故。

② 重大事故，是指造成10人以上30人以下死亡，或者50人以上100人以下重伤，或者5000万元以上1亿元以下直接经济损失的事故。

③ 较大事故，是指造成3人以上10人以下死亡，或者10人以上50人以下重伤，或者1000万元以上5000万元以下直接经济损失的事故。

④ 一般事故，是指造成3人以下死亡，或者10人以下重伤，或者1000万元以下直接经济损失的事故。

（2）按伤亡事故类别划分。根据《企业职工伤亡事故分类》(GB 6441—1986)的规定，按直接导致职工受到伤害的原因，伤害方式分类：物体打击，指落物、滚石、锤击、碎裂崩块、碰伤等伤害，包括因爆炸引起的物体打击；车辆伤害，包括挤、压、撞、倾覆等；机械伤害，包括绞、碾、碰、割、截等；起重伤害，指起重设备所引起的伤害或操作过程中作业人员受到的伤害；触电，包括雷击伤害；淹溺；灼烫；火灾；高处坠落，包括从架子、屋顶上坠落以及从平地坠入地坑等；坍塌，包括建筑物、堆置物、土石方倒塌；透水；火药爆炸，指生产、运输、储藏过程中发生的爆炸；瓦斯爆炸，包括煤尘爆炸；锅炉爆炸；容器爆炸；中毒和窒息，指煤气、油气、沥青、化学、一氧化碳中毒等。

(3) 按事故的原因及性质分类。

① 生产事故。生产事故是指在建筑产品的生产、维修、拆除过程中，操作人员违反操作规程等而直接导致的安全事故。

② 质量事故。质量事故是指由于不符合规范标准或施工达不到设计要求导致建筑实体存在瑕疵所引发的安全事故。

③ 技术事故。技术事故是指由工程技术原因所导致的安全事故。

④ 环境事故。环境事故是指建筑实体在施工过程或使用过程中，由使用环境或周围环境原因所导致的安全事故。

8.3.2.3 建筑工程项目施工安全事故发生的原因及其分析

(1) 建筑工程项目施工安全事故发生的原因。建筑工程项目施工安全事故发生的基本原因主要包括勘察设计失误、施工人员违章作业、施工单位安全管理不到位、安全物资质量不合格、安全生产投入不足等。

对建筑工程项目施工安全事故发生的原因进行分析时，应判断出直接原因、间接原因、主要原因。

① 直接原因。根据《企业职工伤亡事故分类》(GB 6441—1986)的规定，直接导致伤亡事故发生的机械、物资和环境的不安全状态以及人的不安全行为，是事故的直接原因。

② 间接原因。教育培训不够、未经培训、缺乏或不懂安全操作知识、劳动组织不合理、没有安全操作规程或安全操作规程不健全、没有事故防护措施或不认真实施事故防护措施、对事故隐患整改不力等原因，是事故的间接原因。

③ 主要原因。主要原因是指导致事故发生的主要因素。

(2) 建筑工程项目施工安全事故发生的原因分析。

① 整理和阅读调查材料，根据《企业职工伤亡事故分类》(GB 6441—1986)附录的规定，按以下7项内容进行建筑工程项目施工安全事故原因的分析：受伤部位、受伤性质、起因物、致害物、伤害方法、不安全状态、不安全行为。

② 确定事故的直接原因、间接原因、事故责任者。在分析事故原因时，应根据调查所确认的事实，从直接原因入手，逐步深入到间接原因，从而掌握事故的全部原因。通过对直接原因和间接原因的分析，确定事故中的直接责任者和领导责任者，再根据其在事故发生过程中的作用，确定主要责任者。

③ 制定事故预防措施。根据对事故原因的分析，制定防止类似事故再次发生的预防措施，在防范措施中，应把改善劳动生产条件、作业环境和提高安全技术措施水平放在首位，力求从根本上消除危险因素。

(3) 建筑工程项目施工安全事故责任分析。在查清伤亡事故原因后，必须对事故进行责任分析，目的是使事故责任者、单位领导人和广大职工吸取教训、接受教育、进行安全工作。

事故责任分析可以通过事故调查所确定的事实，事故发生的直接原因和间接原因，有关人员的职责、分工及其在具体事故中所起的作用，追究其所应负的责任；按照有关组织人员及生产技术因素，追究最终造成不安全状态的人员的责任；按照有关技术规定的性质、明确程度、技术难度，追究属于明显违反技术规定的人员的责任；对属于未知领域的责任不予追究。

根据对事故应负责任的程度不同，事故责任者可分为直接责任者、主要责任者、重要责任者和领导责任者。对事故责任者的处理，在以教育为主的同时，还必须根据有关规定按情节轻重，分别给予经济处罚、行政处分，直至追究刑事责任。对事故责任者的处理意见形成以后，事故责任企业的有关部门必须尽快办理报批手续。

8.3.2.4 建筑工程项目施工安全事故处理的依据

进行建筑工程项目安全事故处理的主要依据有四个方面，即安全事故的实况材料；有关的技术文件和档案；具有法律效应的建筑工程合同；相关的建筑工程法律法规、标准及规范。

(1) 安全事故的实况材料。

① 施工单位的安全事故调查报告。安全事故发生后，施工单位有责任就所发生的安全事故进行周密的调查、研究来掌握情况，并在此基础上写出调查报告，提交总监理工程师、建设单位和政府有关部门。在调查报告中首先就与安全事故有关的实际情况做详尽的说明，其内容应包括安全事故发生的时间、地点，对安全事故状况的描述，安全事故发展变化的情况(其范围是否继续扩大，程度是否已经稳定等)，有关安全事故的观测记录、事故现场状态的照片或录像。

② 监理单位现场调查的资料。其内容大致与施工单位调查报告中有关内容相似，可用来与施工单位所提供的情况对照、核实。

(2) 有关的技术文件和档案。

① 与设计有关的技术文件。施工图纸和技术说明等设计文件是建筑工程施工的重要依据。在处理安全事故中，其作用是：一方面可以对照设计文件，核查施工安全生产是否完全符合设计的规定和要求；另一方面可以根据所发生的安全事故情况，核查设计中是否存在问题和缺陷，是否为导致安全事故的一个原因。

② 与施工有关的技术文件和资料档案。各类技术资料对于分析安全事故原因、判断其发展变化趋势、推断事故影响及严重程度、考虑处理措施等都是不可缺少的，起着重要的作用。

(3) 具有法律效应的建筑工程合同。安全事故所涉及的合同文件可以是工程承包合同，设计委托合同，设备、器材、材料供应合同，设备租赁合同，分包合同，监理合同，等等。

有关合同及合同文件在处理安全事故中的作用：确定在施工过程中有关各方面是否按照合同有关条款实施其活动，借以探寻产生事故的可能原因。

(4) 相关的建筑工程法律法规、标准及规范。

① 建筑市场管理方面。依据《中华人民共和国建筑法》《中华人民共和国安全生产法》

《建设工程安全生产管理条例》《安全生产许可证条例》《建筑施工企业安全生产许可证管理规定》等法律、法规及规章，维护建筑市场的正常秩序和良好环境，应充分发挥竞争机制，保证建筑工程的安全和质量。

② 施工现场管理方面。2003 年 11 月，国务院颁布的《建设工程安全生产管理条例》，以《中华人民共和国建筑法》和《中华人民共和国安全生产法》为基础，全面系统地对建设工程有关的安全责任和管理问题作了明确的规定，可操作性强。它不但对建设工程安全生产管理具有指导作用，而且是全面保证工程施工安全和处理工程施工安全事故的重要依据。

③ 建筑业资质、安全生产许可证和从业人员资格管理。原建设部在 2007 年发布了《建设工程勘察设计企业资质管理规定》(2015 年住房和城乡建设部令第 24 号、2016 年住房和城乡建设部令第 32 号、2018 年住房和城乡建设部令第 45 号对部分条款进行了修改)和《工程监理企业资质管理规定》(2015 年住房和城乡建设部令第 24 号、2016 年住房和城乡建设部令第 32 号、2018 年住房和城乡建设部令第 45 号对部分条款进行了修改)，住房和城乡建设部在 2015 年发布了《建筑业企业资质管理规定》(2016 年住房和城乡建设部令第 32 号、2018 年住房和城乡建设部令第 45 号对部分条款进行了修改)。这类部门规章设计的主要内容是勘察、设计、施工、监理等单位的等级划分；明确各级企业具备的条件，确定各级企业所能承担的任务范围；其等级评定的申请、审查、批准、升降管理等。

④ 标准和规范。2000 年，原建设部发布了《工程建设标准强制性条文》(截至 2024 年，最新为《工程建设强制性国家规范》体系和《实施工程建设强制性标准监督规定》(2015 年住房和城乡建设部令第 23 号、2021 年住房和城乡建设部令第 52 号对部分条款进行了修改)，这是参与建设活动各方执行工程建设强制性标准和政府实施监督的依据，同时，也是保证建设工程施工安全的必要条件，是分析处理工程安全事故，判定责任方的重要依据。

8.3.2.5 建筑工程项目施工安全事故的处理程序

安全管理人员应熟悉各级政府建设行政主管部门处理建筑工程安全事故的基本程序，特别是应把握在建筑工程安全事故处理过程中，如何履行自己的职责。

国家建设行政主管部门归口管理全国工程建设重大事故，省、市、自治区、直辖市建设行政主管部门归口管理本行政辖区内的建设工程重大安全事故，市、县级建设行政主管部门归口管理一般建设工程安全事故。

建设工程安全事故调查组由事故发生地的市、县级以上建设行政主管部门或国务院有关主管部门等组织成立。特别重大安全事故调查组的组成由国务院批准；一、二级重大事故由省、市、自治区、直辖市建设行政主管部门提出调查组组成意见，报请人民政府批准；三、四级重大安全事故由市、县级建设行政主管部门提出调查组组成意见，报请相应级别的人民政府批准。事故发生单位属国务院部委的，由国务院有关主管部门或其授权部门会同当地建设行政主管部门提出调查组组成意见。

重大安全事故，调查组由省、市、自治区、直辖市建设行政主管部门组织；一般安全事故，调查组由市、县级建设行政主管部门组织。

(1) 施工安全事故(人身伤亡、重大机械事故或火灾、火险等)发生后，施工单位必须立即停止施工，基层施工人员要保持冷静，并立即抢救人员，排除险情，采取必要的措施防止事故扩大，并做好标志，保护好现场。同时，要求发生安全事故的施工总承包单位迅速按安全事故类别和等级向相应的政府主管部门上报，并于24小时内写出书面报告。

现场发生火灾时，要立即组织职工进行抢救，并立即向消防部门报告，提供火情和电器、易燃易爆物的情况及位置。

施工安全事故报告应包括的主要内容有：事故发生的时间、详细地点、工程项目名称及所属企业名称；事故的类别、事故严重程度；事故的简要经过、伤亡人数和直接经济损失的初步估计；事故发生原因的初步判断；抢救措施及事故控制情况；报告人的情况和联系电话。

（2）施工单位在事故调查组展开工作后，应积极协助，客观地提供相应证据，并对安全事故原因进行分析。通过全面的调查来查明事故经过，弄清楚造成事故的原因，包括人、物、生产管理和技术管理等方面的问题，经过认真、客观、全面、细致、准确的分析，确定事故的性质，以及事故中的直接责任者和领导责任者，再根据其在事故发生过程中的作用确定主要责任者。

（3）制定事故预防措施。根据对事故原因的分析，制定防止类似事故再次发生的预防措施。同时，根据事故后果和事故责任者应负的责任提出处理意见。对于重大未遂事故不可掉以轻心，也应严肃认真按上述要求查找原因，分清楚责任，严肃处理。

（4）写出调查报告。调查组应着重把事故发生的经过、原因，责任分析，处理意见以及本次事故的教训和改进工作的建议等写成报告，经调查组全体人员签字后报批。如调查组内部意见有分歧，应在弄清楚事实的基础上，对照法律法规进行研究，统一认识。个别同志仍持有不同意见的允许保留，并在签字时写明自己的意见。

（5）事故的审理和结案。

① 事故调查处理结论应经有关机关审批后方可结案。伤亡事故处理工作应当在90日内结案，特殊情况不得超过180日。

② 事故案件的审批权限同企业的隶属关系及人事管理权限应一致。

③ 对事故责任者的处理应根据其情节轻重和损失大小来判断。对主要责任、次要责任、重要责任、一般责任还是领导责任等按规定给予处分。

④ 要把事故调查处理的文件、图纸、照片、资料等记录长期完整地保存起来。

（6）员工伤亡事故登记记录，记录内容包括员工重伤、死亡事故调查报告书，现场勘察资料（记录、图纸、照片）；技术鉴定和试验资料；物证人证调查材料；医疗部门对伤亡者的诊断结论及影印件；事故调查组人员的姓名、职务并应逐个签字；企业或其主管部门对该事故所做的结案报告；受处理人员的检查材料；有关部门对事故的结案批复等。

参 考 文 献

[1] 常建立，尹素花．建筑施工技术[M]．北京：北京理工大学出版社，2021.
[2] 陈唯冰，董鹏，卢苇．基于数字化的工程项目质量管理方法探析[J]．项目管理技术，2022，20(7)：112-115.
[3] 陈正，穆新盈．建筑工程项目管理[M]．南京：东南大学出版社，2017.
[4] 迟延飞．深基坑支护理论与应用[M]．沈阳：辽宁电子出版社，2022.
[5] 杜宏元，刘硕，王利宝，等．深基坑支护施工技术在建筑工程中的应用分析[J]．工程建设与设计，2025，(5)：18-20.
[6] 郭凤双，施凯．建筑施工技术[M]．成都：西南交通大学出版社，2019.
[7] 国家安全生产监督管理局．企业职工伤亡事故分类：GB 6441—1986[S]．北京：中国标准出版社，1986.
[8] 何佳佳，潘国泰．基于层次分析法的建筑工程项目安全标准化管理体系构建[J]．黑龙江工业学院学报(综合版)，2025，25(1)：151-156.
[9] 胡利超，高涌涛．建筑施工[M]．成都：西南交通大学出版社，2013.
[10] 惠彦涛．建筑施工技术[M]．上海：上海交通大学出版社，2019.
[11] 吉海军，谢志秦．建筑施工技术[M]．北京：北京理工大学出版社，2017.
[12] 江苏省华建建设股份有限公司，江苏邗建集团有限公司．建筑机械使用安全技术规程：JGJ33—2012[S]．北京：中国建筑工业出版社，2012.
[13] 江苏中南建筑产业集团有限责任公司，东南大学．工程网络计划技术规程：JGJ/T121—2015[S]．北京：中国建筑工业出版社，2015.
[14] 孔维丹．探究智能深基坑支护施工技术在土建施工中的应用[J]．智能建筑与智慧城市，2025，(3)：170-172.
[15] 李永宾．建筑工程施工中桩基础施工技术[J]．工程建设与设计，2025，(3)：233-235.
[16] 刘来福．装配式建筑混凝土剪力墙结构施工工艺研究[J]．工程建设与设计，2025，(5)：190-192.
[17] 莫晓敏．对深基坑工程中智能化边坡监测技术应用的探析[J]．工程建设与设计，2025，(3)：170-172.
[18] 全国安全生产标准化技术委员会．安全标志及其使用导则：GB 2894—2008[S]．北京：中国标准出版社，2009.
[19] 陕西省建筑科学研究院．钢筋焊接及验收规程：JGJ18—2012[S]．北京：中国建筑工业出版社，2012.
[20] 石雄．DX 工程项目进度管理研究[D]．西南交通大学，2022.
[21] 四川省住房和城乡建设厅．土方与爆破工程施工及验收规范：GB 50201—2012[S]．北京：中国建筑工业出版社，2012.
[22] 苏小梅，杨向华，李坚．建筑施工技术[M]．北京：北京理工大学出版社，2022.
[23] 唐绪寿．建筑施工技术[M]．重庆：重庆大学出版社，2016.
[24] 天津市建工工程总承包有限公司，中启胶建集团有限公司．建筑施工安全检查标准：JGJ59—2011[S]．北京：中国建筑工业出版社，2012.
[25] 王化柱，孙鸿景．建筑施工技术[M]．天津：天津科学技术出版社，2021.
[26] 王云．建筑工程项目管理[M]．北京：北京理工大学出版社，2012.
[27] 肖映灼，龙春莲，崔阳阳．建筑工程项目质量管理数字化转型应用研究[J]．中国设备工程，2024，

(23)：67-69.
[28] 许宁．基于LSTM的深基坑变形预测模型研究与应用[D]．江西理工大学，2019.
[29] 杨平，刘新强，邓聪．建筑工程项目管理[M]．成都：电子科技大学出版社，2016.
[30] 尹素花．建筑工程项目管理[M]．北京：北京理工大学出版社，2017.
[31] 余荣春，王中荔．建筑施工技术[M]．北京：北京理工大学出版社，2024.
[32] 仉文岗．深基坑开挖与挡土支护系统[M]．重庆：重庆大学出版社，2020.
[33] 赵禹．楼房建筑工程项目施工进度管控研究[J]．价值工程，2025，44(9)：73-76.
[34] 中国建筑科学研究院，北京韩建集团有限公司．钢筋锚固板应用技术规程：JGJ256—2011[S]．北京：中国建筑工业出版社，2012.
[35] 中国建筑科学研究院，荣盛建设工程有限公司．钢筋机械连接技术规程：JGJ107—2016[S]．北京：中国建筑工业出版社，2016.
[36] 中国建筑科学研究院．建筑工程施工质量验收统一标准：GB 50300—2013[S]．北京：中国建筑工业出版社，2014.
[37] 中华人民共和国住房和城乡建设部．混凝土结构工程施工质量验收规范：GB 50204—2015[S]．北京：中国建筑工业出版社，2015.
[38] 中华人民共和国住房和城乡建设部．混凝土结构设计标准(2024年版)：GB /T50010—2010[S]．北京：中国建筑工业出版社，2011.
[39] 中华人民共和国住房和城乡建设部．建设工程工程量清单计价规范：GB 50500—2013[S]．北京：中国计划出版社，2013.
[40] 中华人民共和国住房和城乡建设部．建设工程监理规范：GB /T50319—2013[S]．北京：中国建筑工业出版社，2014.
[41] 中华人民共和国住房和城乡建设部．建筑地基基础工程施工质量验收标准：GB 50202—2018[S]．北京：中国计划出版社，2018.
[42] 住房和城乡建设部工程质量标准化技术委员会．钢筋连接用套筒灌浆料：JG/T408—2019[S]．北京：中国标准出版社，2019.
[43] 住房和城乡建设部建筑结构标准化技术委员会．钢筋连接用灌浆套筒：JG/T398—2019[S]．北京：中国标准出版社，2019.